对接世界技能大赛技术标准创新系列教材

技工院校一体化课程教学改革工业机器人应用与维护专业教材

工业机器人工作站仿真设计

张善燕 主 编

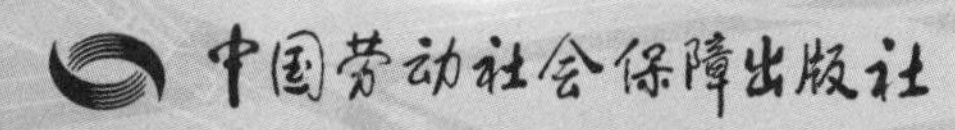

内容简介

本套教材为对接世赛标准、深化一体化专业课程教学改革工业机器人应用与维护专业教材，对接世赛工业机器人系统集成等项目，学习目标融入世赛要求，学习内容对接世赛技能标准，考核评价方法参照世赛评分方案，并设置了世赛知识栏目。

本书主要内容包括工业机器人搬运工作站仿真设计、工业机器人装配工作站仿真设计、工业机器人焊接工作站仿真设计、工业机器人打磨工作站仿真设计、工业机器人喷涂工作站仿真设计五个学习任务。

图书在版编目（CIP）数据

工业机器人工作站仿真设计 / 张善燕主编. -- 北京：中国劳动社会保障出版社，2024. --（对接世界技能大赛技术标准创新系列教材）（技工院校一体化课程教学改革工业机器人应用与维护专业教材）. -- ISBN 978-7-5167-6751-1

Ⅰ. TP242.2

中国国家版本馆 CIP 数据核字第 20242X94G1 号

中国劳动社会保障出版社出版发行

（北京市惠新东街 1 号　邮政编码：100029）

*

北京市白帆印务有限公司印刷装订　　新华书店经销

880 毫米 ×1230 毫米　16 开本　14.75 印张　360 千字

2024 年 11 月第 1 版　　2024 年 11 月第 1 次印刷

定价：39.00 元

营销中心电话：400-606-6496

出版社网址：https://www.class.com.cn

https://jg.class.com.cn

对接世界技能大赛技术标准创新系列教材

编审委员会

主　任：刘　康

副主任：张　斌　王晓君　刘新昌　冯　政

委　员：王　飞　翟　涛　杨　奕　张　伟　赵庆鹏　姜华平
　　　　杜庚星　王鸿飞

工业机器人应用与维护专业课程改革工作小组

课 改 校：广州市机电技师学院　北京汽车技师学院　天津市电子信息技师学院
　　　　　山东技师学院　荆门技师学院　广州市工贸技师学院
　　　　　广西科技商贸高级技工学校　南京技师学院　广西机电技师学院
　　　　　云南技师学院　成都技师学院　东莞市技师学院

技术指导：郑　桐　李瑞峰

编　　辑：张　毅　伍召莉

本书编审人员

主　编：张善燕

副主编：吴嘉浩　甘学沛

参　编：王玉晔　林钦仕　田玉瑛　李冠斌　李赛男　吕俊流

序

世界技能大赛由世界技能组织每两年举办一届，是迄今全球地位最高、规模最大、影响力最广的职业技能竞赛，被誉为“世界技能奥林匹克”。我国于2010年加入世界技能组织，先后参加了五届世界技能大赛，累计取得36金、29银、20铜和58个优胜奖的优异成绩。第46届世界技能大赛将在我国上海举办。2019年9月，习近平总书记对我国选手在第45届世界技能大赛上取得佳绩作出重要指示，并强调，劳动者素质对一个国家、一个民族发展至关重要。技术工人队伍是支撑中国制造、中国创造的重要基础，对推动经济高质量发展具有重要作用。要健全技能人才培养、使用、评价、激励制度，大力发展技工教育，大规模开展职业技能培训，加快培养大批高素质劳动者和技术技能人才。要在全社会弘扬精益求精的工匠精神，激励广大青年走技能成才、技能报国之路。

为充分借鉴世界技能大赛先进理念、技术标准和评价体系，突出“高、精、尖、缺”导向，促进技工教育与世界先进标准接轨，完善我国技能人才培养模式，全面提升技能人才培养质量，人力资源社会保障部于2019年4月启动了世界技能大赛成果转化工作。根据成果转化工作方案，成立了由世界技能大赛中国集训基地、一体化课改学校，以及竞赛项目中国技术指导专家、企业专家、出版集团资深编辑组成的对接世界技能大赛技术标准深化专业课程改革工作小组，按照创新开发新专业、升级改造传统专业、深化一体化专业课程改革三种对接转化原则，以专业培养目标对接职业描述、专业课程对接世界技能标准、课程考核与评价对接评分方案等多种操作模式和路径，同时融入健康与安全、绿色与环保及可持续发展理念，开发与世界技能大赛项目对接的专业人才培养方案、教材及配套教学资源。首批对接 19 个世界技能大赛项目共 12 个专业的成果将于 2022 年后陆续出版，主要用于技工院校日常专业教学工作中，充分发挥世界技能大赛成果转化对技工院校技能人才的引领示范作用。在总结经验及调研的基础上选择新的对接项目，陆续启动第二批等世界技能大赛成果转化工作。

希望全国技工院校将对接世界技能大赛技术标准创新系列教材，作为深化专业课程建设、创新人才培养模式、提高人才培养质量的重要抓手，进一步推动教学改革，坚持高端引领，促进内涵发展，提升办学质量，为加快培养高水平的技能人才作出新的更大贡献！

2020 年 11 月

工业机器人应用与维护专业一体化教学参考书目录

序号	书名
1	电工基础（第六版）
2	电子技术基础（第六版）
3	机械与电气识图（第四版）
4	机械知识（第六版）
5	电工仪表与测量（第六版）
6	电机与变压器（第六版）
7	安全用电（第六版）
8	电工材料（第五版）
9	可编程序控制器及其应用（三菱）（第四版）
10	可编程序控制器及其应用（西门子）（第二版）
11	电力拖动控制线路与技能训练（第六版）
12	电工技能训练（第六版）
13	工业机器人基础
14	工业机器人操作与编程（ABB）
15	工业机器人操作与编程（FANUC）
16	工业机器人安装与调试
17	工业机器人仿真设计（ABB）
18	工业机器人仿真设计（FANUC）
19	工业机器人维护与保养

目　录

学习任务一　工业机器人搬运工作站仿真设计……（1）
学习活动 1　明确仿真设计任务……（4）
学习活动 2　制定仿真设计作业流程……（14）
学习活动 3　仿真工作站搭建准备……（16）
学习活动 4　工作站仿真设计……（39）
学习活动 5　工作总结与评价……（48）
学习任务二　工业机器人装配工作站仿真设计……（55）
学习活动 1　明确仿真设计任务……（58）
学习活动 2　制定仿真设计作业流程……（64）
学习活动 3　仿真工作站搭建准备……（66）
学习活动 4　工作站仿真设计……（89）
学习活动 5　工作总结与评价……（100）
学习任务三　工业机器人焊接工作站仿真设计……（105）
学习活动 1　明确仿真设计任务……（108）
学习活动 2　制定仿真设计作业流程……（114）
学习活动 3　仿真工作站搭建准备……（117）
学习活动 4　工作站仿真设计……（130）
学习活动 5　工作总结与评价……（135）
学习任务四　工业机器人打磨工作站仿真设计……（141）
学习活动 1　明确仿真设计任务……（144）
学习活动 2　制定仿真设计作业流程……（150）
学习活动 3　仿真工作站搭建准备……（152）
学习活动 4　工作站仿真设计……（181）
学习活动 5　工作总结与评价……（186）
学习任务五　工业机器人喷涂工作站仿真设计……（191）
学习活动 1　明确仿真设计任务……（194）

学习活动 2　制定仿真设计作业流程 …………………………………… (199)
学习活动 3　仿真工作站搭建准备 …………………………………… (201)
学习活动 4　工作站仿真设计 …………………………………… (214)
学习活动 5　工作总结与评价 …………………………………… (219)

学习任务一　工业机器人搬运工作站仿真设计

1. 能独立阅读工业机器人搬运工作站仿真设计任务单，明确任务要求。

2. 能查阅搬运工作站项目方案书，明确搬运工作站仿真设计的工作内容、技术标准和工期要求。

3. 能规划搬运工作站各运动单元的动作和运行路径，以独立工作的方式制定搬运工作站仿真设计作业流程。

4. 能正确填写领料单，从机械工程师处领取搬运工作站搬运夹具、料架、数控机床等设备和底板零件的3D模型图。

5. 能根据工作站的布局要求和仿真设计规范，以独立工作的方式，使用工业机器人仿真软件导入工业机器人本体及周边设备的3D模型，完成搬运工作站3D模型的搭建。

6. 能编写工业机器人搬运程序，对工作站进行干涉检测，验证工业机器人的可达范围、工作节拍和生产布局等是否符合要求，生成仿真动画视频，并做好工作记录。

7. 能生成包含工作站的干涉位置、工作节拍和不可到达位置等信息的仿真报告，将仿真报告和仿真动画视频提交项目负责人审核，整理设计文件并存档。

8. 能完成搬运工作站仿真设计工作总结与评价，主动改善技术和提升职业素养。

9. 能在工作过程中严格执行行业、企业仿真设计相关技术标准，保守公司与客户的商业秘密，遵守企业生产管理规范及“6S”管理规定。

10. 能主动获取有效信息，展示工作成果，对学习与工作进行总结和反思，并与他人开展良好合作，进行有效沟通。

24学时

某系统集成商为一汽车零部件制造企业提供了一套工业机器人搬运工作站项目方案，现需对项目方案的

可行性进行验证。项目负责人向仿真技术员下达验证任务，要求仿真技术员根据客户要求在2天内利用仿真软件完成可行性验证工作。

工作流程与活动

1．明确仿真设计任务（2学时）

2．制定仿真设计作业流程（2学时）

3．仿真工作站搭建准备（4学时）

4．工作站仿真设计（14学时）

5．工作总结与评价（2学时）

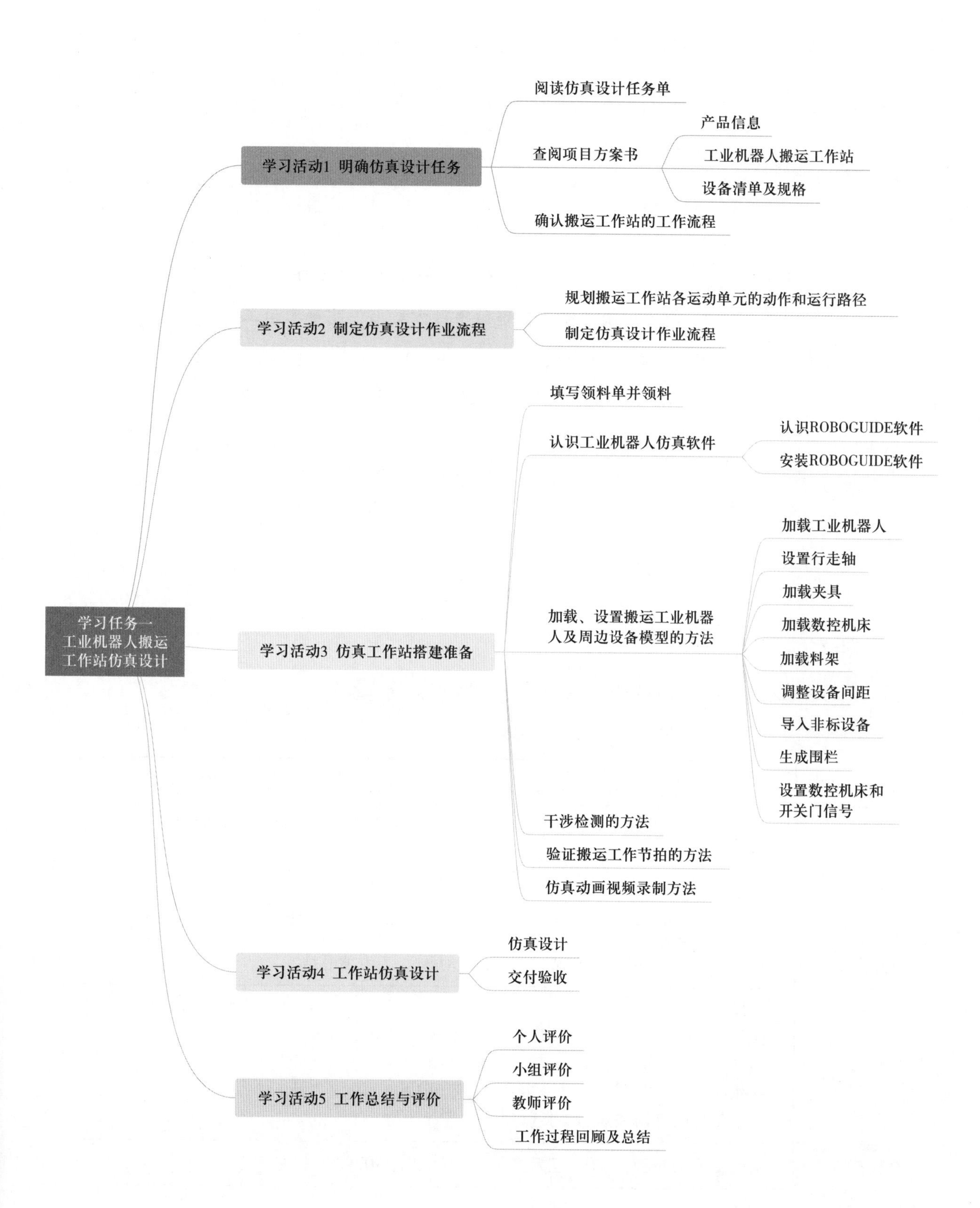
学习任务一
工业机器人搬运
工作站仿真设计
学习活动1 明确仿真设计任务
阅读仿真设计任务单
查阅项目方案书
产品信息
工业机器人搬运工作站
设备清单及规格
确认搬运工作站的工作流程
学习活动2 制定仿真设计作业流程
规划搬运工作站各运动单元的动作和运行路径
制定仿真设计作业流程
学习活动3 仿真工作站搭建准备
填写领料单并领料
认识工业机器人仿真软件
认识ROBOGUIDE软件
安装ROBOGUIDE软件
加载、设置搬运工业机器
人及周边设备模型的方法
加载工业机器人
设置行走轴
加载夹具
加载数控机床
加载料架
调整设备间距
导入非标设备
生成围栏
设置数控机床和
开关门信号
干涉检测的方法
验证搬运工作节拍的方法
仿真动画视频录制方法
学习活动4 工作站仿真设计
仿真设计
交付验收
学习活动5 工作总结与评价
个人评价
小组评价
教师评价
工作过程回顾及总结

学习活动1　明确仿真设计任务

学习目标

1. 能阅读搬运工作站仿真设计任务单，明确任务要求。

2. 能通过阅读搬运工作站项目方案书，明确搬运工作站仿真设计的工作内容、技术标准和工期要求。

3. 能叙述工业机器人搬运工作站的工作流程与技术要点。

建议学时：2学时

学习过程

一、阅读仿真设计任务单

1．阅读仿真设计任务单（表1–1–1），与班组长沟通，填写作业要求。

表1–1–1　仿真设计任务单

需方单位名称		完成日期	年　月　日
紧急程度	□普通　□紧急　□特急	要求程度	□普通　□精细　□特精细
作业基本要求			
需求类型	□搬运　□装配　□焊接　□打磨　□喷涂　□其他______		
作业内容	□建模　□搭建3D工作站　□仿真动画　□仿真总结		
项目方案书	布局　□有　□无 工作站组成　□有　□无 图纸　□有　□无 工作流程　□有　□无 技术要求（含指示灯状态要求）　□有　□无		
建模资料	有无设备3D模型：□有　□无	有无工件3D模型：□有　□无	
视频动画	视角：______　分辨率：______		

续表

客户具体要求			
项目描述	工作原理：在机械加工生产车间利用工业机器人、搬运夹具、上下料台等实现底板零件的自动上下料 结构特点：1 台 6 轴工业机器人、2 台数控机床、1 条行走轴、1 套搬运夹具、1 个料架和 1 套 PLC 总控系统 主要功能：实现底板零件的加工与自动上下料 工作节拍：≤ 12 s/ 件 故障率：≤ 1% 应用领域：汽车零部件加工行业		
资源分配与节点目标			
批准人		时间	
接单人		时间	
验收人		时间	

2．工业机器人点到点搬运是生产中最常见的应用，它可以大幅提高生产效率，节省劳动力成本，提高定位精度并降低搬运过程中的产品损坏率，简述其主要应用领域。

二、查阅项目方案书

查阅工业机器人搬运工作站项目方案书，了解项目要求、系统组成和技术参数等信息。

1．产品信息（表 1–1–2）

表 1–1–2　　产品信息

名称	图纸	毛重	毛坯尺寸
底板	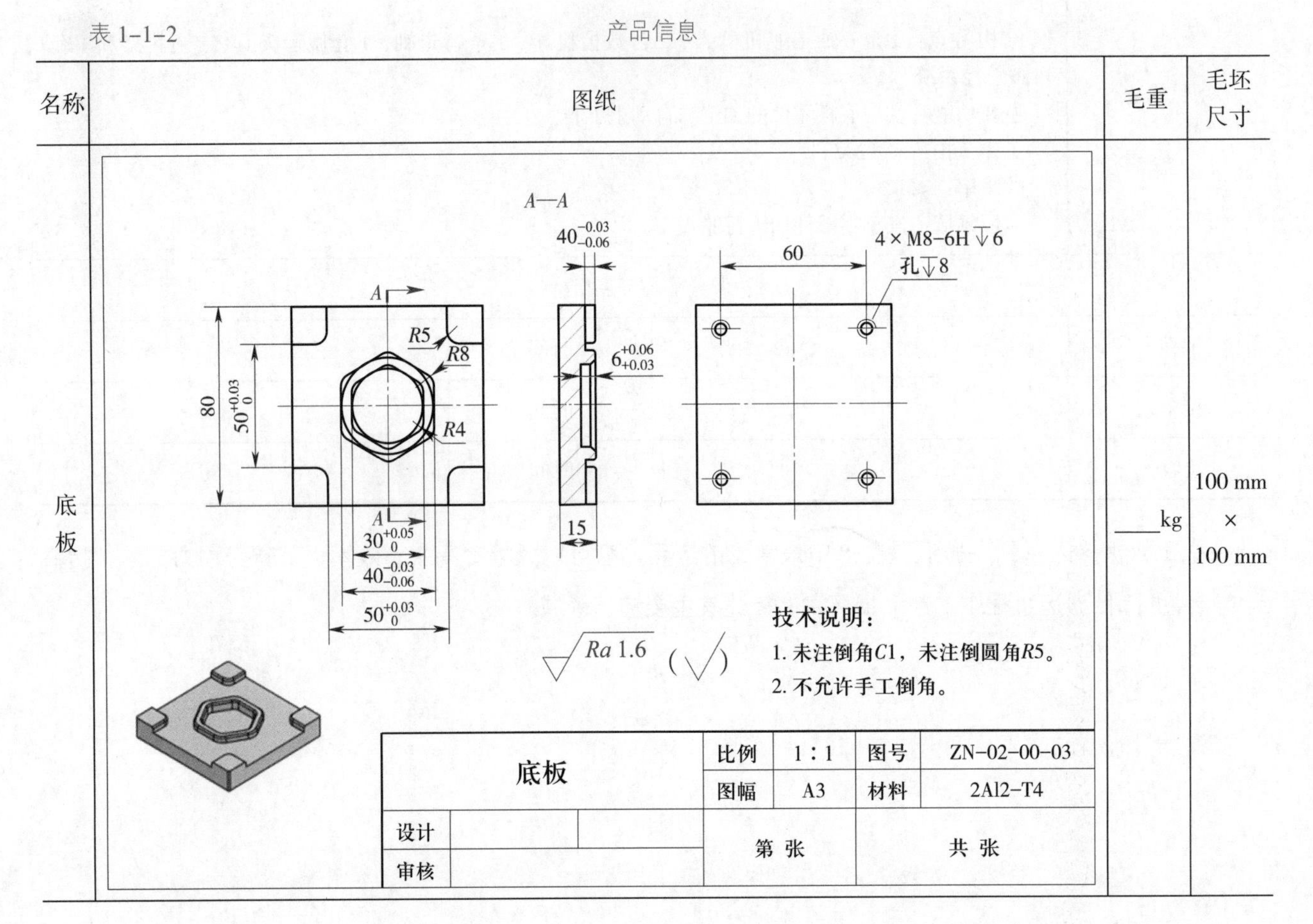	____kg	100 mm × 100 mm

（1）2Al2–T4 为铝 – 铜 – 镁系中的典型硬铝合金，该合金有什么特点？根据毛坯尺寸测算毛坯质量是多少？

（2）该产品为底板零件，可以使用游标卡尺、钢直尺测量其尺寸，完成建模。可采用何种三维设计软件进行建模？

（3）写出 3D 模型的几种常见格式。

（4）完成底板零件的建模。

打开“Autodesk Inventor”软件→单击“文件”/“新建”，新建文件→单击“开始创建二维草图”→选择平面→在工具栏中选择“矩形（两点中心）”并绘制正方形→选择“多边形”绘制 2 个六边形→选择“矩形（两点）”绘制正方形→用工具栏中的“环形阵列”完成剩余 3 个正方形的绘制→用“二维圆角”完成所有的倒圆绘制→在工具栏中选择“三维模型”/“拉伸”完成模型实体创建→用“倒角”工具完成模型的倒角绘制→将模型调整至底部视角→选择“孔”并完成配置→用“矩形阵列”完成剩余 3 个螺纹孔的绘制。具体操作如图 1-1-1 至图 1-1-13 所示。

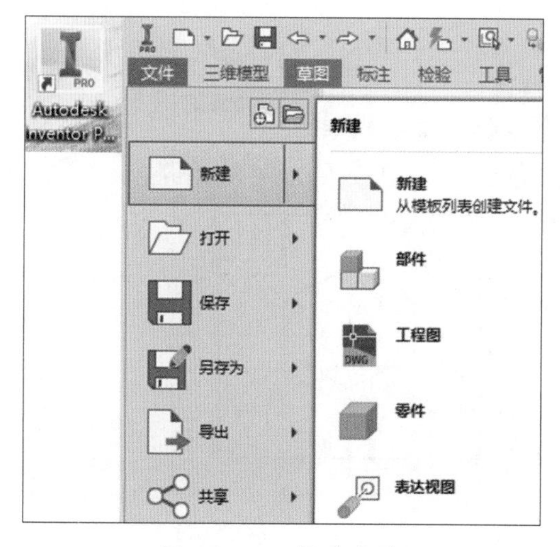

图 1-1-1　新建文件

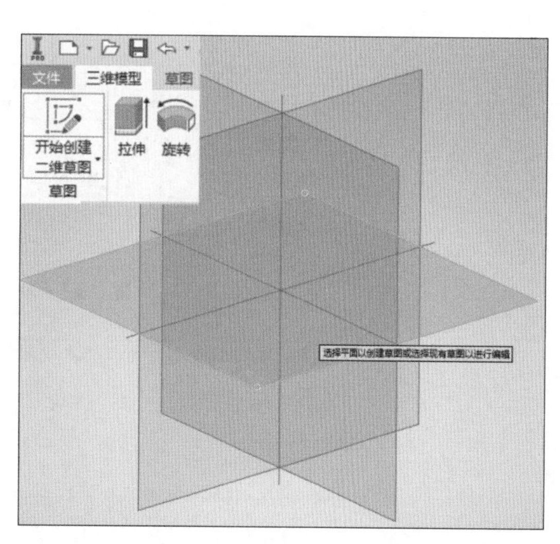

图 1-1-2　创建二维草图并选择平面

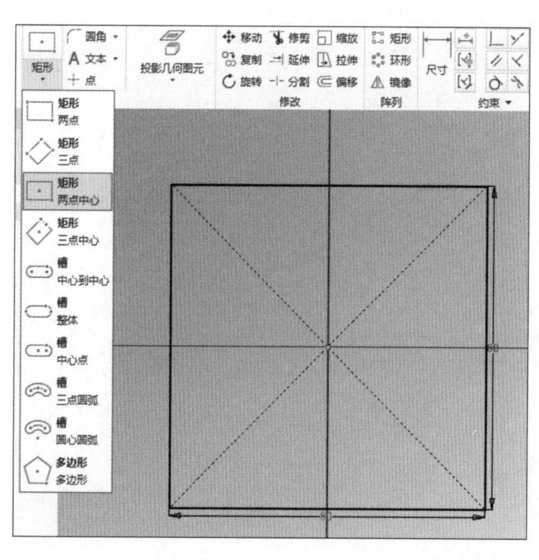

图 1-1-3　用“矩形（两点中心）”法绘制正方形

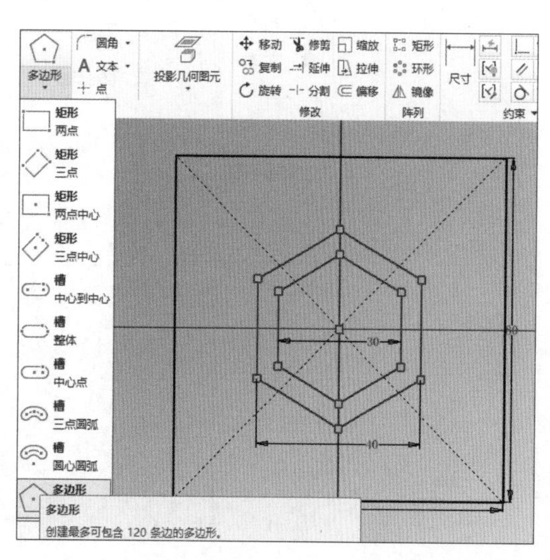

图 1-1-4　用“多边形”法绘制六边形

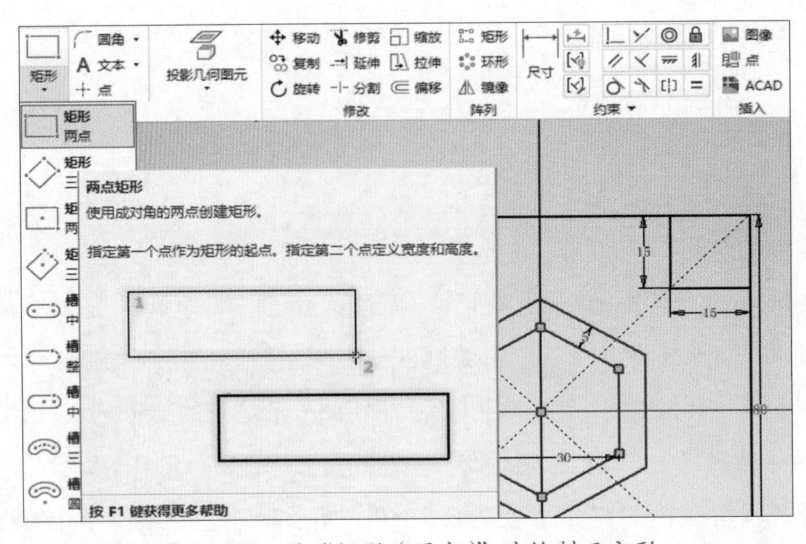

图 1-1-5　用“矩形（两点）”法绘制正方形

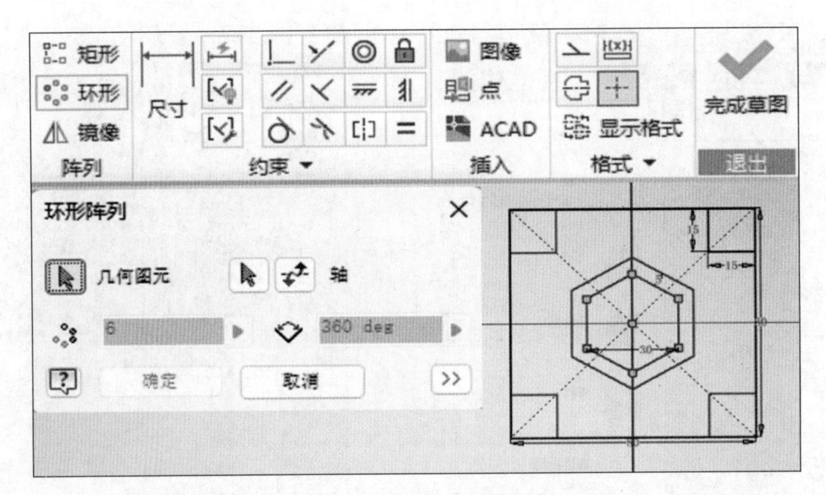

图 1-1-6　用“环形阵列”绘制剩余 3 个正方形

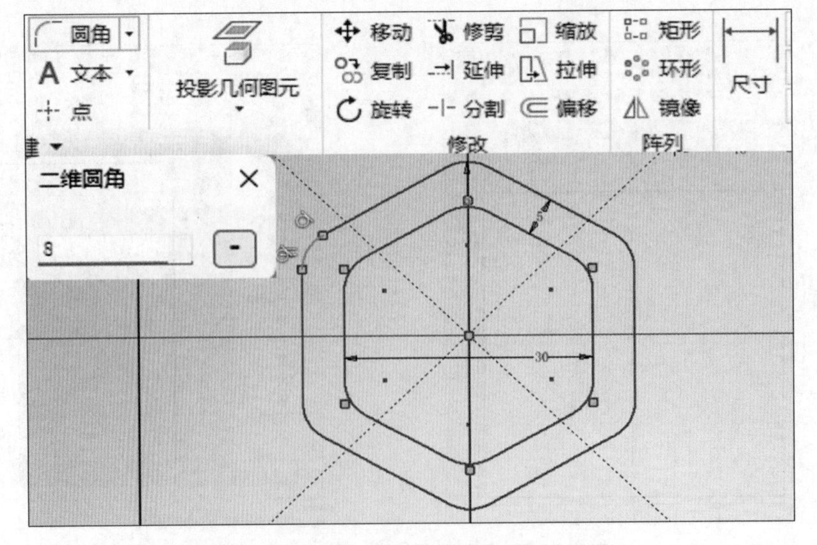

图 1-1-7　用“二维圆角”绘制倒圆

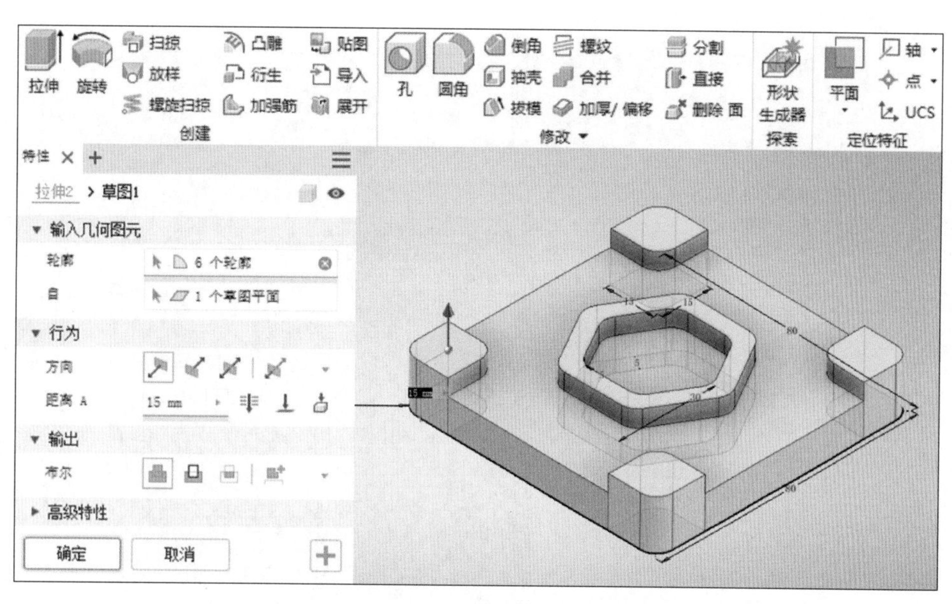

图 1-1-8　用“三维模型 / 拉伸”创建模型实体

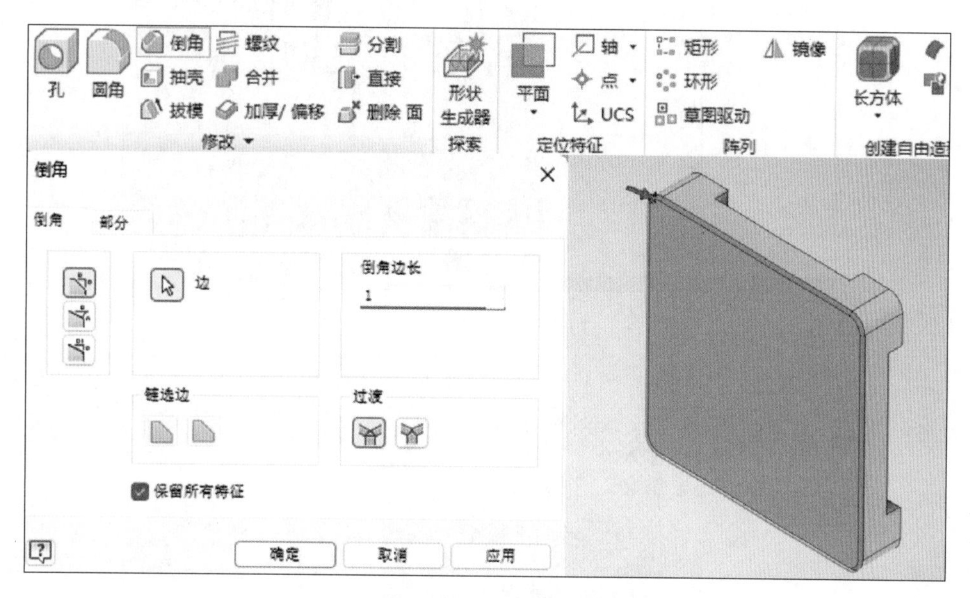

图 1-1-9　三维倒角

图 1-1-10　将模型调整至底部视角

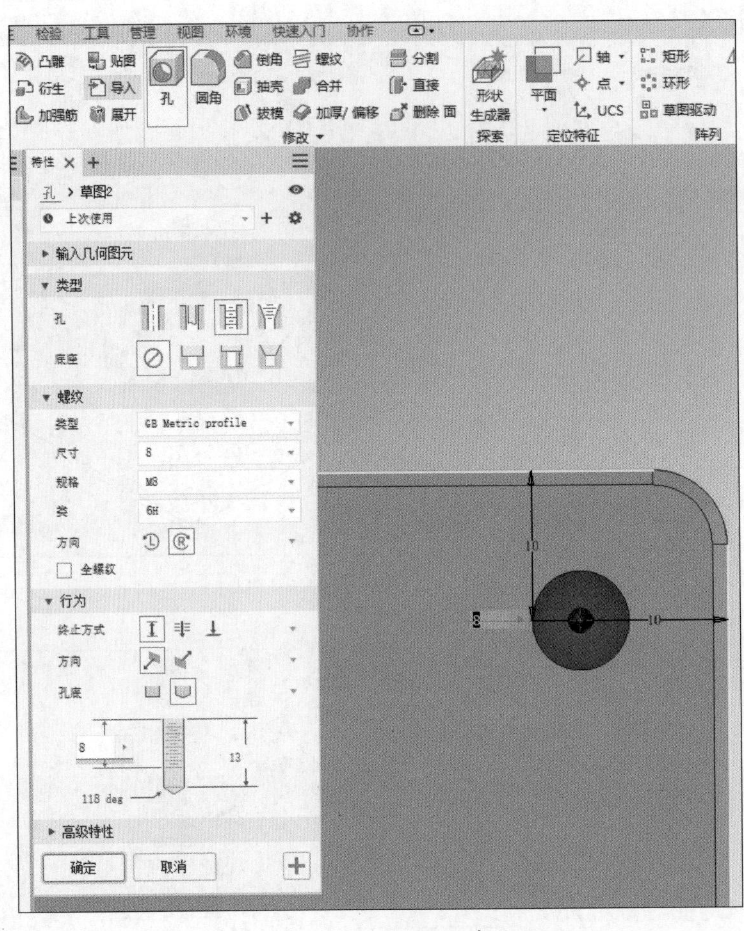

图 1-1-11 “孔”的配置参数设置

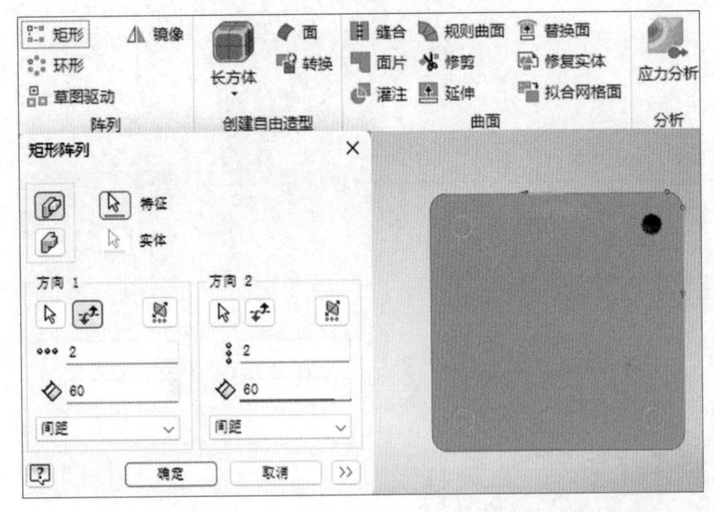

图 1-1-12 用“矩形阵列”绘制 3 个螺纹孔

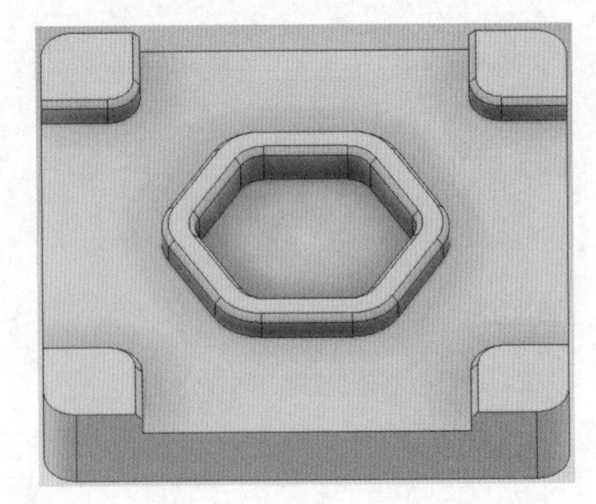

图 1-1-13 完成底板零件建模

2．工业机器人搬运工作站

本工作站由 1 台 6 轴工业机器人、2 台数控机床、1 条行走轴、1 套搬运夹具、1 个料架和 1 套 PLC 总控系统组成，实现底板零件的加工与自动上下料，布局图如图 1-1-14 所示。

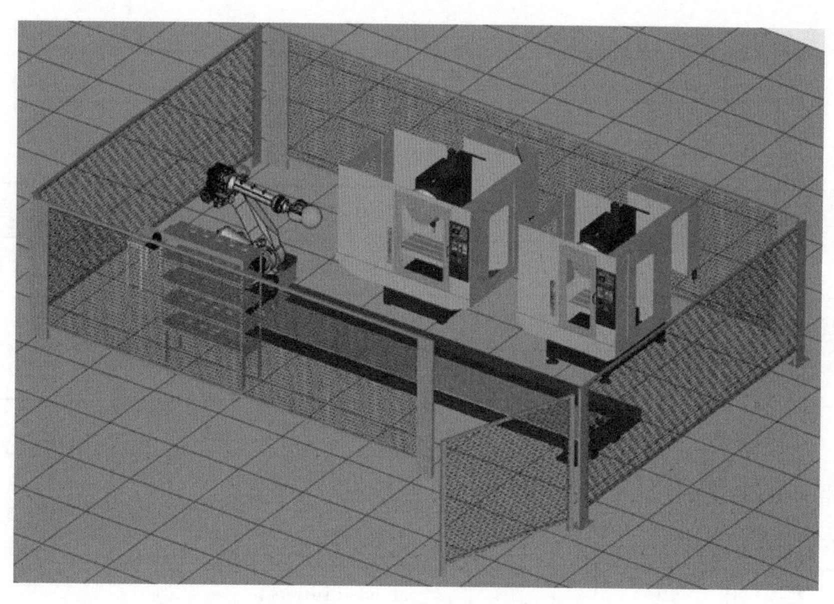

图 1-1-14　搬运工作站布局图

（1）使用卷尺测量搬运工作站各组成设备的布局尺寸，并画出布局示意图。

（2）简述工业机器人工作站布局设计原则。

3．设备清单及规格

搬运工作站设备清单及规格见表 1–1–3。

表 1–1–3　　搬运工作站设备清单及规格

序号	名称	型号 / 规格	数量	单位
1	工业机器人	FANUC R-2000*i*C/165F	1	套
1.1	工业机器人本体	负载：165 kg，工作范围半径：2 655 mm	1	台
1.2	工业机器人控制器	R-30*i*A	1	个
1.3	示教器	带 10 m 电缆管	1	个
1.4	输入、输出信号板	16 进 16 出数字 I/O 板	1	块
1.5	工业机器人控制软件	Handling	1	套
2	数控机床	alpha–T14iFla	2	台
3	料架	非标	1	个
4	行走轴	非标	1	条
5	搬运夹具	非标	1	套
6	PLC 总控系统	集成	1	套

（1）工业机器人有哪些安装方式？本方案中的工业机器人采用哪种安装方式？

（2）工业机器人的底座尺寸是多少？

（3）工业机器人操作系统的型号是什么？

三、确认搬运工作站的工作流程

1．查阅搬运工作站工作流程表（表 1–1–4），绘制搬运工作站工作流程图。

表 1-1-4　　搬运工作站工作流程表

步骤	工作流程
1	人工将毛坯件装夹到上料台上
2	启动系统，工业机器人在上料台取毛坯件
3	工业机器人将毛坯件搬运到 1 号机床上
4	系统发出指令，1 号机床开始粗加工
5	1 号机床加工完成后向工业机器人发送完成信号
6	工业机器人接收到完成信号后，取出工件并搬运到 2 号机床上
7	系统发出指令，2 号机床开始精加工和钻孔
8	2 号机床加工完成后向工业机器人发送完成信号
9	工业机器人接收到完成信号后，取出工件并搬运到下料台上
10	工业机器人在上料台取下一个毛坯件

注：在机床加工过程中，工业机器人不可进入机床加工区域，当其中任一机床完成加工时，工业机器人需马上进行处理，以减少机床等待时间。

2．根据搬运工作站的工作流程，配置工业机器人 I/O 功能（表 1-1-5）。

表 1-1-5　　工业机器人 I/O 功能表

输入		输出	
DI101		DO101	
DI102		DO102	
DI103		DO103	
DI104		DO104	
DI105		DO105	

3．工业机器人的 I/O 功能表是用于描述和定义工业机器人与外部设备之间输入、输出信号的交互关系，简述其在本生产任务中的具体作用。

学习活动 2　制定仿真设计作业流程

学习目标

1. 能规划搬运工作站各运动单元的动作和运行路径。

2. 能根据任务单要求和班组长提供的设计资源，制定搬运工作站仿真设计作业流程。

建议学时：2 学时

学习过程

一、规划搬运工作站各运动单元的动作和运行路径

1．根据搬运工作站的工作流程，规划工业机器人、数控机床、行走轴、搬运夹具的动作和运行路径。

（1）工业机器人

（2）数控机床

（3）行走轴

（4）搬运夹具

2．画出第一件产品的运行路径。

3．本方案中为了确保工业机器人的定位精度，需在行走轴上设置哪几个定位点?

二、制定仿真设计作业流程

根据任务要求，查阅相关资料，制定搬运工作站仿真设计作业流程，填写表 1-2-1。

表 1-2-1　　　　搬运工作站仿真设计作业流程

序号	工作内容	仿真要领	完成时间
1	导入工业机器人 3D 模型和添加外围设备		
2	设置工业机器人行走轴参数		
3	更换夹具信号并配置简易编程		
4	配置数控机床信号		
5	检测搬运工作站干涉情况及验证工作节拍		
6	录制仿真动画视频并提交		

学习活动 3　仿真工作站搭建准备

学习目标

1. 能正确安装工业机器人仿真软件。

2. 能根据搬运工作站仿真设计作业流程，正确填写领料单，从机械工程师处领取搬运工作站搬运夹具、料架、数控机床等设备和底板零件的 3D 模型图。

3. 能叙述搬运机器人及其周边设备模型的加载和设置方法。

4. 能叙述干涉检测的方法、验证搬运工作节拍的方法以及仿真动画视频录制方法。

建议学时：4 学时

学习过程

一、填写领料单并领料

1．根据仿真设计作业流程，填写领料单（表 1–3–1）。

表 1–3–1　　领料单

<table>
<tr><td>领用部门</td><td colspan="2"></td><td>领用人</td><td></td></tr>
<tr><td rowspan="2">名称</td><td rowspan="2">规格及型号</td><td colspan="2">数量</td><td rowspan="2">备注</td></tr>
<tr><td>领用</td><td>实发</td></tr>
<tr><td></td><td></td><td></td><td></td><td></td></tr>
<tr><td></td><td></td><td></td><td></td><td></td></tr>
<tr><td></td><td></td><td></td><td></td><td></td></tr>
<tr><td></td><td></td><td></td><td></td><td></td></tr>
<tr><td>保管人</td><td></td><td>审核人</td><td colspan="2"></td></tr>
<tr><td>日　期</td><td></td><td>日　期</td><td colspan="2"></td></tr>
</table>

2．根据领料单领取相关物料。

二、认识工业机器人仿真软件

1．认识 ROBOGUIDE 软件

ROBOGUIDE 是发那科工业机器人公司提供的一款仿真软件，它通过一个离线的三维世界模拟现实中的工业机器人和周边设备的布局，采用示教器（TP）示教，可以进一步模拟工业机器人的运动轨迹。这种工业机器人仿真技术有助于提高设计方案的可靠性，缩短项目实施周期，减少现场调试时间，提高调试工作效率。

ROBOGUIDE 软件界面如图 1-3-1 所示。

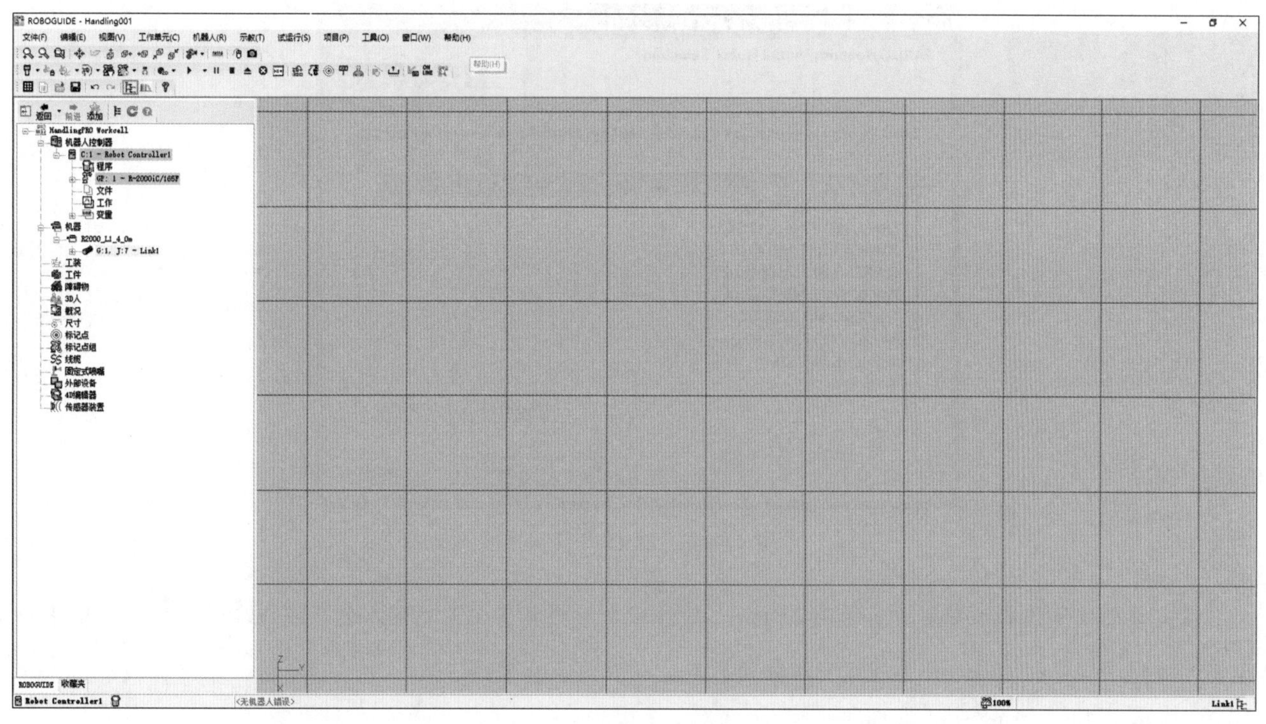

图 1-3-1　ROBOGUIDE 软件界面

（1）ROBOGUIDE 软件除了具有搬运模块外，还有哪些模块?

（2）ROBOGUIDE 软件可以实现哪些功能?

2．安装 ROBOGUIDE 软件

（1）双击“setup”图标，开始安装，如图 1–3–2 所示。

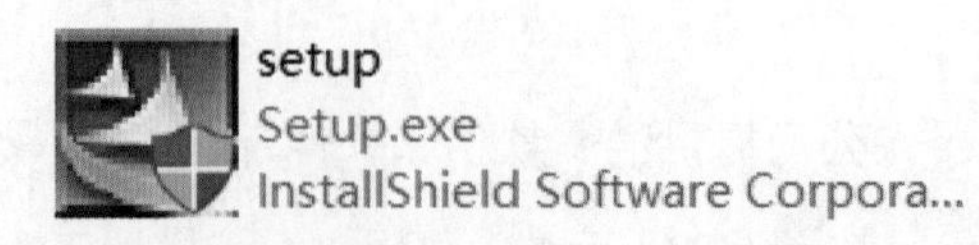

图 1–3–2 “setup”图标

（2）选择安装版本，如图 1–3–3 所示，单击“Next”按钮，按照提示安装即可。

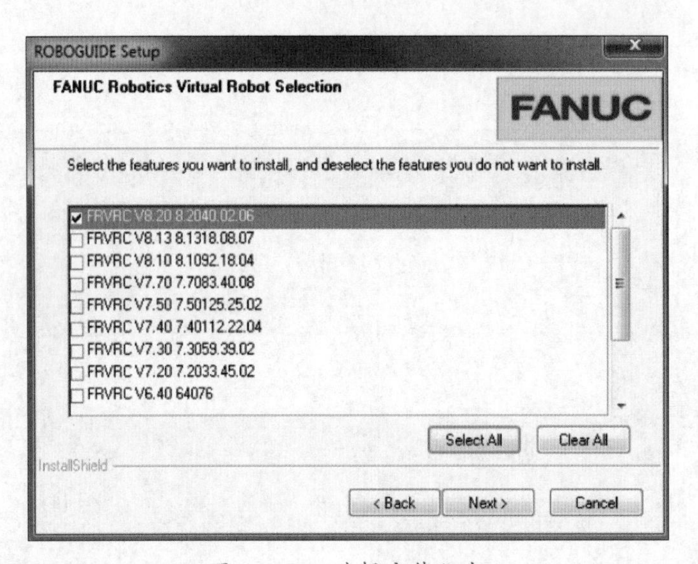

图 1–3–3 选择安装版本

注：每个软件版本的安装时间约为 25 min，软件版本应与真实工业机器人的系统版本号一致，否则不能正常进行程序读取和编写。仿真建议安装最新版本，以节约安装时间。

（3）安装完毕，如图 1–3–4 所示。

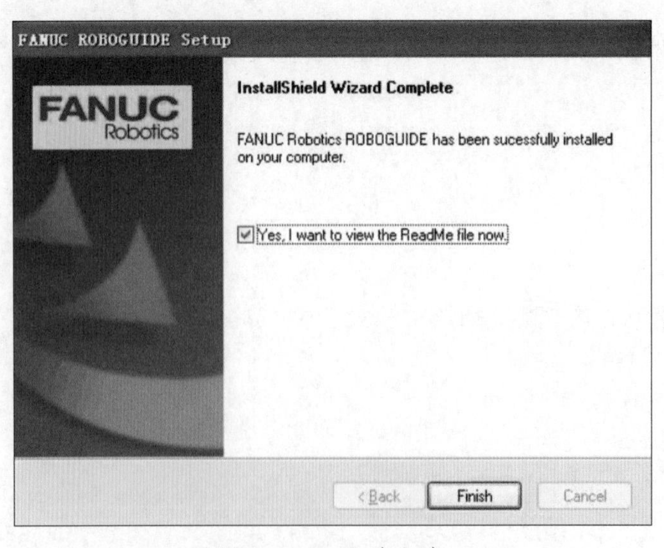

图 1–3–4 安装完毕

软件安装完毕提示重启系统，按照提示操作，即可使用软件。

为了确保正确地安装 ROBOGUIDE 软件，计算机的系统配置建议见表 1–3–2。

表 1–3–2　计算机的系统配置建议

硬件	要求
CPU	i5 或以上
内存	2 GB 或以上
硬盘	空闲 20 GB 以上
显卡	独立显卡
操作系统	Windows7 或以上

三、加载、设置搬运工业机器人及周边设备模型的方法

1．加载工业机器人

（1）单击启动画面中的“新建工作单元”，弹出“工作单元创建向导”对话框，在“步骤 1– 选择进程”界面选择“HandlingPRO”，单击“下一步”按钮，如图 1–3–5 所示。

（2）进入“步骤 2– 工作单元名称”界面，输入新建工作单元的名称“Handling001”，单击“下一步”按钮，如图 1–3–6 所示。

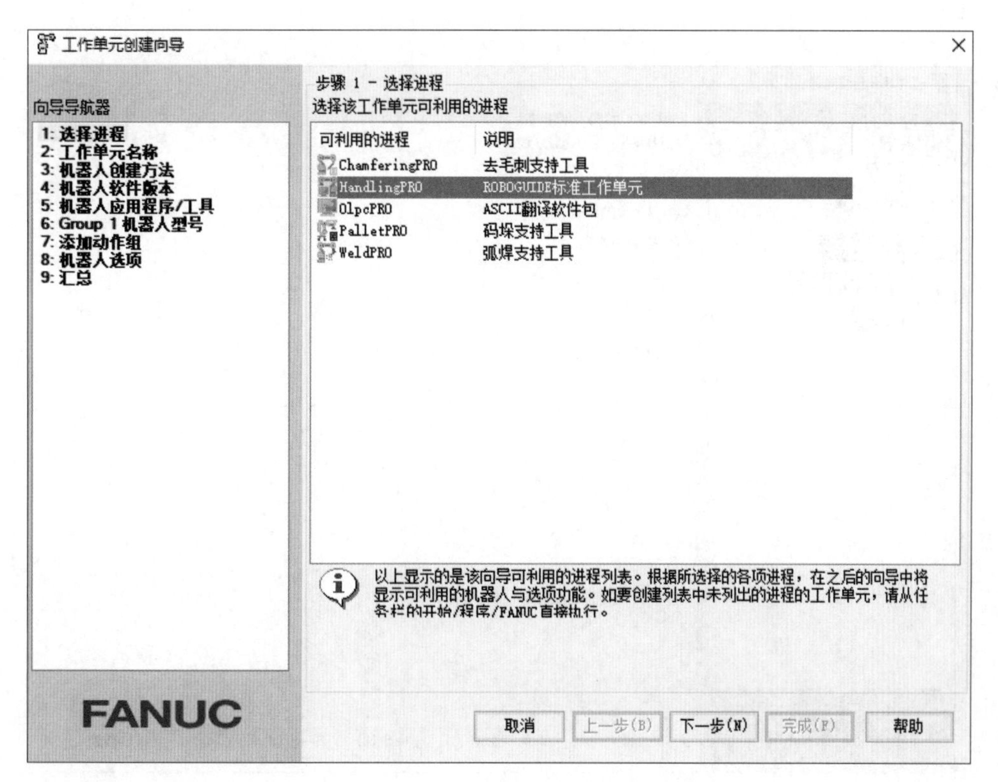

图 1–3–5　选择进程

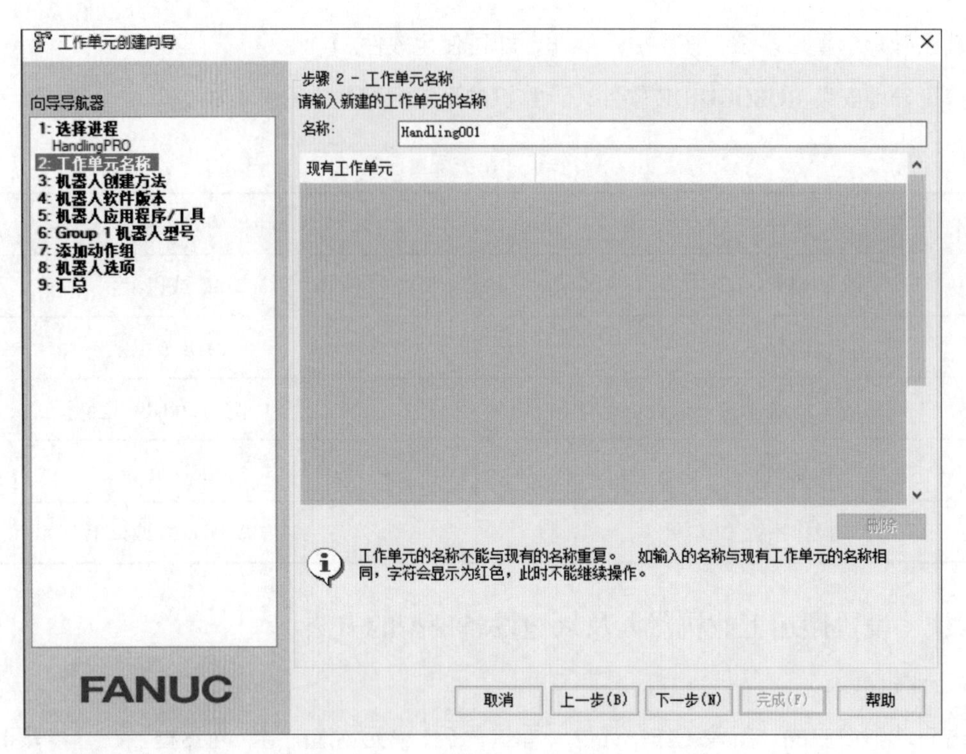

图 1-3-6　输入新建工作单元的名称

（3）进入“步骤 3– 机器人创建方法”界面，选择“新建”，单击“下一步”按钮，如图 1-3-7 所示。

（4）进入“步骤 4– 机器人软件版本”界面，选择机器人软件版本 V9.30，单击“下一步”按钮，如图 1-3-8 所示。

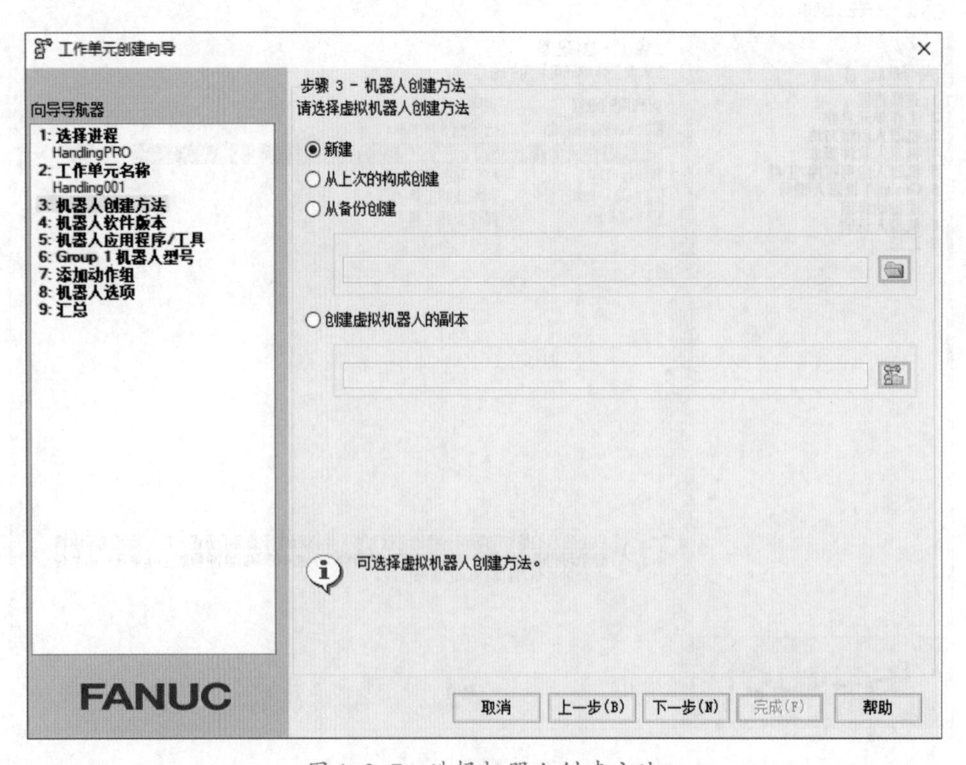

图 1-3-7　选择机器人创建方法

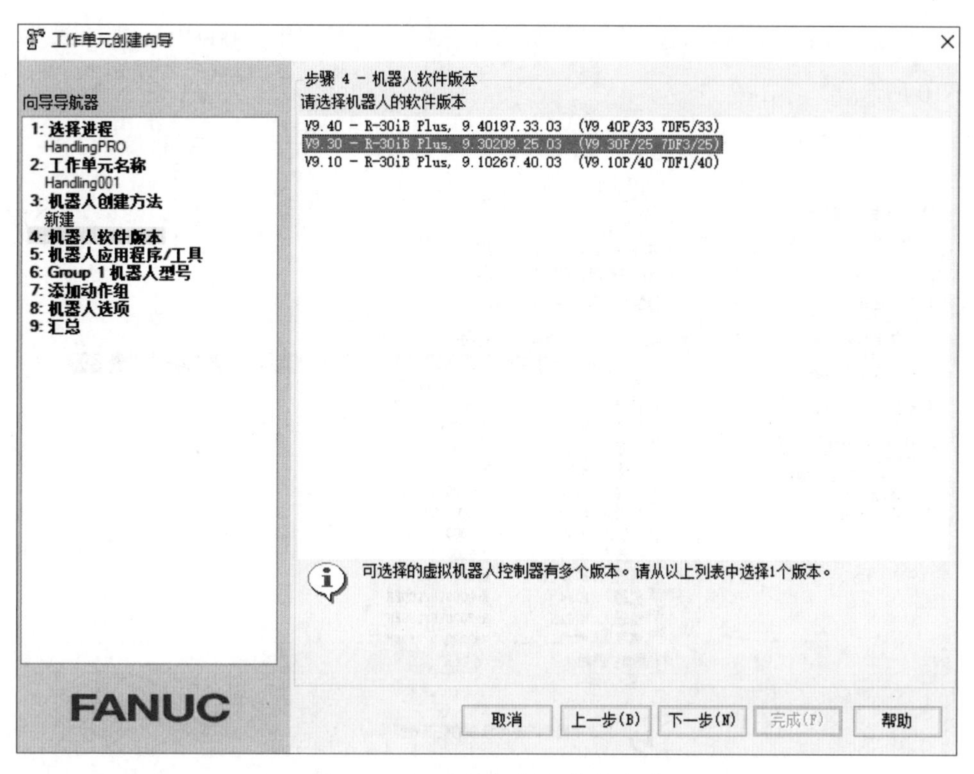

图 1-3-8　选择机器人软件版本

（5）进入“步骤 5- 机器人应用程序 / 工具”界面，选择机器人应用程序或工具，选择“HandlingTool（H552）”，选择“稍后设置手爪”，单击“下一步”按钮，如图 1-3-9 所示。

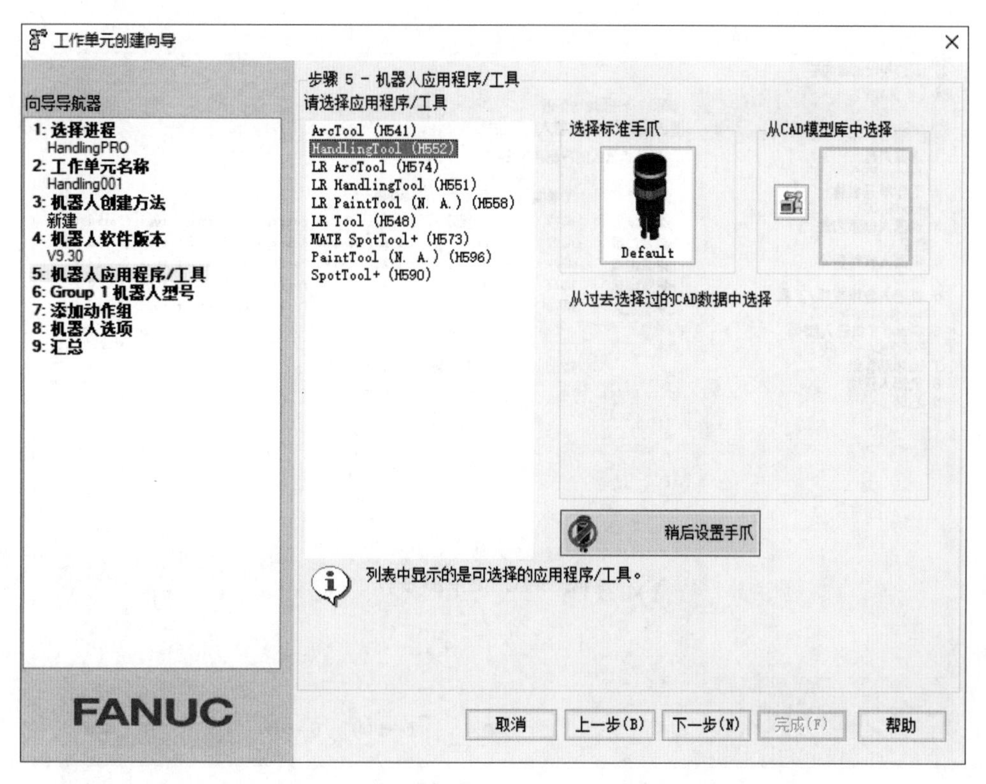

图 1-3-9　选择机器人应用程序或工具

（6）进入“步骤 6-Group 1 机器人型号”界面，选择机器人型号“R-2000iC/165F”，单击“下一步”按钮，如图 1-3-10 所示。

（7）进入“步骤 7- 添加动作组”界面，此处无须设置，单击“下一步”按钮，如图 1-3-11 所示。

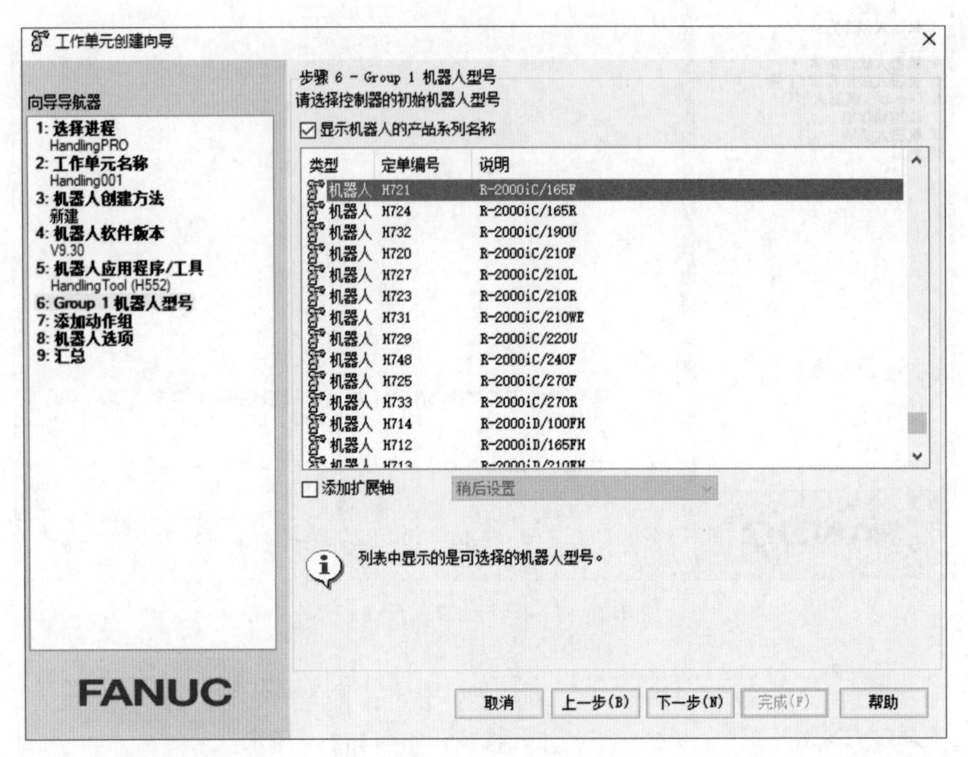

图 1-3-10 选择机器人型号

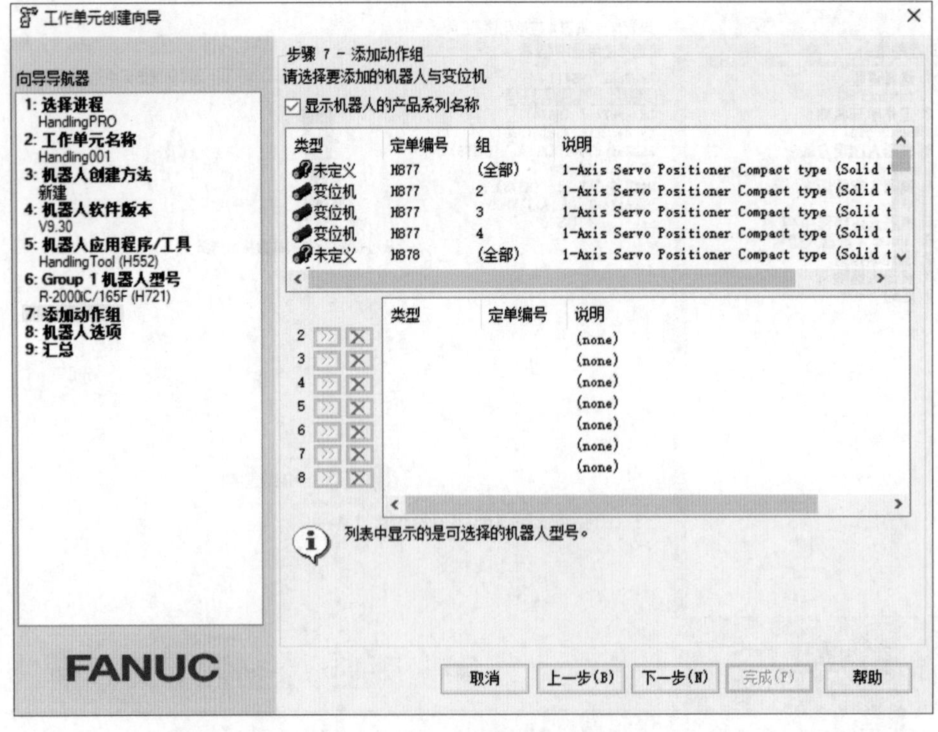

图 1-3-11 添加动作组界面

（8）进入“步骤 8- 机器人选项”界面，在搜索框中输入“J518”，在搜索结果中勾选“Extended Axis Control（J518）”前面的复选框，单击“下一步”按钮，如图 1-3-12 所示。

（9）进入“步骤 9- 汇总”界面，单击“完成”按钮，完成设置，如图 1-3-13 所示。

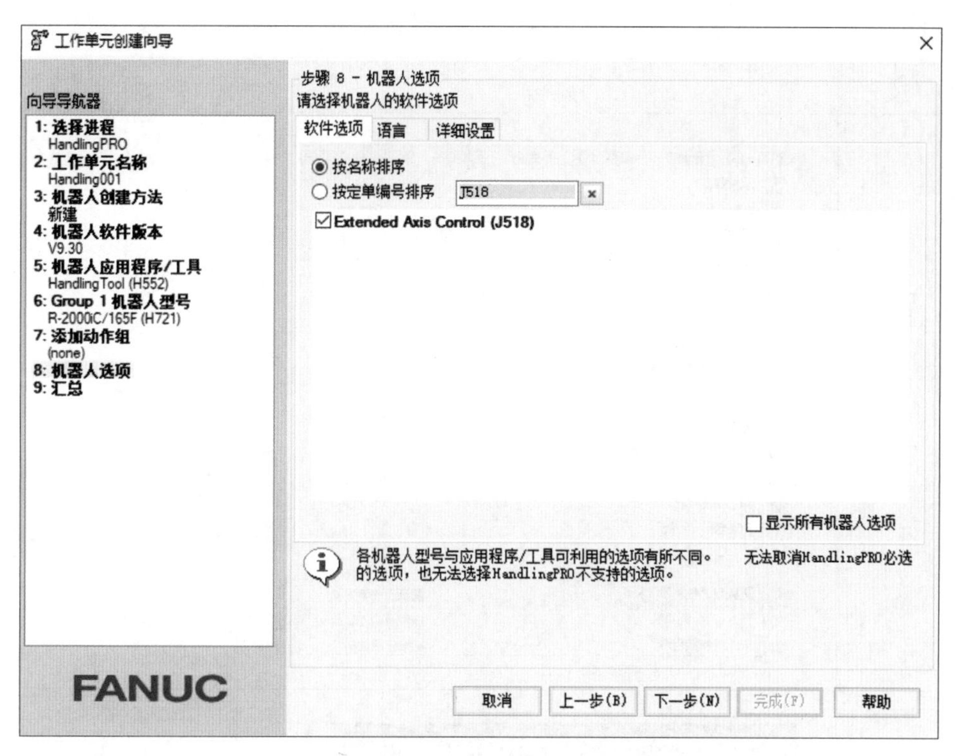

图 1-3-12 设置机器人选项

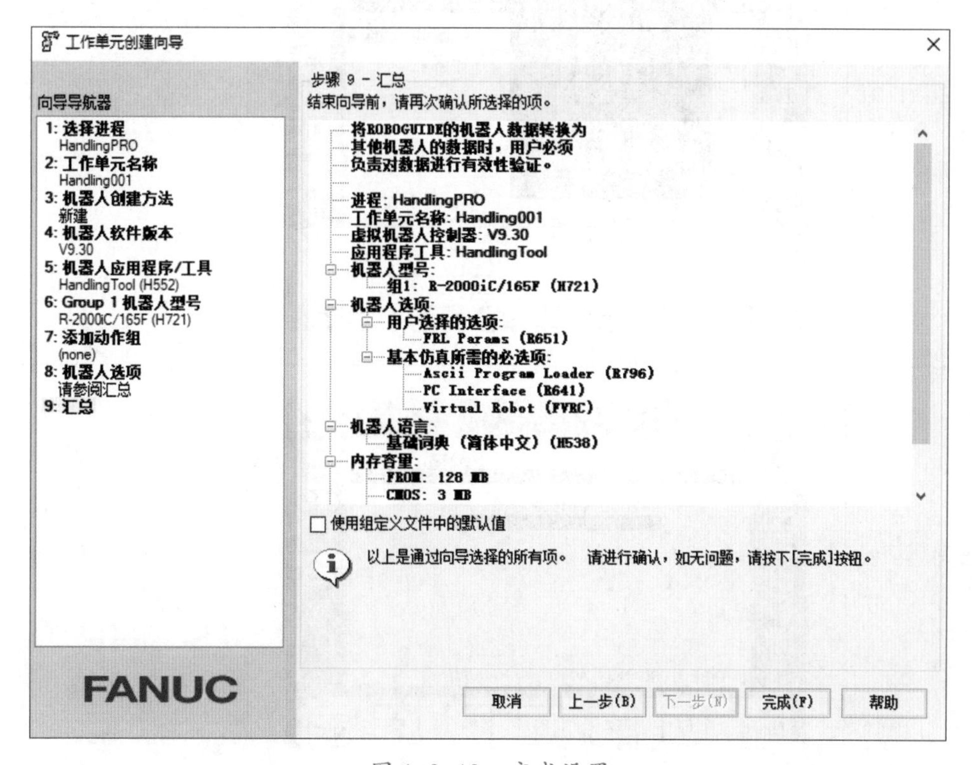

图 1-3-13 完成设置

2．设置行走轴

本工作站由 1 台工业机器人配搭 2 台数控机床完成搬运，需将工业机器人安装在一个直线导轨行走轴上，阅读表 1-3-3 中工业机器人行走轴的设置步骤，结合图示填写操作要点。

表 1-3-3　　工业机器人行走轴的设置

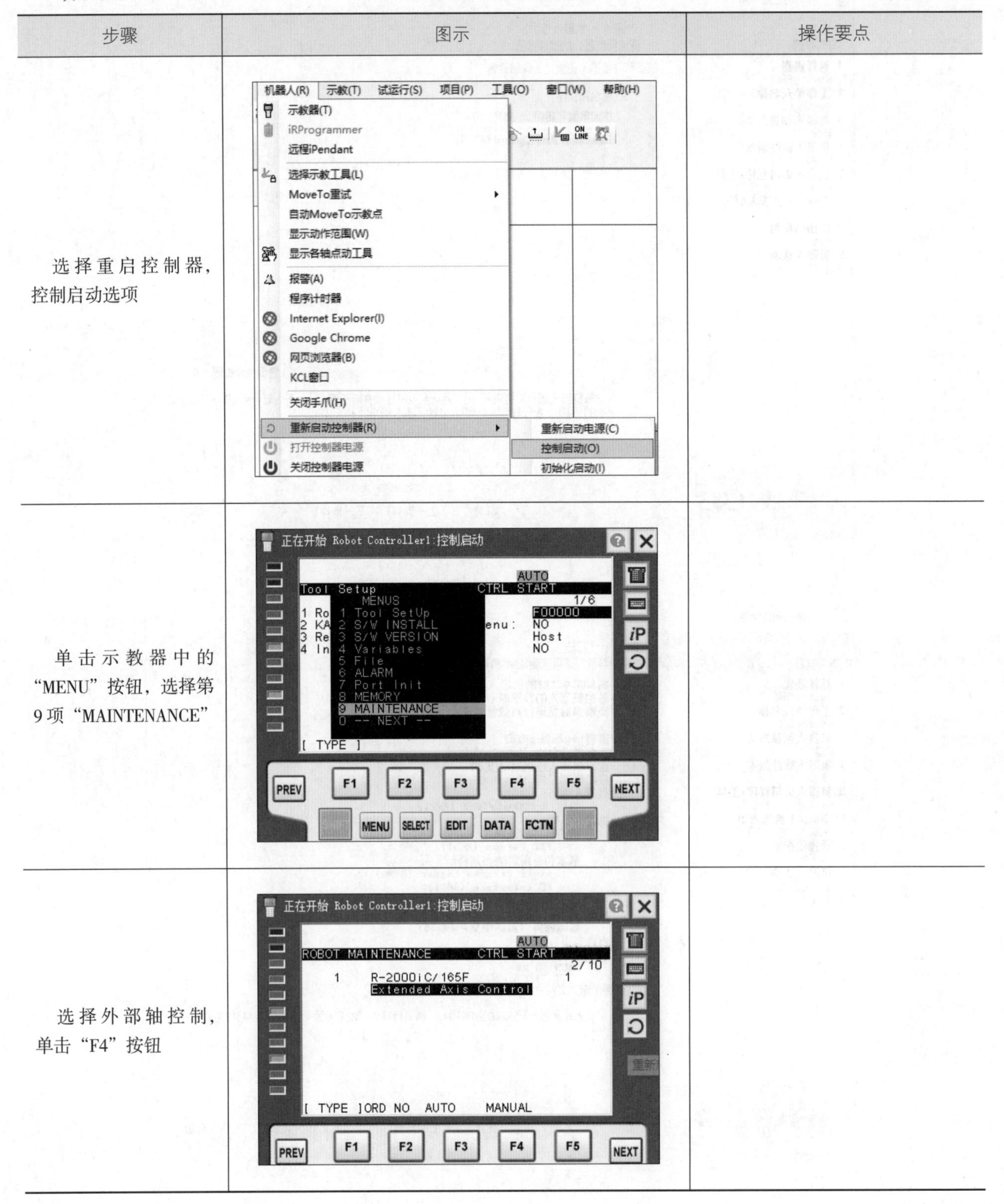

步骤	图示	操作要点
选择重启控制器，控制启动选项		
单击示教器中的“MENU”按钮，选择第 9 项“MAINTENANCE”		
选择外部轴控制，单击“F4”按钮		

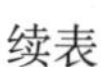

续表

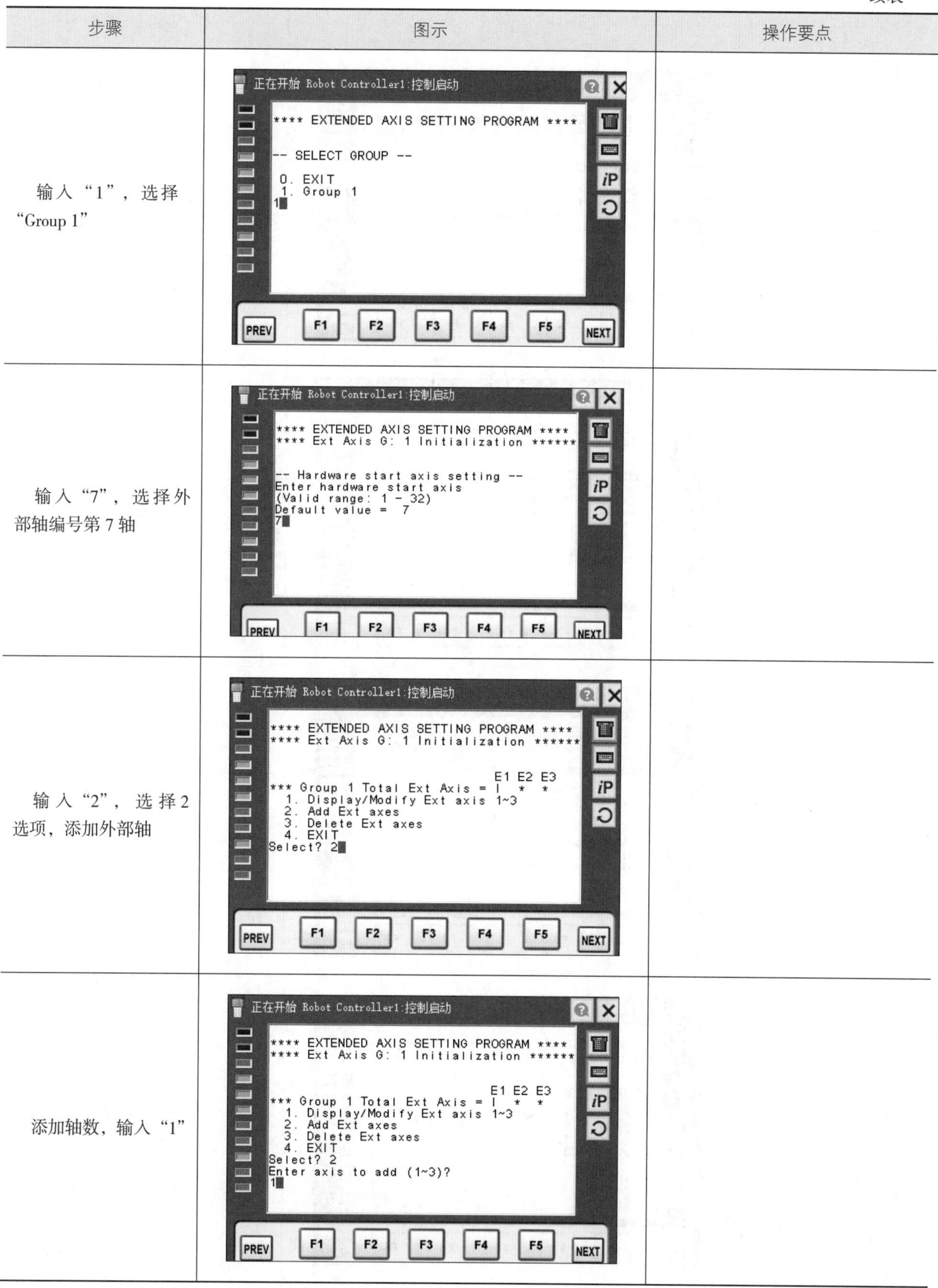

步骤	图示	操作要点
输入“1”，选择“Group 1”	正在开始 Robot Controller1:控制启动 **** EXTENDED AXIS SETTING PROGRAM **** -- SELECT GROUP -- 0. EXIT 1. Group 1 1 PREV F1 F2 F3 F4 F5 NEXT	
输入“7”，选择外部轴编号第 7 轴	正在开始 Robot Controller1:控制启动 **** EXTENDED AXIS SETTING PROGRAM **** **** Ext Axis G: 1 Initialization ****** -- Hardware start axis setting -- Enter hardware start axis (Valid range: 1 - 32) Default value = 7 7 PREV F1 F2 F3 F4 F5 NEXT	
输入“2”，选择 2 选项，添加外部轴	正在开始 Robot Controller1:控制启动 **** EXTENDED AXIS SETTING PROGRAM **** **** Ext Axis G: 1 Initialization ****** E1 E2 E3 *** Group 1 Total Ext Axis = | * * 1. Display/Modify Ext axis 1~3 2. Add Ext axes 3. Delete Ext axes 4. EXIT Select? 2 PREV F1 F2 F3 F4 F5 NEXT	
添加轴数，输入“1”	正在开始 Robot Controller1:控制启动 **** EXTENDED AXIS SETTING PROGRAM **** **** Ext Axis G: 1 Initialization ****** E1 E2 E3 *** Group 1 Total Ext Axis = | * * 1. Display/Modify Ext axis 1~3 2. Add Ext axes 3. Delete Ext axes 4. EXIT Select? 2 Enter axis to add (1~3)? 1 PREV F1 F2 F3 F4 F5 NEXT	

续表

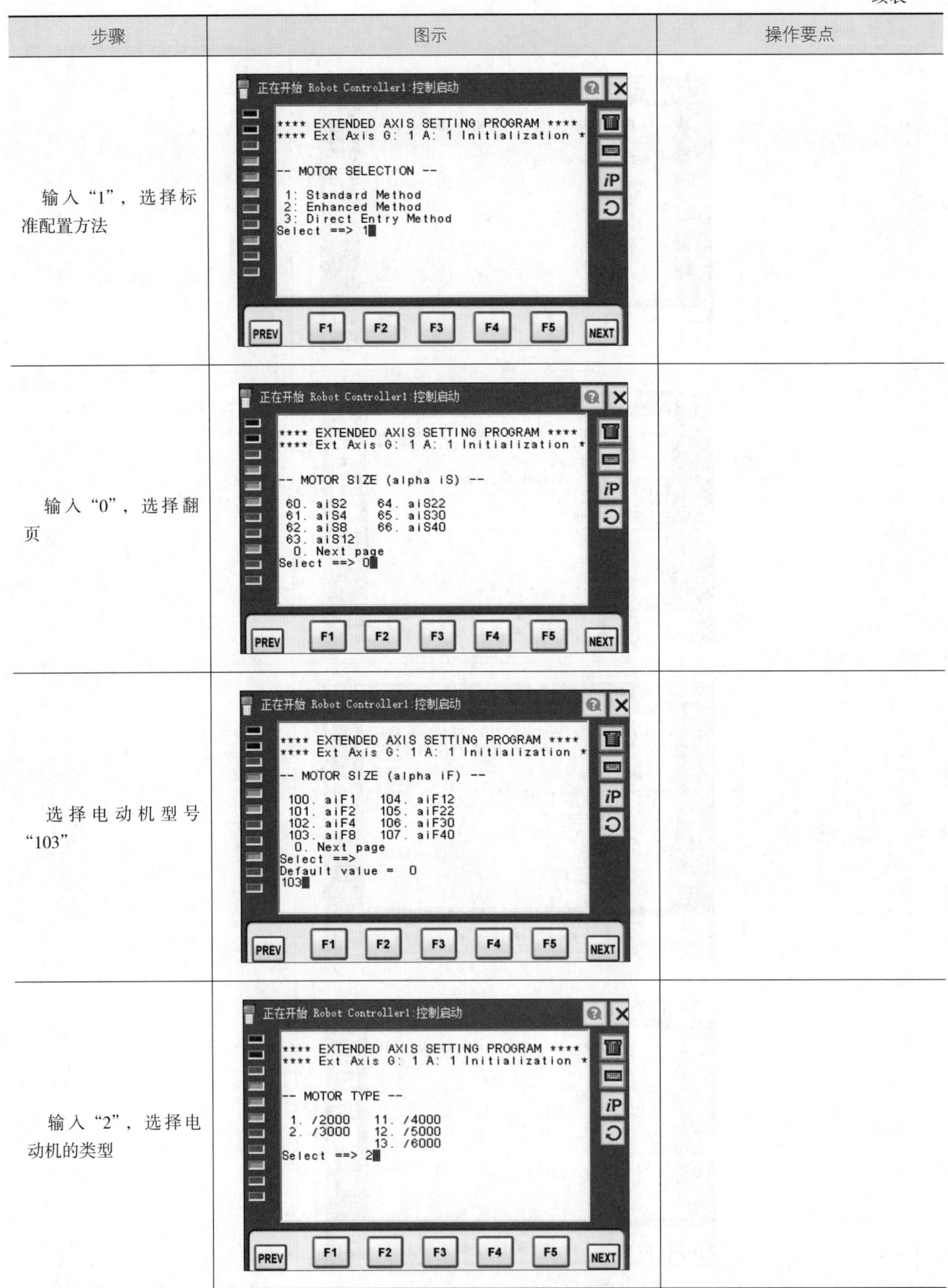

步骤	图示	操作要点
输入“1”，选择标准配置方法		
输入“0”，选择翻页		
选择电动机型号“103”		
输入“2”，选择电动机的类型		

续表

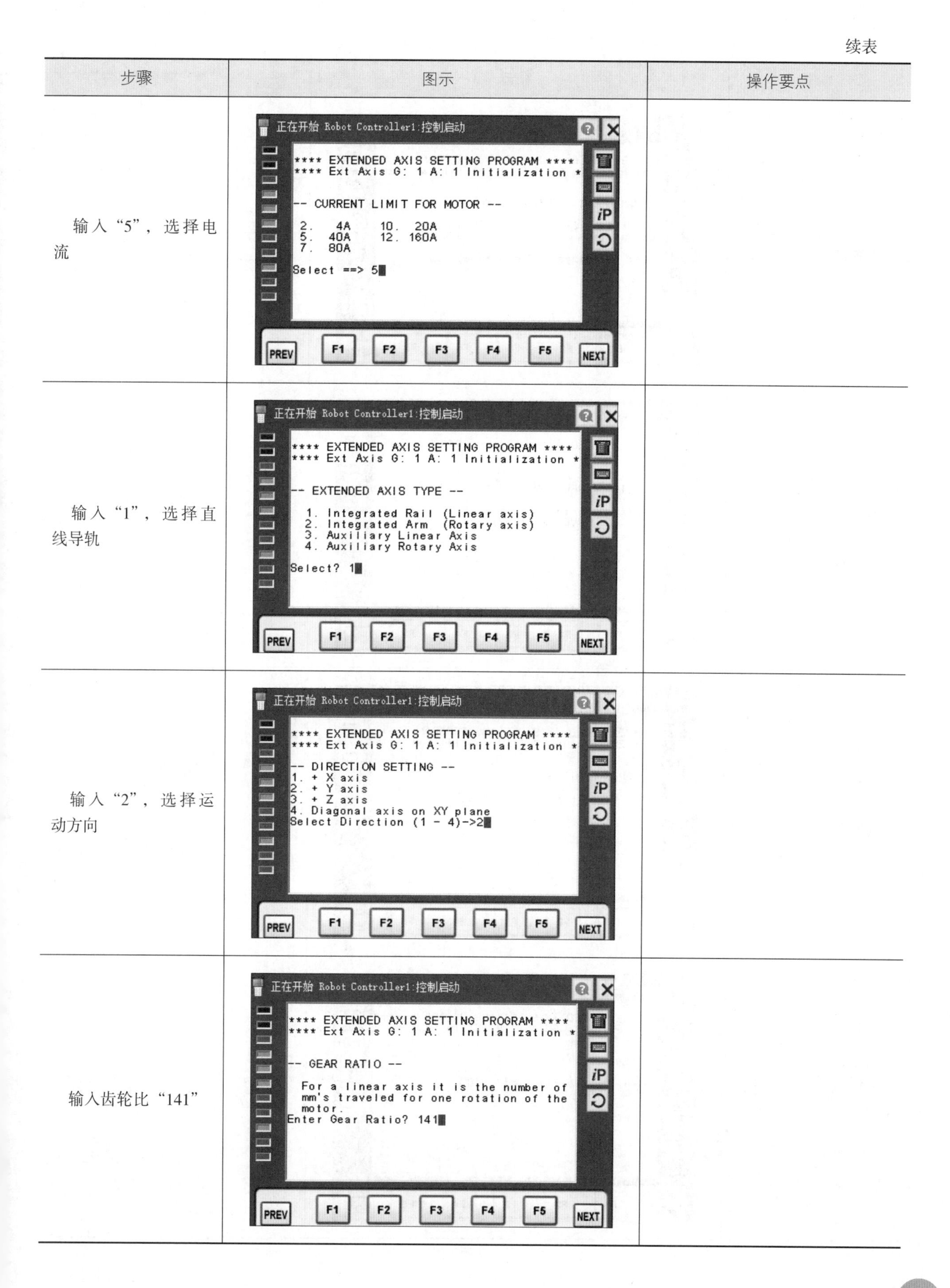

步骤	图示	操作要点
输入“5”，选择电流	正在开始 Robot Controller1:控制启动 **** EXTENDED AXIS SETTING PROGRAM **** **** Ext Axis G: 1 A: 1 Initialization * -- CURRENT LIMIT FOR MOTOR -- 2. 4A 10. 20A 5. 40A 12. 160A 7. 80A Select ==> 5 PREV F1 F2 F3 F4 F5 NEXT	
输入“1”，选择直线导轨	正在开始 Robot Controller1:控制启动 **** EXTENDED AXIS SETTING PROGRAM **** **** Ext Axis G: 1 A: 1 Initialization * -- EXTENDED AXIS TYPE -- 1. Integrated Rail (Linear axis) 2. Integrated Arm (Rotary axis) 3. Auxiliary Linear Axis 4. Auxiliary Rotary Axis Select? 1 PREV F1 F2 F3 F4 F5 NEXT	
输入“2”，选择运动方向	正在开始 Robot Controller1:控制启动 **** EXTENDED AXIS SETTING PROGRAM **** **** Ext Axis G: 1 A: 1 Initialization * -- DIRECTION SETTING -- 1. + X axis 2. + Y axis 3. + Z axis 4. Diagonal axis on XY plane Select Direction (1 - 4)->2 PREV F1 F2 F3 F4 F5 NEXT	
输入齿轮比“141”	正在开始 Robot Controller1:控制启动 **** EXTENDED AXIS SETTING PROGRAM **** **** Ext Axis G: 1 A: 1 Initialization * -- GEAR RATIO -- For a linear axis it is the number of mm's traveled for one rotation of the motor. Enter Gear Ratio? 141 PREV F1 F2 F3 F4 F5 NEXT	

续表

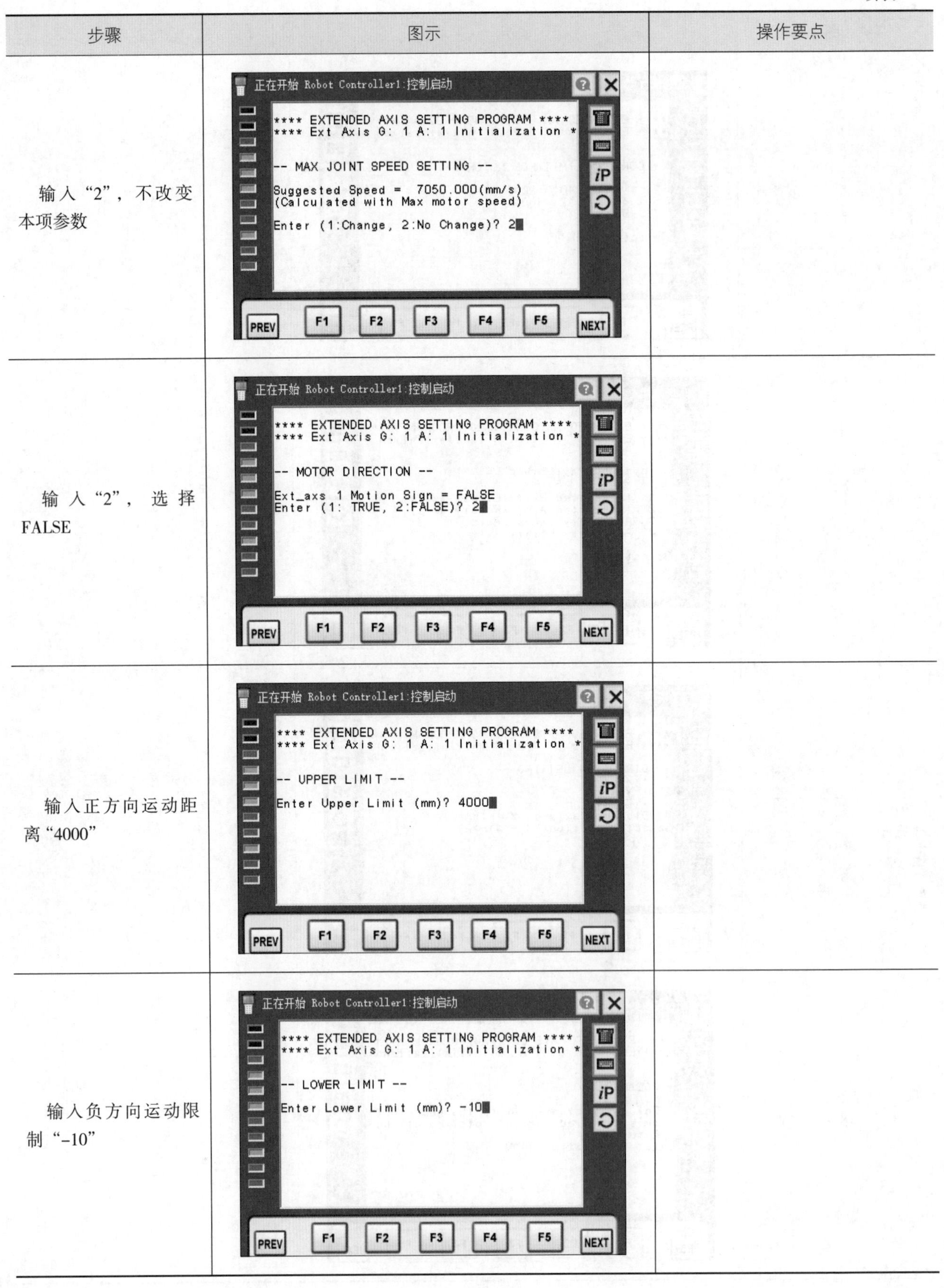

步骤	图示	操作要点
输入“2”，不改变本项参数		
输入“2”，选择FALSE		
输入正方向运动距离“4000”		
输入负方向运动限制“-10”		

续表

步骤	图示	操作要点
0点位设置为“0”	正在开始 Robot Controller1:控制启动 **** EXTENDED AXIS SETTING PROGRAM **** **** Ext Axis G: 1 A: 1 Initialization * -- MASTER POSITION -- Enter Master Position (mm)? 0 PREV F1 F2 F3 F4 F5 NEXT	
依次输入“2”，不改变本项参数	正在开始 Robot Controller1:控制启动 **** EXTENDED AXIS SETTING PROGRAM **** **** Ext Axis G: 1 A: 1 Initialization * -- ACC/DEC TIME -- Default acc_time1 = 256(ms) Enter (1:Change, 2:No Change)? 2 Default acc_time2 = 128(ms) Enter (1:Change, 2:No Change)? 2 PREV F1 F2 F3 F4 F5 NEXT	
输入负载比“1”	正在开始 Robot Controller1:控制启动 **** EXTENDED AXIS SETTING PROGRAM **** **** Ext Axis G: 1 A: 1 Initialization * -- LOAD RATIO -- LoadRatio = (LoadInertia + MotorInertia) / MotorInertia Enter Load ratio? (0:None 1~5:Valid) 1 PREV F1 F2 F3 F4 F5 NEXT	
输入放大器号“1”	正在开始 Robot Controller1:控制启动 **** EXTENDED AXIS SETTING PROGRAM **** **** Ext Axis G: 1 A: 1 Initialization * -- SELECT AMP NUMBER -- Enter amplifier number (1~84)? 1 PREV F1 F2 F3 F4 F5 NEXT	

续表

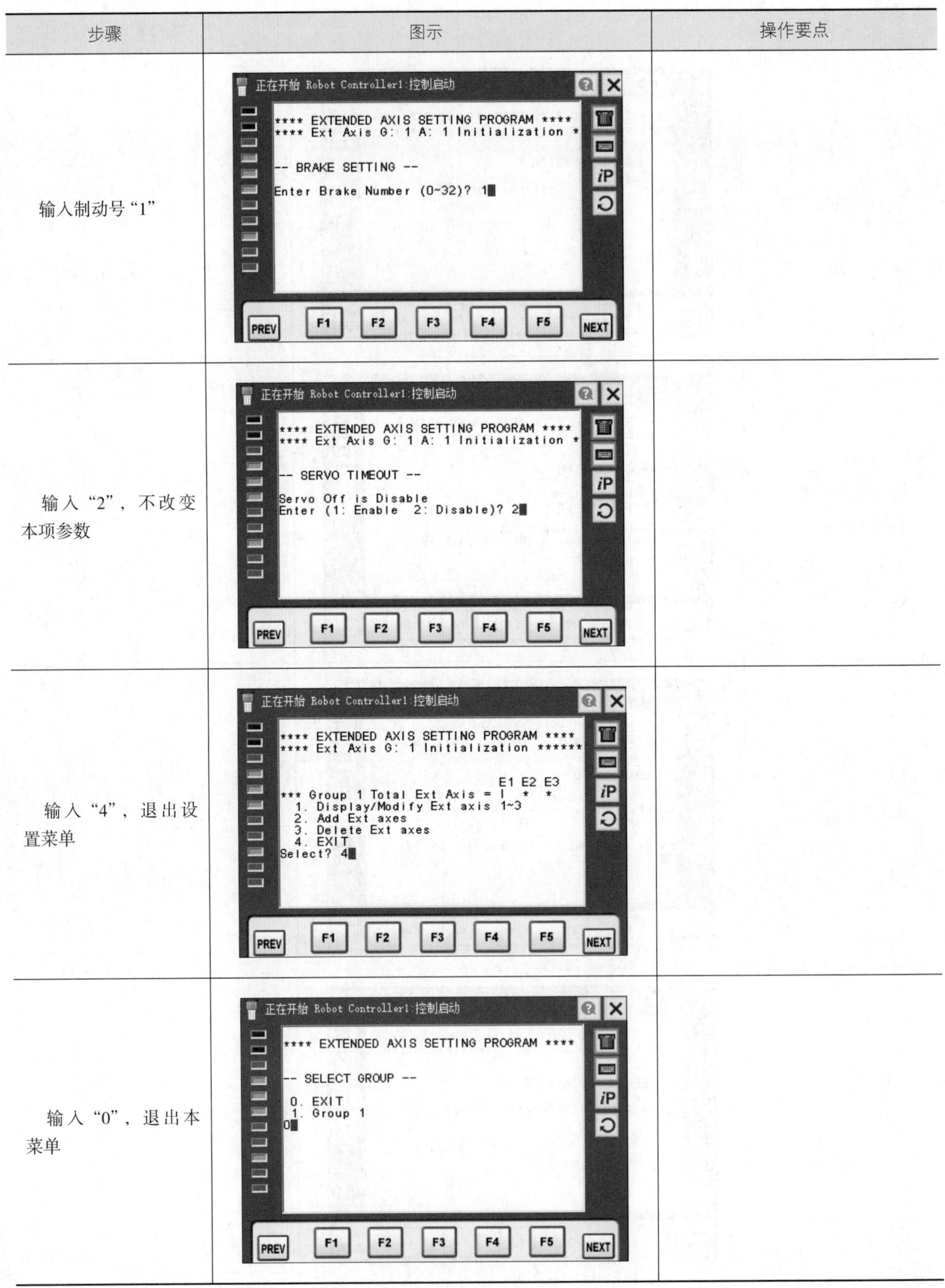

步骤	图示	操作要点
输入制动号“1”		
输入“2”，不改变本项参数		
输入“4”，退出设置菜单		
输入“0”，退出本菜单		

续表

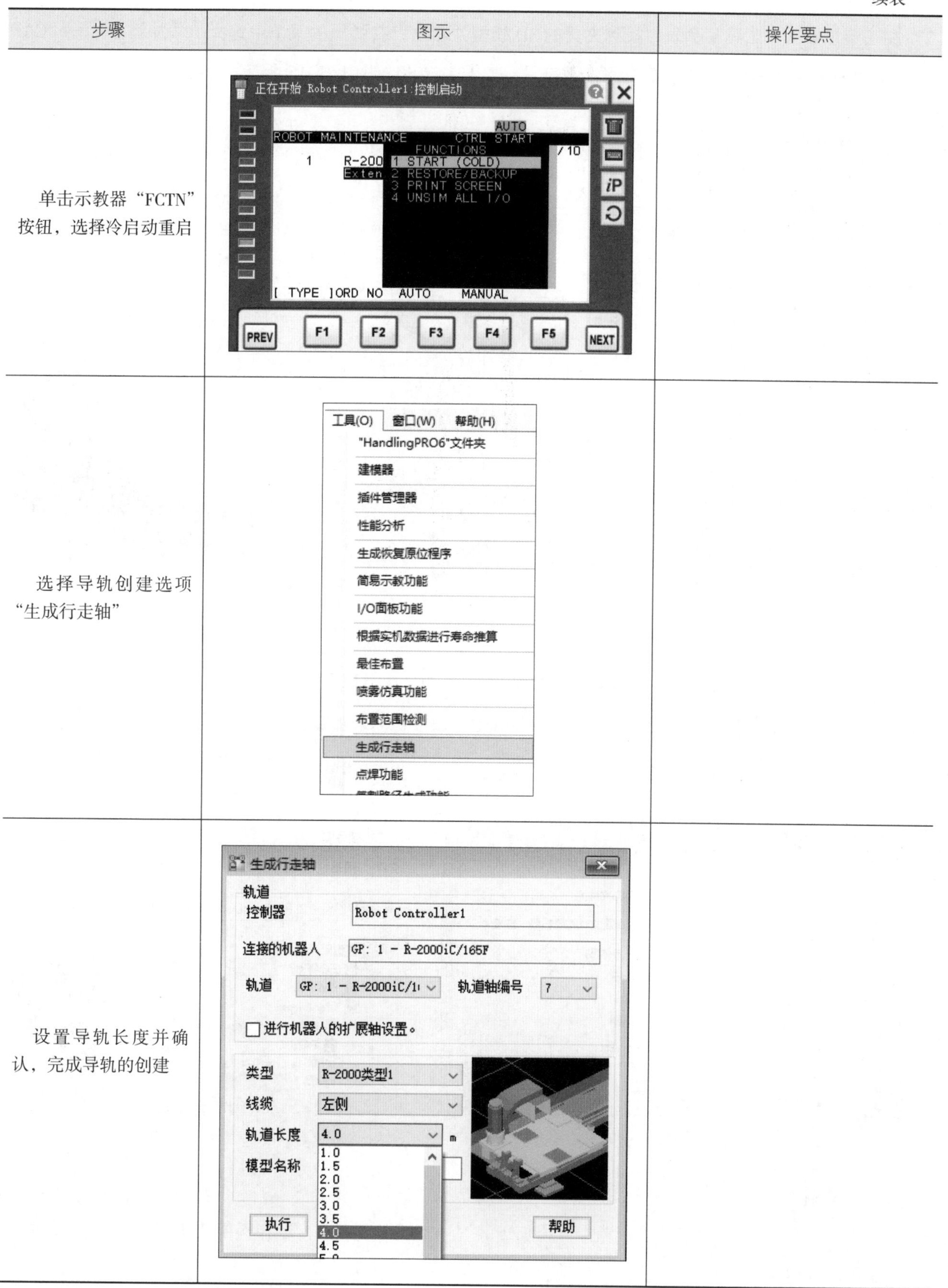

步骤	图示	操作要点
单击示教器“FCTN”按钮，选择冷启动重启		
选择导轨创建选项“生成行走轴”		
设置导轨长度并确认，完成导轨的创建		

3. 加载夹具

在工业机器人“工具”列表中找到夹具的 3D 模型并右击，在弹出的菜单中选择“添加链接”→“CAD 文件”，选择相应的 3D 模型文件，即可加载夹具，如图 1–3–14、图 1–3–15 所示。

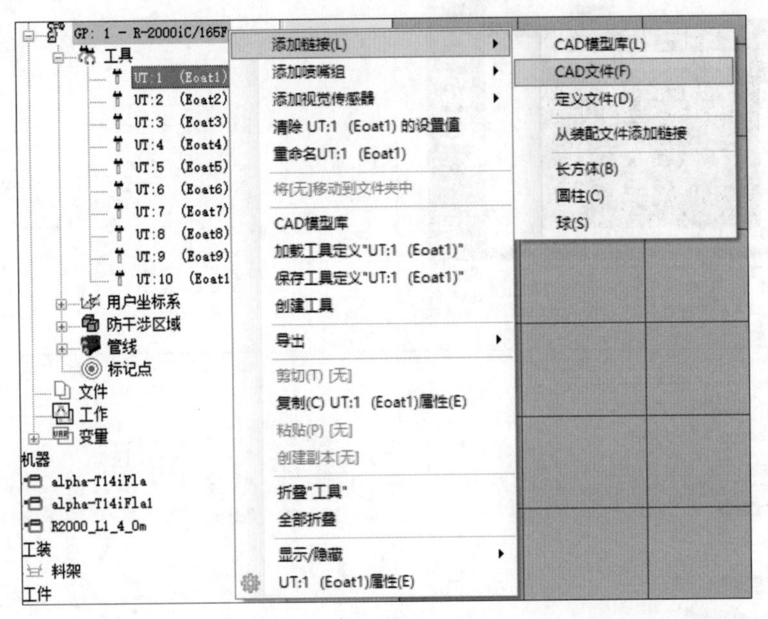

图 1–3–14 加载夹具

图 1–3–15 夹具的 3D 模型

4. 加载数控机床

右击“工装”，在弹出的菜单中选择“添加机器”→“CAD 模型库”，弹出“CAD 模型库”对话框，在“Machines”→“FANUC”项中找到两台“alpha–T14iFla”数控机床，加载数控机床，如图 1–3–16、图 1–3–17 所示。

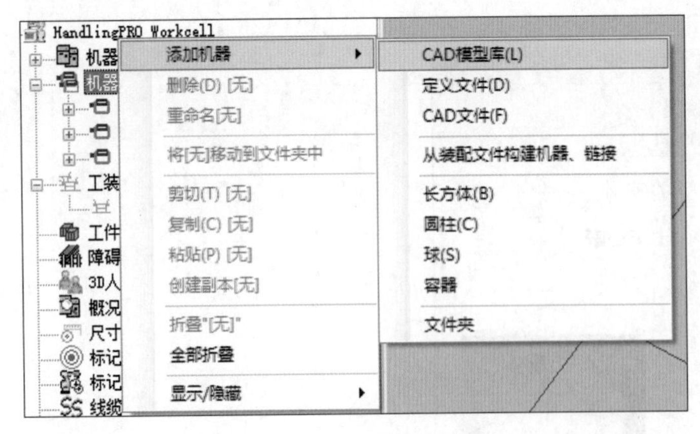

图 1–3–16 加载数控机床

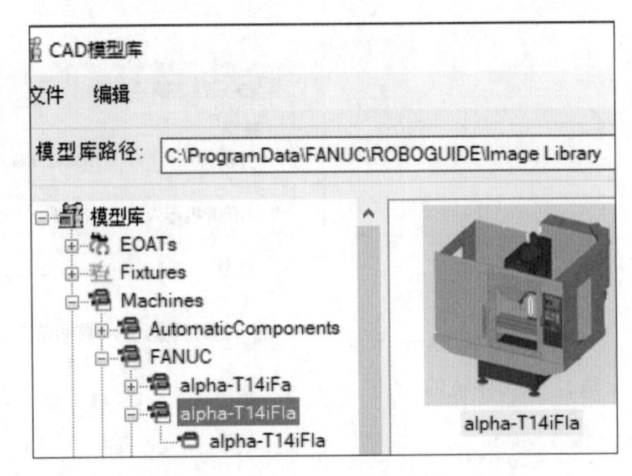

图 1–3–17 “CAD 模型库”对话框

5. 加载料架

右击“工装”，在弹出的菜单中选择“添加工装”→“CAD 文件”，选择料架的 3D 模型，即可加载料架，如图 1–3–18、图 1–3–19 所示。

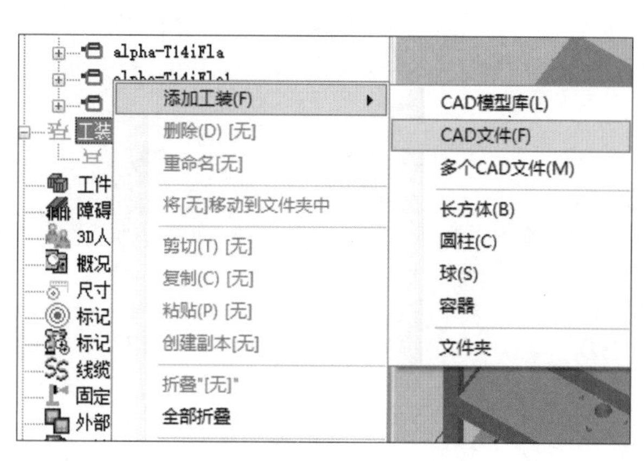

图 1-3-18　加载料架

图 1-3-19　料架的 3D 模型

6．调整设备间距

搭建好仿真工作站后，需要测量布局尺寸，如图 1-3-20 所示。如果外围设备的间距不符合生产要求，需要调整设备间的距离。写出布局尺寸的测量步骤。

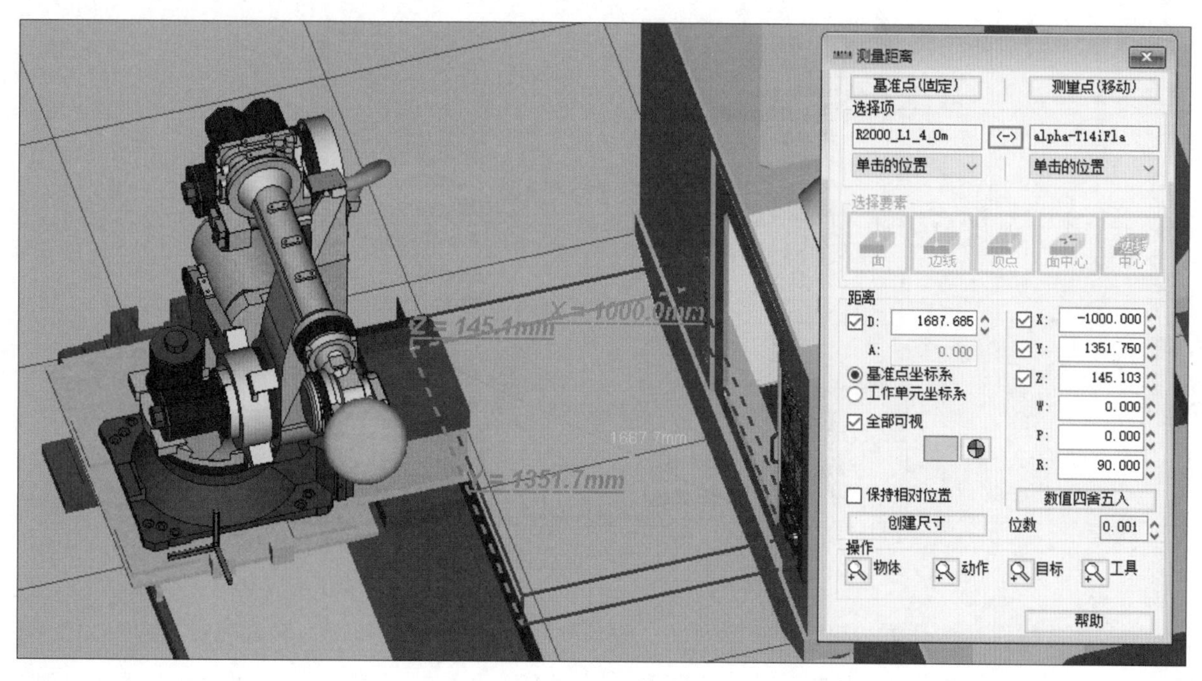

图 1-3-20　布局尺寸的测量

7．导入非标设备

工业机器人搬运工作站的很多设备均为非标设备，搭建工作站时需要导入大量非标设备的3D模型，叙述导入非标设备3D模型的优化方法。

8．生成围栏

单击目录树中的“障碍物”，在弹出的快捷菜单中选择“添加障碍物”→“生成围栏”，如图1-3-21所示。

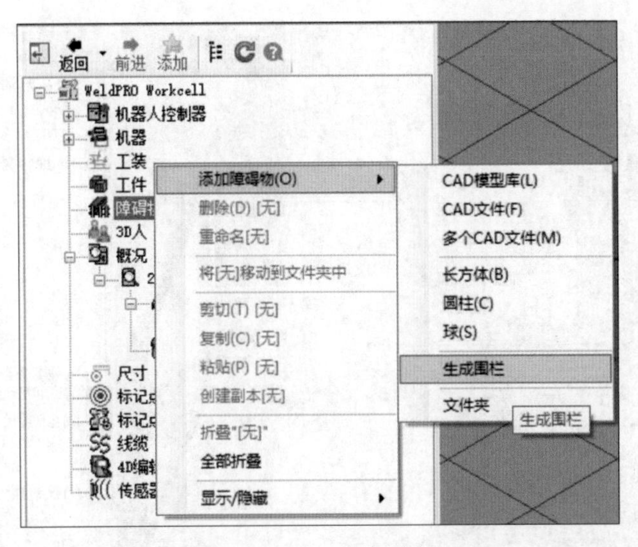

图1-3-21　生成围栏

弹出“生成围栏”对话框，如图1-3-22所示，设置高度为“2000 mm”，点阵宽度为“1000 mm”。按住鼠标右键拖动确定需要布置围栏的范围，完成后松开鼠标右键，单击对话框中的“生成围栏”按钮即可生成围栏，如图1-3-23所示。

注：单击“保存”图标，定期保存进度，避免由于误操作导致操作设置参数丢失。保存文件时会弹出“正在备份”提示。

9．设置数控机床和开关门信号

数控机床的防护门和工作基台会按照工业机器人搬运工件的过程依次开闭和移动，列出数控机床和开关门信号的设置步骤。特别注意工业机器人的姿态和工业机器人进入相应设备移动区间时的信号设置。通过图1-3-24、图1-3-25可以选取数控机床需要动作的构件和配置需要动作构件的信号。

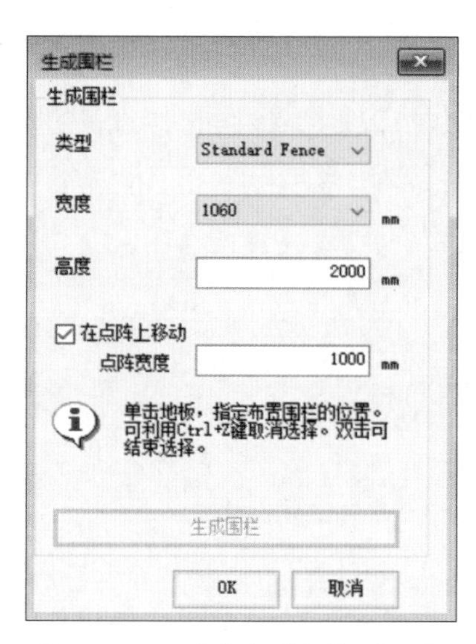

图 1-3-22　“生成围栏”对话框

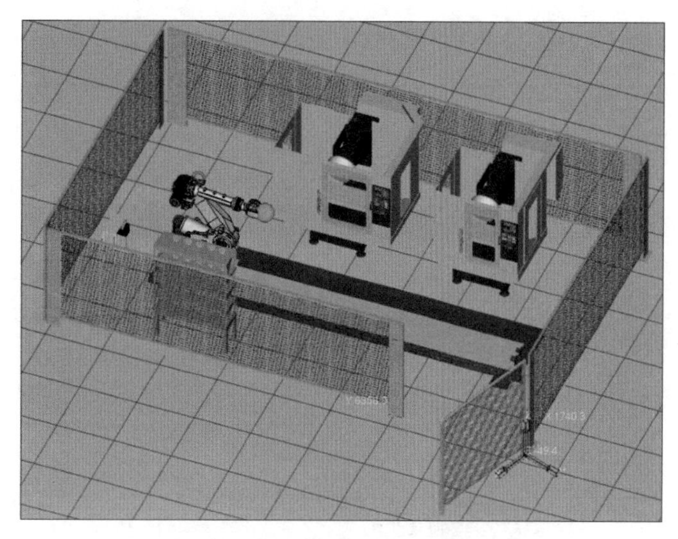

图 1-3-23　自动生成工作站围栏

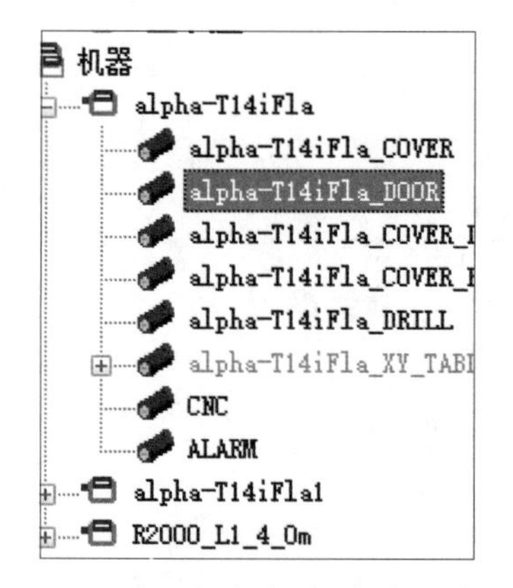

图 1-3-24　选取数控机床需要动作的构件

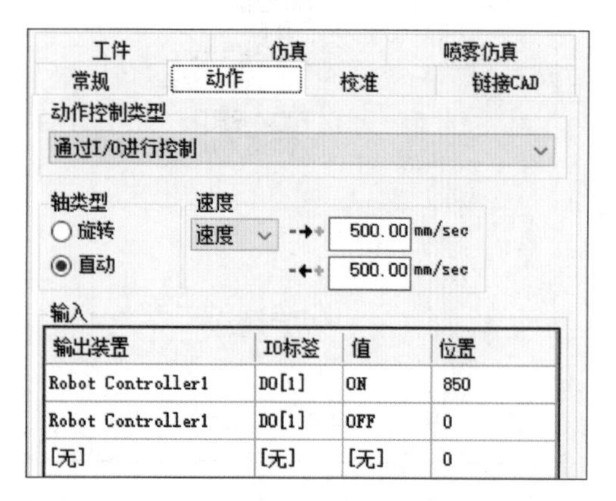

图 1-3-25　数控机床需要动作构件的信号配置

四、干涉检测的方法

作为项目设计人员，安全是最重要的，需要采用仿真软件检测工作站工业机器人与外围设备的干涉情况，干涉检测界面如图 1-3-26 ~ 图 1-3-29 所示。列出具体的操作步骤。

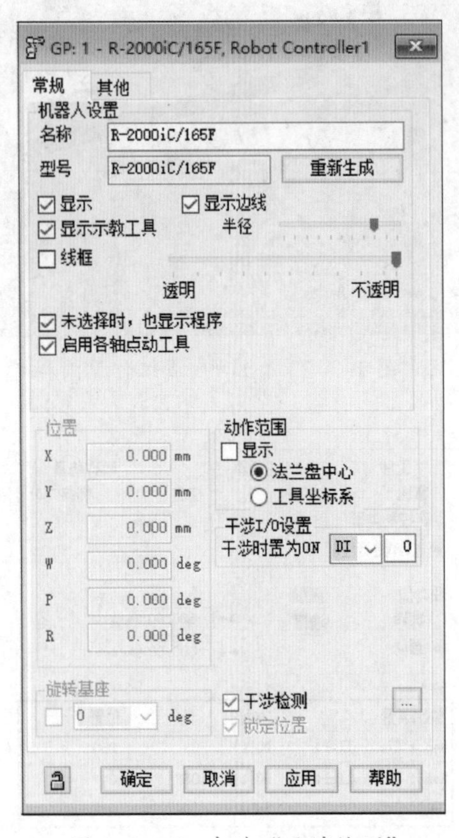

图 1-3-26　勾选“干涉检测”

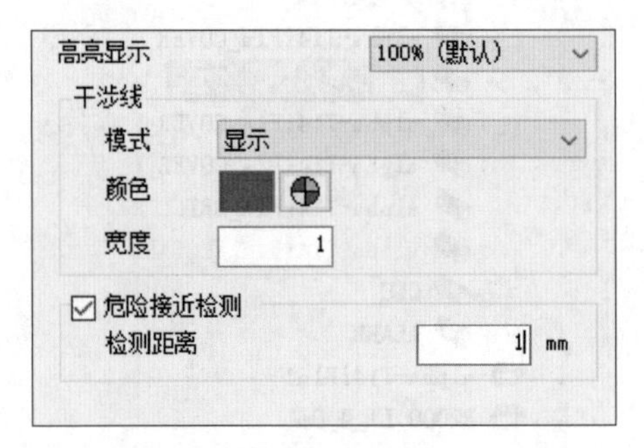

图 1-3-27　干涉检测设置

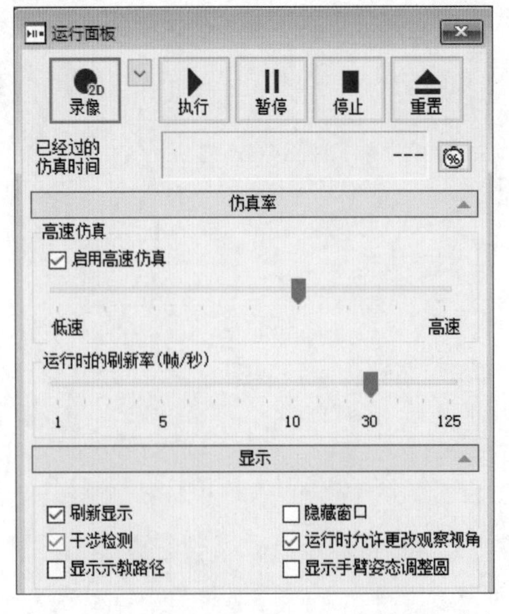

图 1-3-28　勾选“运行面板”对话框中的“干涉检测”

图 1-3-29　勾选工作单元属性的干涉检测

五、验证搬运工作节拍的方法

客户需要供应商提供工作节拍的数据，以判断投入产出比是否符合企业预期，图 1-3-30 为某项目工作节拍验证结果。列出使用仿真软件验证搬运工作节拍的操作步骤。

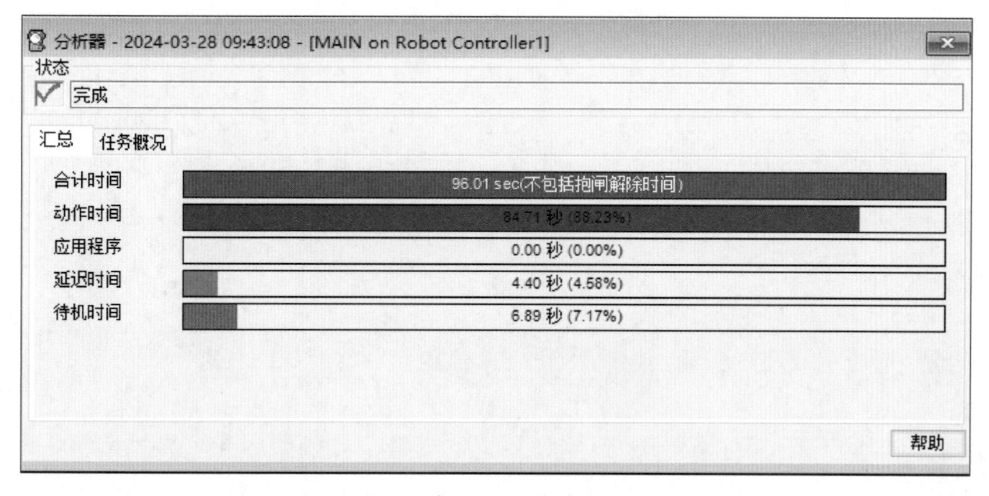

图 1-3-30　某项目工作节拍验证结果

六、仿真动画视频录制方法

仿真完成后，需要录制仿真动画视频，提交项目负责人审核。录制方法：在菜单栏单击“试运行”→“运行面板”→“2D 录像”进行录制，待录制任务结束后，单击“工具”菜单中的“×× 文件夹”→双击该文件夹中的“AVIs”文件夹→找到已录制的视频。详细操作如图 1-3-31 所示。

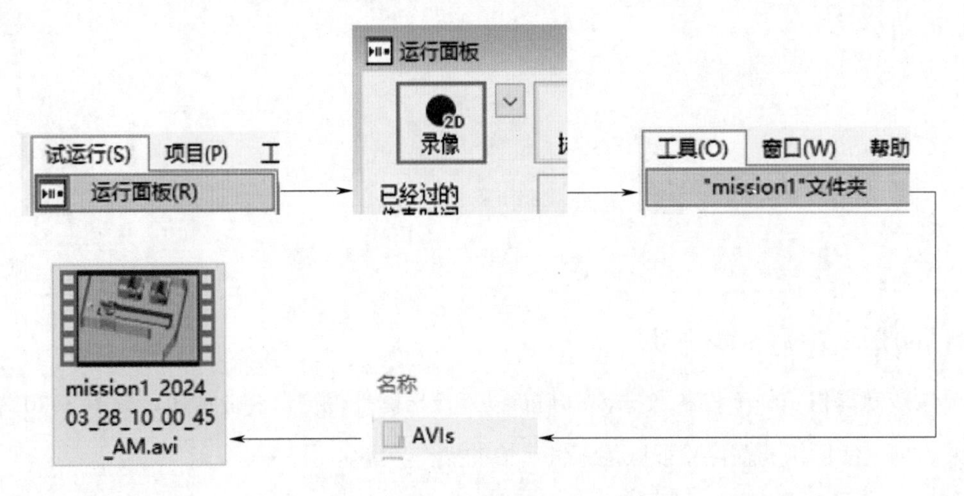

图 1-3-31　仿真动画视频录制步骤

学习活动 4　工作站仿真设计

学习目标

1. 能根据搬运工作站的布局要求和仿真设计规范，以独立工作的方式，使用机器人仿真软件导入机器人及周边设备的 3D 模型，完成搬运工作站 3D 模型的搭建。

2. 能编写工业机器人搬运程序，进行干涉检测，验证工业机器人的可达范围、工作节拍和生产布局等是否符合要求，生成仿真动画视频，并做好工作记录。

3. 能生成包含工作站的干涉位置、工作节拍和不可到达位置等信息的仿真报告，将仿真报告和仿真动画视频提交项目负责人审核，整理设计文件并存档。

4. 能在工作过程中严格执行行业、企业仿真设计相关技术标准，保守公司与客户的商业秘密，遵守企业生产管理规范及“6S”管理规定。

建议学时：14 学时

学习过程

一、仿真设计

1．在仿真设计室内按照表 1-4-1 中的操作提示完成搬运工作站仿真设计。

表 1-4-1　　　　　　　　　　搬运工作站仿真设计过程

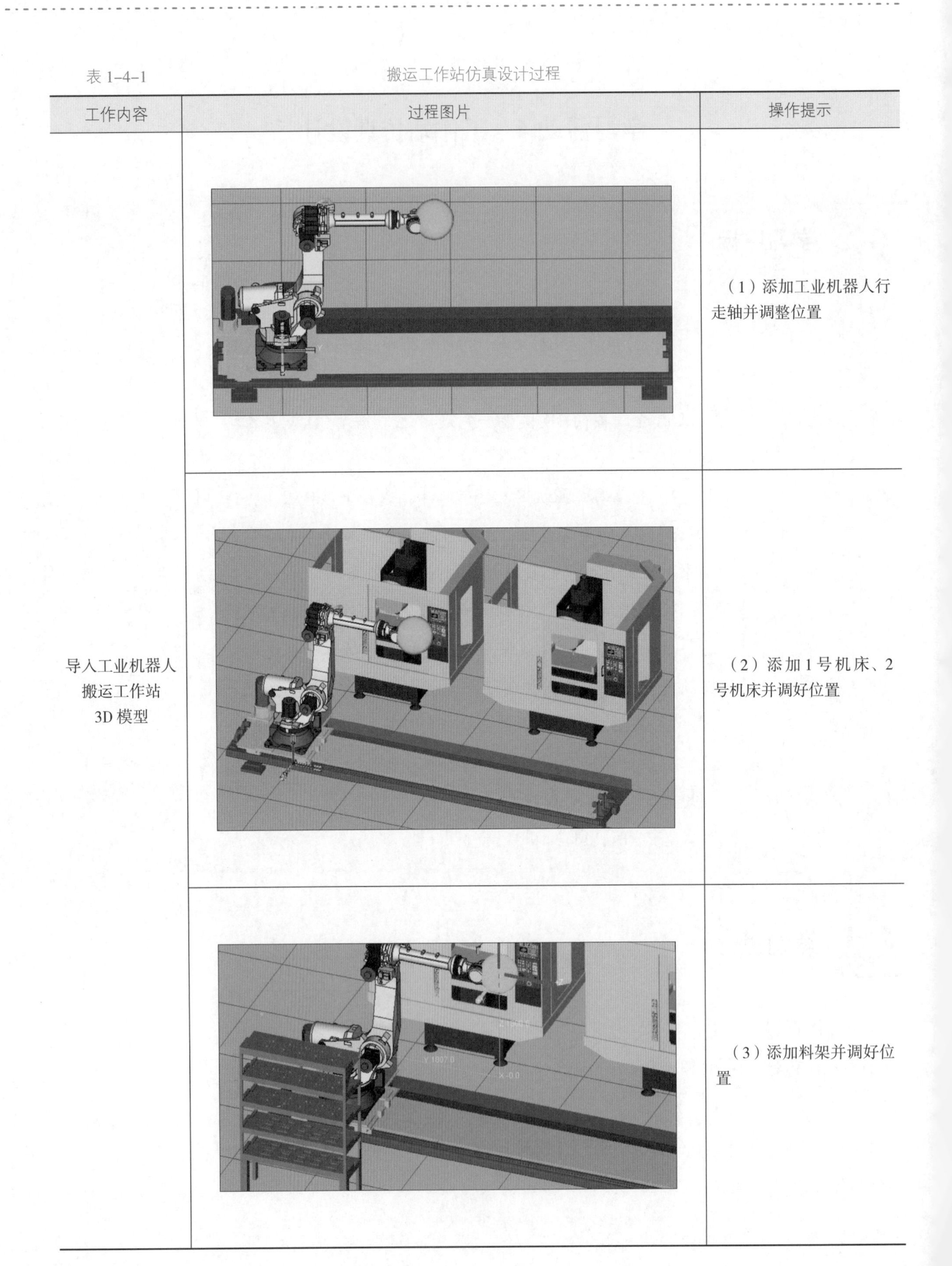

工作内容	过程图片	操作提示
导入工业机器人搬运工作站3D模型		（1）添加工业机器人行走轴并调整位置
		（2）添加1号机床、2号机床并调好位置
		（3）添加料架并调好位置

续表

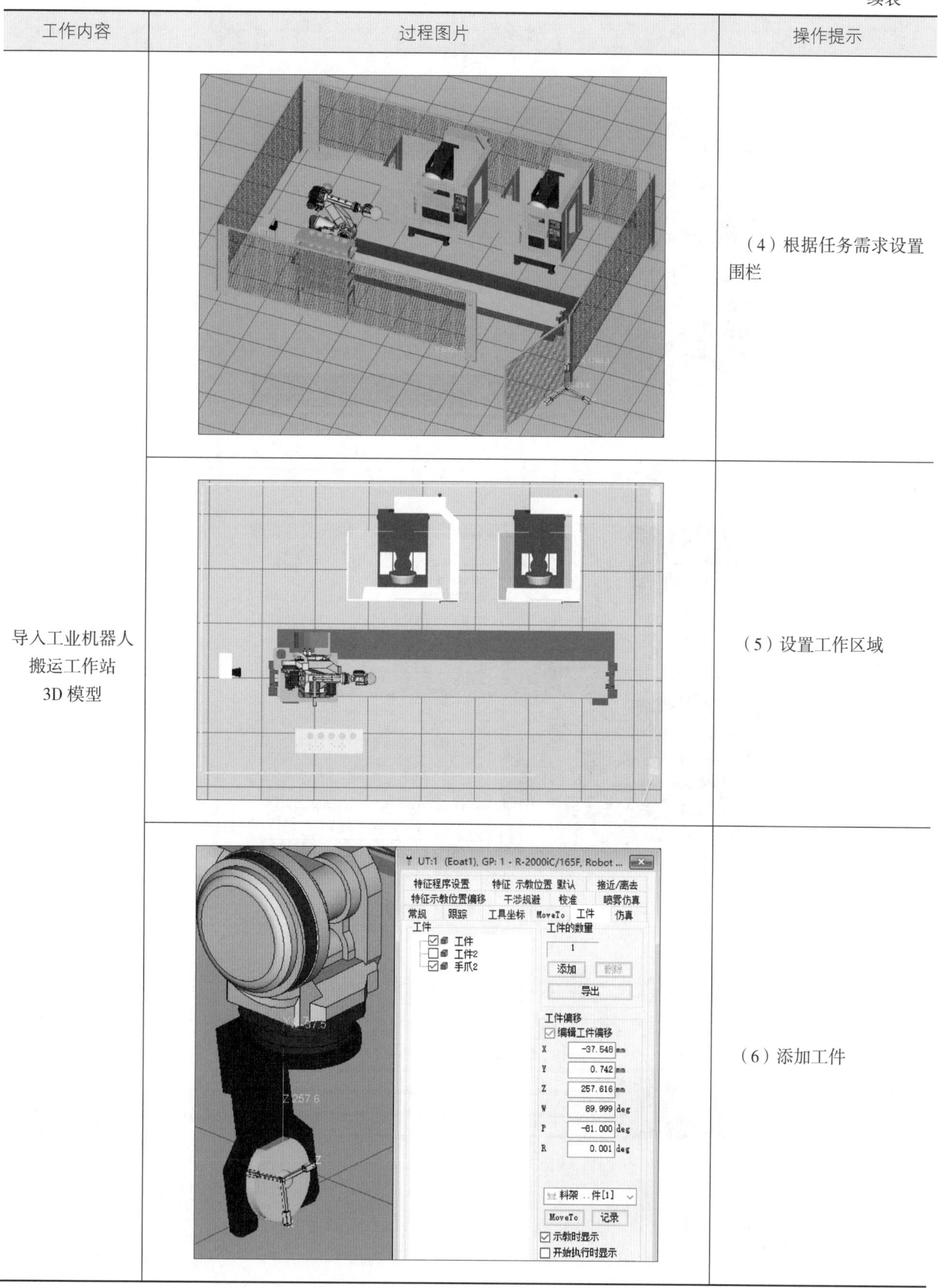

工作内容	过程图片	操作提示
导入工业机器人搬运工作站3D模型		（4）根据任务需求设置围栏
		（5）设置工作区域
		（6）添加工件

续表

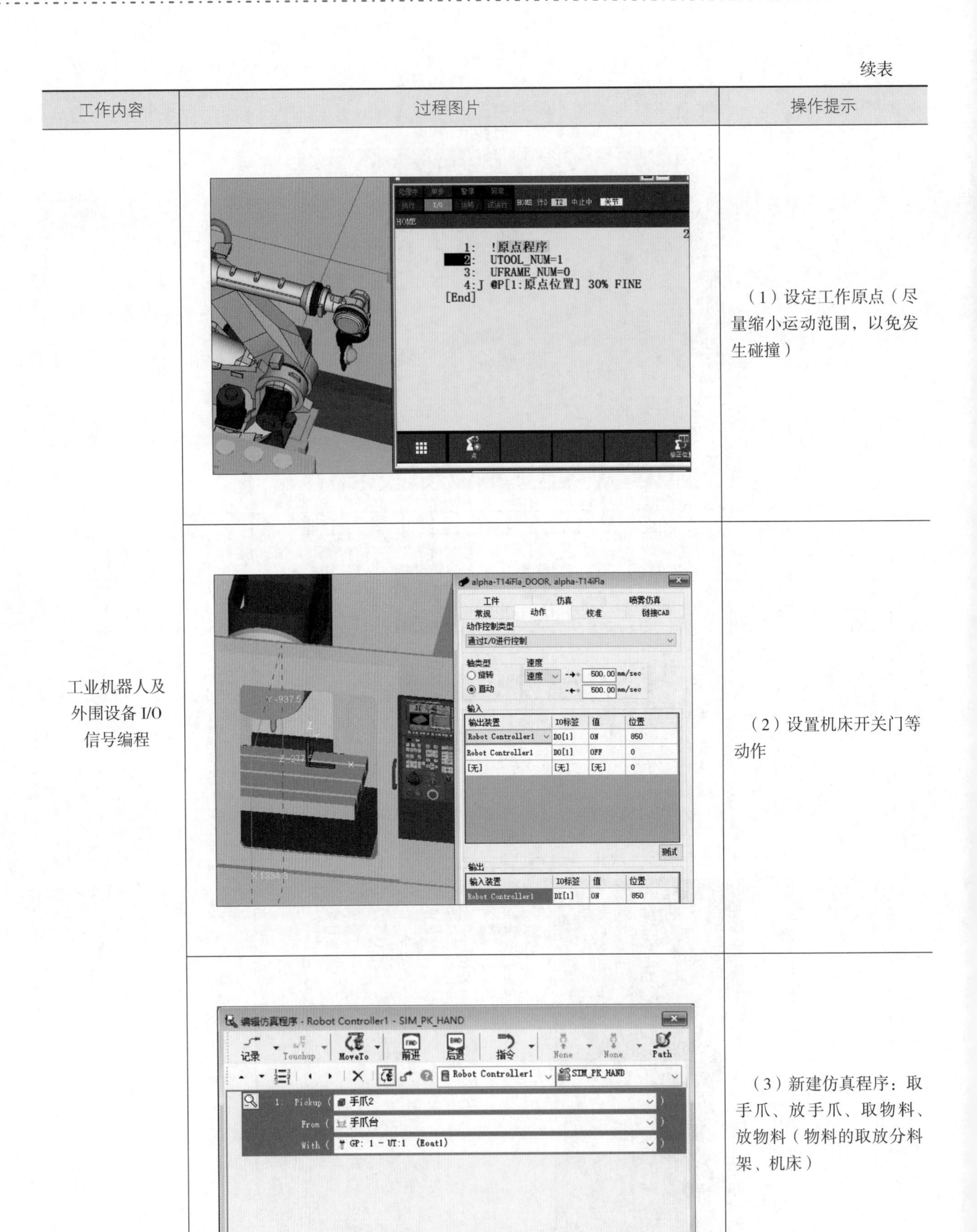

工作内容	过程图片	操作提示
工业机器人及外围设备 I/O 信号编程		（1）设定工作原点（尽量缩小运动范围，以免发生碰撞）
		（2）设置机床开关门等动作
		（3）新建仿真程序：取手爪、放手爪、取物料、放物料（物料的取放分料架、机床）

续表

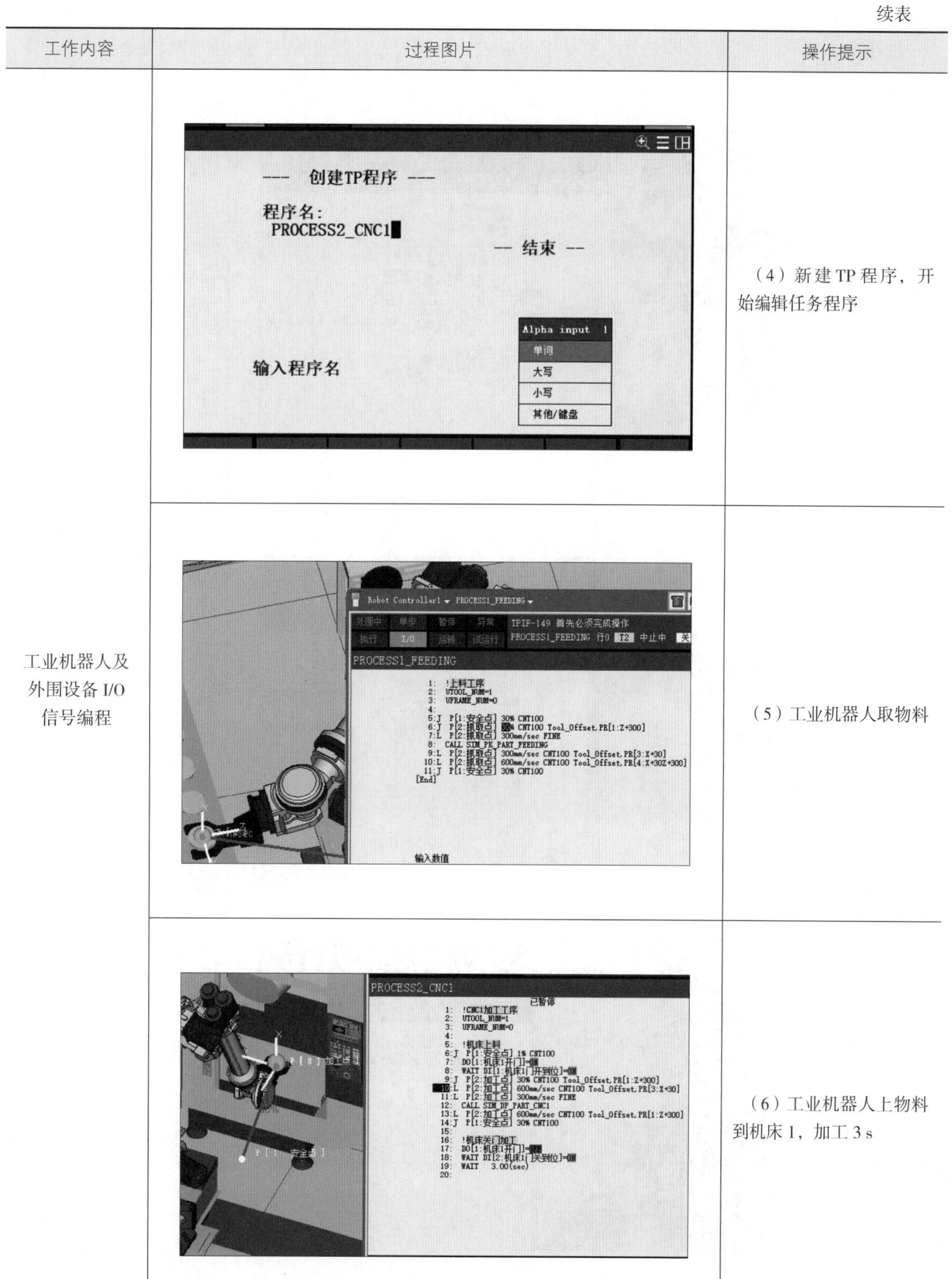

工作内容	过程图片	操作提示
工业机器人及外围设备 I/O 信号编程		（4）新建 TP 程序，开始编辑任务程序
		（5）工业机器人取物料
		（6）工业机器人上物料到机床 1，加工 3 s

续表

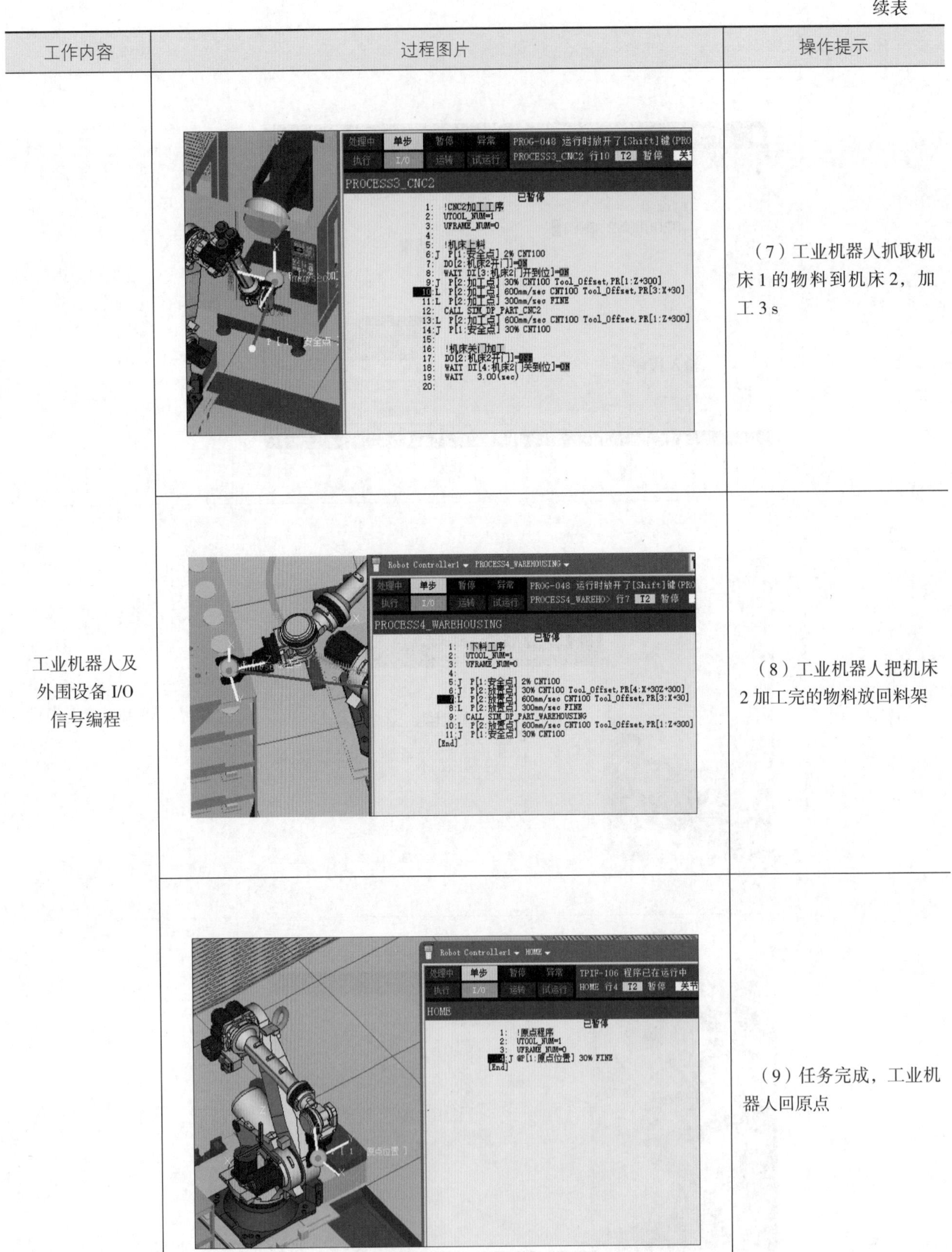

工作内容	过程图片	操作提示
工业机器人及外围设备 I/O 信号编程		（7）工业机器人抓取机床 1 的物料到机床 2，加工 3 s
		（8）工业机器人把机床 2 加工完的物料放回料架
		（9）任务完成，工业机器人回原点

续表

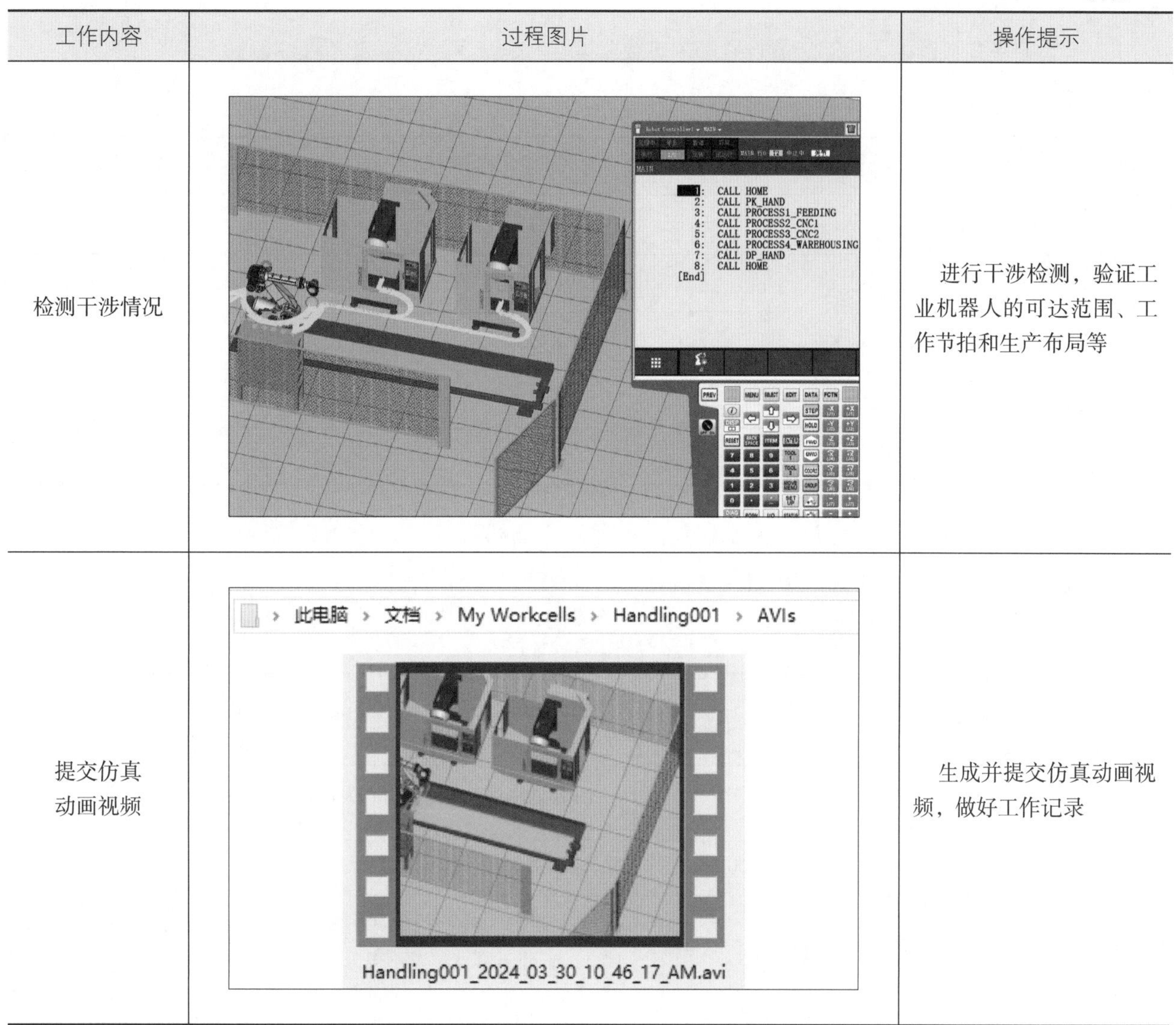

工作内容	过程图片	操作提示
检测干涉情况		进行干涉检测，验证工业机器人的可达范围、工作节拍和生产布局等
提交仿真动画视频		生成并提交仿真动画视频，做好工作记录

2．分别写出搬运工作站工业机器人主程序，工业机器人取、放料程序，工业机器人机床上、下料程序。

二、交付验收

1．按表 1–4–2 对搬运工作站仿真设计结果进行验收。

表 1–4–2　　搬运工作站仿真设计验收表

序号	验收项目	文件格式 / 版本要求	完成情况
1	仿真动画视频	MP4	
2	设备布局图	DWG/2024	
3	工具安装文件	PPT、xls	
4	工业机器人离线程序	TP、LS	
5	仿真数据	rgx	

2．参照世界技能大赛工业机器人系统集成项目对工业机器人工作站仿真的评价标准和理念，设计表 1–4–3 的评分表，对搬运工作站仿真设计进行评分。

表 1–4–3　　搬运工作站仿真设计评分表

序号	评价项目	M– 测量 J– 评价	配分 / 分	评分标准	得分
1	仿真工作站布局	M	10	仿真工作站按照设备布局样式布局，模块（工业机器人夹具、工件、料架、行走轴、数控机床）数量完整，缺一个模块扣 2 分	
2	工业机器人初始位置	M	5	工业机器人初始位置处于零点位置（1~6 轴均为 0°），未处于零点位置不得分	
3	工业机器人位置与工作原点的关系	M	5	工业机器人运行到工作原点（1~6 轴分别为 0°、0°、0°、0°、–90°、0°），未处于工作原点不得分	
4	工业机器人工具取放	M	5	工业机器人正确取放工具，未取到或取放过程中发生干涉不得分	
5	工业机器人上料	M	10	工业机器人将毛坯件从料架搬运到 1 号机床上，未取到毛坯件或过程中发生干涉不得分	
6	工业机器人工件转移	M	10	工业机器人从 1 号机床取下工件，搬运到 2 号机床上，过程中发生干涉不得分	
7	工业机器人下料	M	10	工业机器人从 2 号机床取下工件，搬运到料架的下料台上，过程中发生干涉不得分	
8	多个工件的搬运和加工	M	30	工业机器人能依次完成 4 个工件的搬运和加工，缺一个扣 10 分	

续表

序号	评价项目	M- 测量 J- 评价	配分 / 分	评分标准	得分
9	任务结束	M	5	工业机器人回到工作原点位置，过程中发生干涉不得分	
10	模型命名	J	10	0—没有命名；1—部分模型有命名；2—所有模型均有命名，个别含义不清；3—任何导入模型都有独一无二且合适的名称命名	
合计			100	总得分	

学习活动 5 工作总结与评价

学习目标

1. 能展示工作成果，说明本次任务的完成情况，并进行分析总结。

2. 能结合自身任务完成情况，正确、规范地撰写工作总结。

3. 能就本次任务中出现的问题提出改进措施。

4. 能主动获取有效信息，展示工作成果，对学习与工作进行总结和反思，并与他人开展良好合作，进行有效沟通。

建议学时：2 学时

学习过程

一、个人评价

按表 1–5–1 所列评分标准进行个人评价。

表 1–5–1 个人评价表

项目	序号	技术要求	配分 / 分	评分标准	得分
工作组织与管理（15%）	1	任务单的填写	3	每处错误扣 1 分，扣完为止	
	2	有效沟通	2	不符合要求不得分	
	3	按时完成工作页的填写	4	未完成不得分	
	4	安全操作	4	违反安全操作不得分	
	5	绿色、环保	2	不符合要求，每次扣 1 分，扣完为止	
工具使用（5%）	6	正确使用卷尺	2	不正确、不合理不得分	
	7	正确使用游标卡尺	2	不正确、不合理不得分	
	8	正确使用钢直尺	1	不正确、不合理不得分	

续表

项目	序号	技术要求	配分/分	评分标准	得分
软件和资料的使用（10%）	9	SolidWorks 或 Autodesk Inventor 软件的操作	2	每处错误扣 1 分，扣完为止	
	10	ROBOGUIDE 软件的安装与操作	4	每处错误扣 1 分，扣完为止	
	11	3D 模型图的分析与处理	4	每处错误扣 1 分，扣完为止	
仿真设计质量（70%）	12	工业机器人 3D 模型的导入	5	不正确不得分	
	13	非标设备 3D 模型的导入	5	每缺一个扣 2 分，扣完为止	
	14	辅助设备 3D 模型的导入	5	每缺一个扣 2 分，扣完为止	
	15	产品 3D 模型的导入	5	不正确不得分	
	16	夹具的加载	5	不正确不得分	
	17	工具坐标系、工件坐标系的建立	5	每缺一个扣 2 分，扣完为止	
	18	搬运工作站布局	6	不合理不得分	
	19	工业机器人及产品的动作流程和运行路径	5	不合理每处扣 1 分，扣完为止	
	20	搬运工作站工业机器人程序	5	每缺一个扣 2 分，扣完为止	
	21	工业机器人干涉检测	6	每处干涉扣 2 分，扣完为止	
	22	仿真动画视频录制	6	像素不符合要求不得分	
	23	仿真总结	12	未完成不得分	
合计			100	总得分	

二、小组评价

以小组为单位，选择演示文稿、展板、海报、视频等形式中的一种或几种，向全班展示、汇报仿真设计成果。在展示的过程中，以小组为单位进行评价；评价完成后，根据其他小组成员对本组展示成果的评价意见进行归纳总结。

三、教师评价

认真听取教师对本小组展示成果优缺点以及在完成任务过程中出现的亮点和不足的评价意见，并做好记录。

1．教师对本小组展示成果优点的点评。

2．教师对本小组展示成果缺点及改进方法的点评。

3．教师对本小组在整个任务完成过程中出现的亮点和不足的点评。

四、工作过程回顾及总结

1．在本次学习过程中，你完成了哪些工作任务？你是如何做的？还有哪些需要改进的地方？

2．总结在完成搬运工作站仿真设计任务过程中遇到的问题和困难，列举 2~3 点你认为比较值得和其他同学分享的工作经验。

3．回顾本学习任务的工作过程，对新学专业知识和技能进行归纳和整理，撰写工作总结。

工作总结

评价与分析

学习任务一综合评价表

班级：＿＿＿＿＿＿　　姓名：＿＿＿＿＿＿　　学号：＿＿＿＿＿＿

项目	自我评价（占总评 10%）	小组评价（占总评 30%）	教师评价（占总评 60%）
学习活动 1			
学习活动 2			
学习活动 3			
学习活动 4			
学习活动 5			

续表

项目	自我评价 （占总评 10%）	小组评价 （占总评 30%）	教师评价 （占总评 60%）
协作精神			
纪律观念			
表达能力			
工作态度			
安全意识			
任务总体表现			
小计			
总评			

任课教师：　　　年　　月　　日

世赛知识

国手的选拔

参加世界技能大赛代表国家形象，因此，必须确保选拔出最优秀的选手为国出征。我们在选拔选手时，主要分两个阶段。第一个阶段是全国选拔。这个阶段类似于海选，在各地、各部门初赛的基础上，人力资源和社会保障部组织开展全国选拔赛，根据选手成绩，最终每个参赛项目约有 10 人入选国家集训队。第二个阶段是集训选拔。集训选拔主要是依托世界技能大赛中国集训基地，对入选国家集训队的选手进行集训，并根据集训安排进行“十进五”“五进三”“三进二”“二进一”的阶段性考核选拔，最后选出 1 名最优秀的选手代表祖国出征，可谓大浪淘沙。可以说，最终代表国家出征的参赛选手，每一位都经历了层层选拔，经历了常人无法想象的艰苦历程。正因为如此，他们才能够凭借精湛的技艺和强大的心理素质，最终在国际技能竞赛的舞台上一展身手，取得优异成绩。

我国对世界技能大赛全国选拔赛的组织是非常严密的，每届世界技能大赛全国选拔赛开始前，人力资源和社会保障部都会出台详细的《竞赛技术规则》，要求全国选拔赛本着公平、公正、公开等原则组织实施。

世界技能大赛全国选拔赛与我国的职业技能竞赛是紧密结合的，说到这呢，我就要给你们介绍一些背景知识了，也就是我国职业技能竞赛的产生和发展过程，了解了这些背景知识，你们就会更深刻地体会到我国派出的参加世界技能大赛的选手是多么出类拔萃了。

我国职业技能竞赛始于20世纪50年代，具有广泛的群众基础。我国职业技能竞赛活动实行分级、分类管理。竞赛活动分为国家、省和地市三级。国家级职业技能竞赛活动又分为两类：跨行业、跨地区的竞赛活动为国家级一类竞赛（由人力资源和社会保障部牵头）；单一行业的竞赛活动为国家级二类竞赛（由各行业相关机构会同人力资源和社会保障部共同组织）。

从2004年开始，人力资源和社会保障部将全国各级各类竞赛活动进行整合，组织开展“全国职业技能竞赛系列活动”，每年参加竞赛的企业职工和院校学生超过1 000万人次，涉及上百个职业（工种）。从2014年开始，纳入人力资源和社会保障部竞赛计划的各级各类职业技能竞赛全部冠以“中国技能大赛”的称谓，进一步完善了职业技能竞赛制度。举办中国技能大赛对整体推进我国技能人才队伍建设，激发广大技能劳动者学习业务、钻研技术、提高技能发挥了重要作用。

学习任务二　工业机器人装配工作站仿真设计

学习目标

1. 能独立阅读工业机器人装配工作站仿真设计任务单，明确任务要求。

2. 能查阅装配工作站项目方案书，明确装配工作站仿真设计的工作内容、技术标准和工期要求。

3. 能规划装配工作站各运动单元的动作和运行路径，以独立工作的方式制定装配工作站仿真设计作业流程。

4. 能正确填写领料单，从机械工程师处领取装配台、搬运夹具、上料台、下料台、元器件托盘、视觉系统等设备和印制电路板的 3D 模型图。

5. 能根据工作站的布局要求和仿真设计规范，以独立工作的方式，使用工业机器人仿真软件导入工业机器人本体及周边设备的 3D 模型，完成装配工作站 3D 模型的搭建。

6. 能编写工业机器人装配程序，根据视觉反馈的数据调整工业机器人的动作。

7. 能通过仿真功能对工作站进行干涉检测，演示视觉定位功能并验证工业机器人的可达范围、工作节拍、生产布局和电气连接是否符合要求，生成仿真动画视频，并做好工作记录。

8. 能生成包含工作站的干涉位置、工作节拍和不可到达位置等信息的仿真报告，将仿真报告和仿真动画视频提交项目负责人审核，整理设计文件并存档。

9. 能完成装配工作站仿真设计工作总结与评价，主动改善技术和提升职业素养。

10. 能在工作过程中严格执行行业、企业仿真设计相关技术标准，保守公司与客户的商业秘密，遵守企业生产管理规范及“6S”管理规定。

11. 能主动获取有效信息，展示工作成果，对学习与工作进行总结和反思，并与他人开展良好合作，进行有效沟通。

建议学时

24 学时

工作情境描述

某系统集成商为一电动机制造企业提供了一套工业机器人视觉装配工作站项目方案，现需对项目方案的可行性进行验证。项目负责人向仿真技术员下达验证任务，要求仿真技术员根据客户要求在 2 天内利用仿真软件完成可行性验证工作。

工作流程与活动

1．明确仿真设计任务（2 学时）

2．制定仿真设计作业流程（2 学时）

3．仿真工作站搭建准备（6 学时）

4．工作站仿真设计（12 学时）

5．工作总结与评价（2 学时）

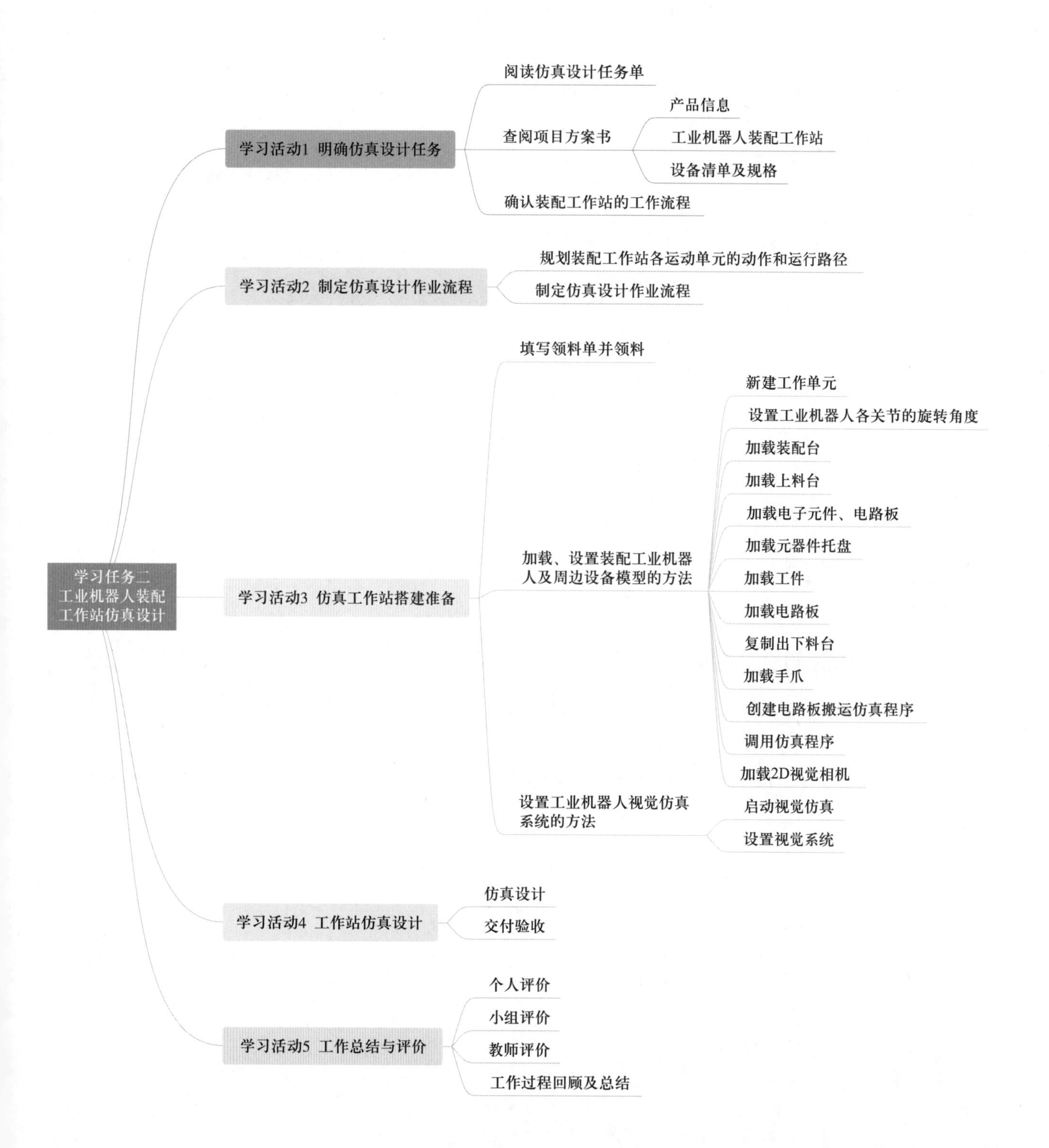
学习任务二
工业机器人装配
工作站仿真设计
学习活动1 明确仿真设计任务
阅读仿真设计任务单
查阅项目方案书
产品信息
工业机器人装配工作站
设备清单及规格
确认装配工作站的工作流程
学习活动2 制定仿真设计作业流程
规划装配工作站各运动单元的动作和运行路径
制定仿真设计作业流程
学习活动3 仿真工作站搭建准备
填写领料单并领料
加载、设置装配工业机器人及周边设备模型的方法
新建工作单元
设置工业机器人各关节的旋转角度
加载装配台
加载上料台
加载电子元件、电路板
加载元器件托盘
加载工件
加载电路板
复制出下料台
加载手爪
创建电路板搬运仿真程序
调用仿真程序
加载2D视觉相机
设置工业机器人视觉仿真系统的方法
启动视觉仿真
设置视觉系统
学习活动4 工作站仿真设计
仿真设计
交付验收
学习活动5 工作总结与评价
个人评价
小组评价
教师评价
工作过程回顾及总结

学习活动 1　明确仿真设计任务

学习目标

1. 能阅读装配工作站仿真设计任务单，明确任务要求。

2. 能通过阅读装配工作站项目方案书，明确装配工作站仿真设计的工作内容、技术标准和工期要求。

3. 能叙述工业机器人装配工作站的工作流程与技术要点。

建议学时：2 学时

学习过程

一、阅读仿真设计任务单

1．阅读仿真设计任务单（表 2–1–1），与班组长沟通，填写作业要求。

表 2–1–1　仿真设计任务单

需方单位名称		完成日期	年　月　日
紧急程度	□普通　□紧急　□特急	要求程度	□普通　□精细　□特精细
作业基本要求			
需求类型	□搬运　□装配　□焊接　□打磨　□喷涂　□其他______		
作业内容	□建模　□搭建 3D 工作站　□仿真动画　□仿真总结		
项目方案书	布局 □有　□无 工作站组成 □有　□无 图纸 □有　□无 工作流程 □有　□无 技术要求（含指示灯状态要求）□有　□无		
建模资料	有无设备 3D 模型：□有　□无	有无工件 3D 模型：□有　□无	
视频动画	视角：______　分辨率：______		

续表

客户具体要求			
项目描述	工作原理：在家电制造企业利用工业机器人、装配台、搬运夹具、上料台、下料台、元器件托盘和视觉系统等实现印制电路板的装配 结构特点：1 台 6 轴工业机器人、1 个装配台、1 个上料台、1 个下料台、1 个元器件托盘、1 套搬运夹具、1 套视觉系统和 1 套 PLC 总控系统 主要功能：实现电动机印制电路板的装配 工作节拍：≤ 9 s/ 件 故障率：≤ 1% 应用领域：计算机、通信和消费性电子行业		
资源分配与节点目标			
批准人		时间	
接单人		时间	
验收人		时间	

2．机器视觉系统主要由工业相机、光源、图像采集卡、视觉处理器（工业计算机）等组成，图 2-1-1 所示为机器视觉系统的典型结构图。工业机器人的视觉系统主要用于模式识别、计数、视觉定位、尺寸测量和外观检测，写出工业机器人视觉系统的应用领域。

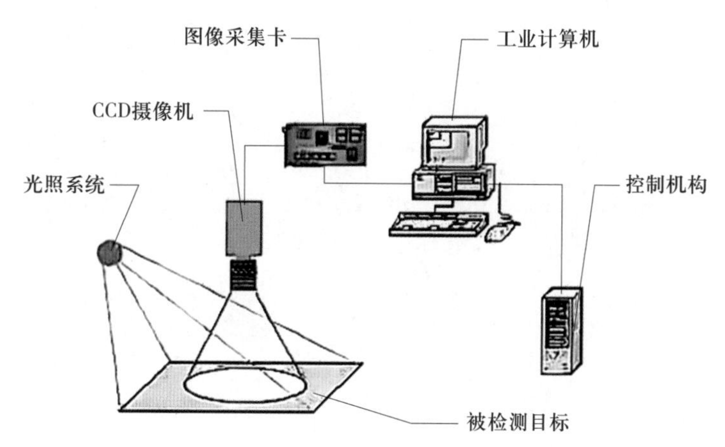

图 2-1-1　机器视觉系统的典型结构图

二、查阅项目方案书

查阅工业机器人装配工作站项目方案书，了解项目要求、系统组成和技术参数等信息。

1．产品信息

图 2–1–2 所示为某型号电动机编码器的电路板，本任务需要完成该电路板电解电容元件的装配。

图 2–1–2 某型号电动机编码器的电路板

（1）写出机器视觉系统在印制电路板（PCB）装配过程中的作用。

（2）写出电解电容在装配过程中需要注意的事项。

2．工业机器人装配工作站

本工作站由 1 台 6 轴工业机器人、1 个装配台、1 个上料台、1 个下料台、1 个元器件托盘、1 套搬运夹具、1 套视觉系统和 1 套 PLC 总控系统组成，实现电动机印制电路板的装配，布局图如图 2-1-3 所示。

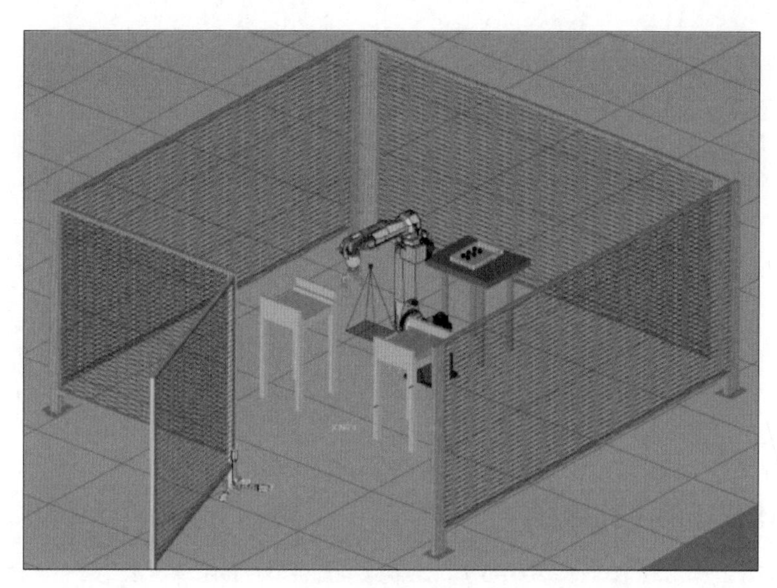

图 2-1-3　装配工作站布局图

3．设备清单及规格

装配工作站设备清单及规格见表 2-1-2。

表 2-1-2　　装配工作站设备清单及规格

序号	名称	型号 / 规格	数量	单位
1	工业机器人	FANUC Robot M-10*i*A/12	1	套
1.1	工业机器人本体	负载：12 kg，工作范围半径：1 420 mm	1	台
1.2	工业机器人控制器	R-30*i*A	1	个
1.3	示教器	带 10 m 电缆管	1	个
1.4	输入、输出信号板	16 进 16 出数字 I/O 板	1	块
1.5	工业机器人控制软件	Handling	1	套
1.6	工业机器人视觉系统	视觉软件：iRVision 2DV；相机：FANUC 2D	1	套
2	装配台	非标	1	个
3	上料台	非标	1	个
4	下料台	非标	1	个
5	元器件托盘	非标	1	个
6	搬运夹具	非标	1	套
7	PLC 总控系统	集成	1	套

（1）工业机器人仿真工作站由非标设备、辅助设备和产品组成，本工作站的非标设备有哪些?

（2）在创建工作单元时，需要导入 3D 模型，分别写出需通过“工装”“工件”导入的 3D 模型。

三、确认装配工作站的工作流程

1．查阅装配工作站工作流程表（表 2–1–3），绘制装配工作站工作流程图。

表 2–1–3 装配工作站工作流程表

步骤	工作流程
1	人工将印制电路板放到上料台上
2	工业机器人在上料台拾取印制电路板并放到装配台上
3	相机拍摄元件的安装位置
4	工业机器人在托盘中取元件
5	工业机器人将元件安装到电路板上
6	工业机器人在装配台取出成品并放到下料台上

2．根据装配工作站的工作流程和电路板装配工艺，配置工业机器人 I/O 功能（表 2-1-4）。

表 2-1-4　　工业机器人 I/O 功能表

输入		输出	
DI101		DO101	
DI102		DO102	
DI103		DO103	
DI104		DO104	
DI105		DO105	

学习活动 2　制定仿真设计作业流程

学习目标

1. 能规划装配工作站各运动单元的动作和运行路径。

2. 能根据任务要求和班组长提供的设计资源，制定装配工作站仿真设计作业流程。

建议学时：2 学时

学习过程

一、规划装配工作站各运动单元的动作和运行路径

1．根据装配工作站的工作流程，规划工业机器人、视觉系统、搬运夹具的动作和运行路径。

（1）工业机器人

（2）视觉系统

（3）搬运夹具

2．画出第一件产品的运行路径。

二、制定仿真设计作业流程

1. 视觉装配工作站包含很多非标模型，简述该工作站非标 3D 模型的导入步骤及注意事项。

2. 工业相机是机器视觉系统中的关键组件，查阅相关资料，写出工业相机常见的安装方式。

3. 机器视觉系统辨别工件的精度和视觉坐标系有直接关系，因此，在实际应用和仿真任务中，均建议建立相应的视觉坐标系。参照视觉操作手册，列举仿真软件视觉坐标系设置过程中的注意事项。

4. 根据任务要求，查阅相关资料，制定装配工作站仿真设计作业流程，填写表 2-2-1。

表 2-2-1 装配工作站仿真设计作业流程

序号	工作内容	仿真要领	完成时间
1	导入工业机器人 3D 模型和添加外围设备		
2	连接与设置工业机器人视觉相机		
3	设置动作补正视觉程序		
4	调试工业机器人装配视觉程序		
5	检测装配工作站干涉情况及验证工作节拍		
6	录制仿真动画视频并提交		

学习活动3　仿真工作站搭建准备

学习目标

1. 能根据装配工作站仿真设计作业流程，正确填写领料单，从机械工程师处领取装配台、搬运夹具、上料台、下料台、元器件托盘、视觉系统等设备和印制电路板的3D模型图。

2. 能叙述装配工业机器人及其周边模型的加载和设置方法。

3. 能叙述工业机器人仿真视觉系统的设置方法。

建议学时：6学时

学习过程

一、填写领料单并领料

1．根据仿真设计作业流程，填写领料单（表2-3-1）。

表2-3-1　　领料单

领用部门			领用人	
名称	规格及型号	数量		备注
		领用	实发	
保管人		审核人		
日　期		日　期		

2．根据领料单领取相关物料。

二、加载、设置装配工业机器人及周边设备模型的方法

1．新建工作单元

（1）单击启动画面中的“新建工作单元”，弹出“工作单元创建向导”对话框，在“步骤 1- 选择进程”界面选择“HandlingPRO”，单击“下一步”按钮。

（2）进入“步骤 2- 工作单元名称”界面，输入新建工作单元的名称“Handling002”，单击“下一步”按钮，如图 2-3-1 所示。

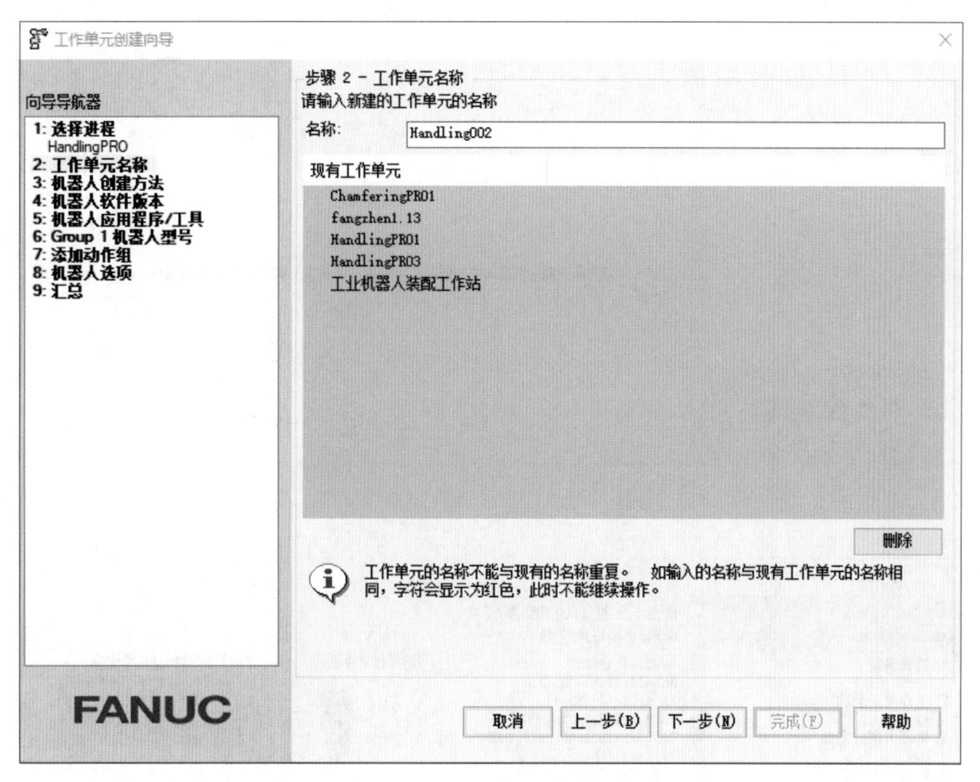

图 2-3-1　输入新建工作单元的名称

（3）进入“步骤 3- 机器人创建方法”界面，选择“新建”，单击“下一步”按钮。

（4）进入“步骤 4- 机器人软件版本”界面，选择机器人软件版本 V9.30，单击“下一步”按钮，如图 2-3-2 所示。

（5）进入“步骤 5- 机器人应用程序 / 工具”界面，选择机器人应用程序或工具，选择“HandlingTool（H552）”，单击“下一步”按钮，如图 2-3-3 所示。

（6）进入“步骤 6-Group 1 机器人型号”界面，选择机器人型号“M-10iA/12”，单击“下一步”按钮，如图 2-3-4 所示。

（7）进入“步骤 7- 添加动作组”界面，此处无须设置，单击“下一步”按钮。

（8）进入“步骤 8- 机器人选项”界面，根据任务单要求分别勾选“iRVision 2DV（J901）”“iRVision UIF Controls（J871）”“Palletizing（J500）”机器人选项，单击“下一步”按钮，如图 2-3-5 所示。

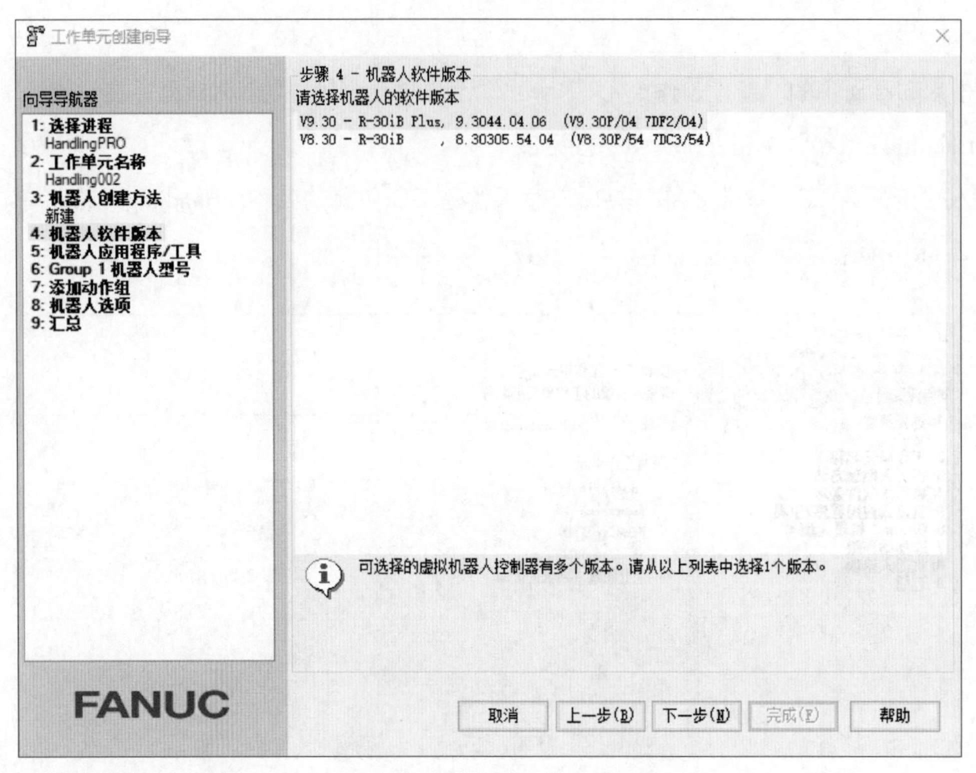

图 2-3-2 选择机器人软件版本

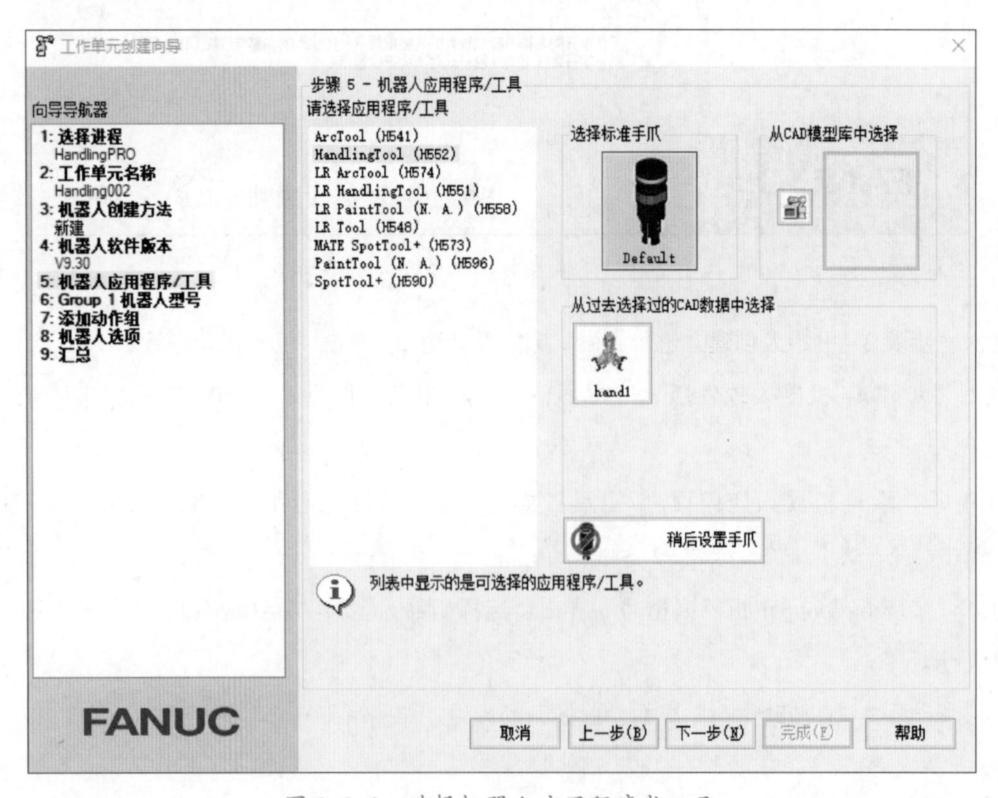

图 2-3-3 选择机器人应用程序或工具

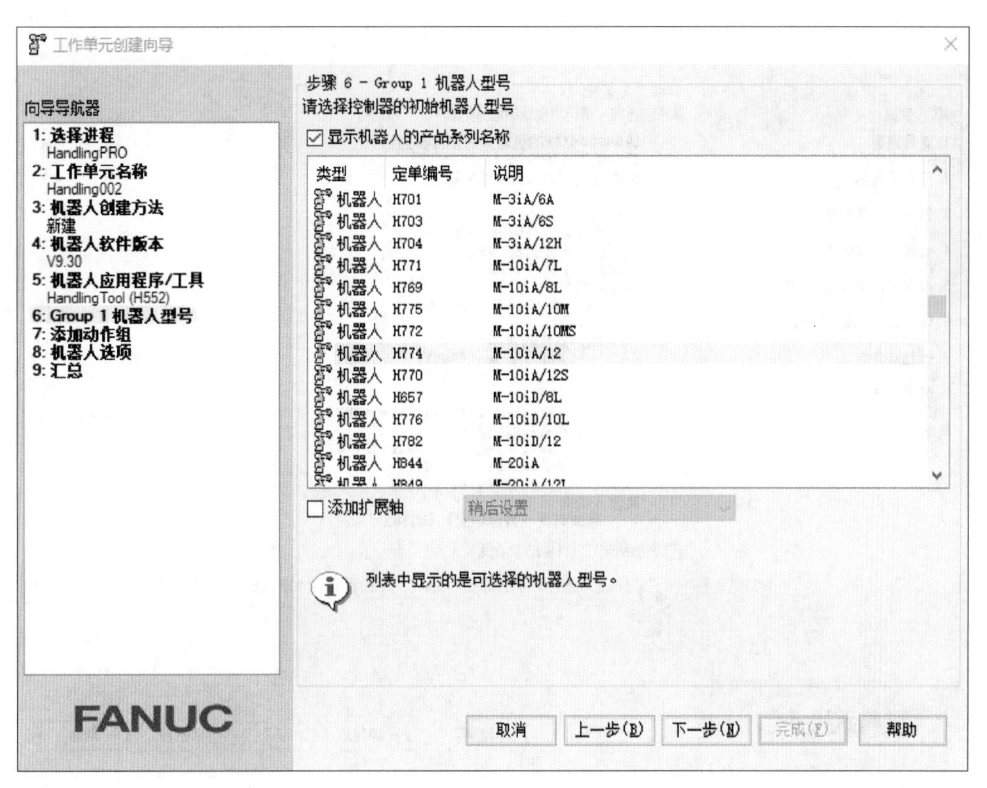

图 2-3-4　选择机器人型号

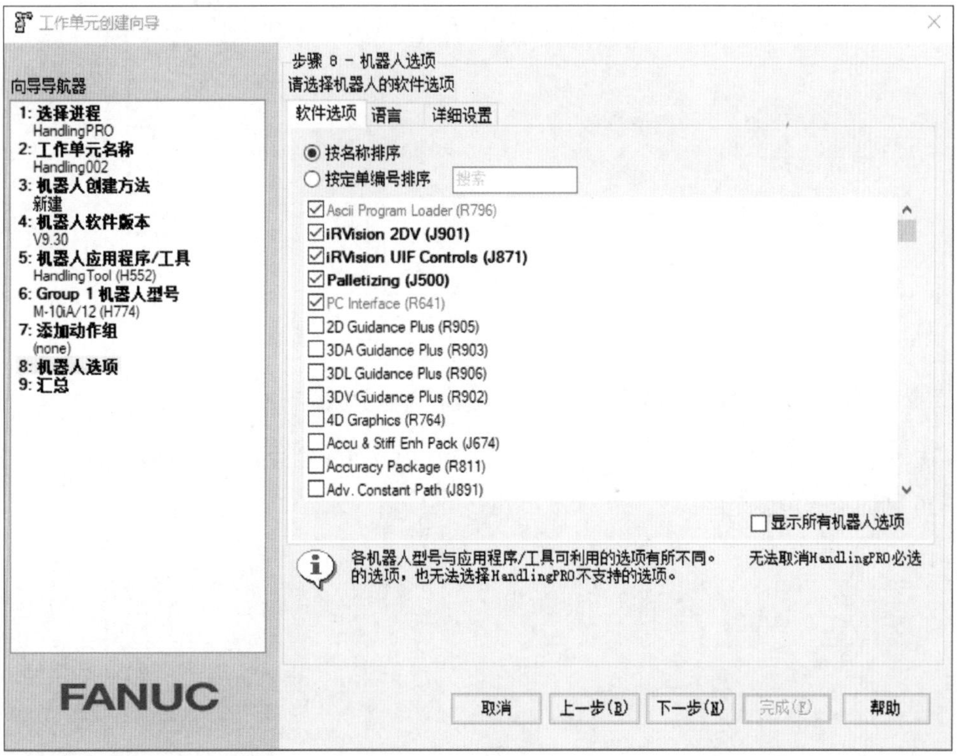

图 2-3-5　设置机器人选项

（9）进入“步骤9–汇总”界面，单击“完成”按钮，完成设置，如图2–3–6所示。

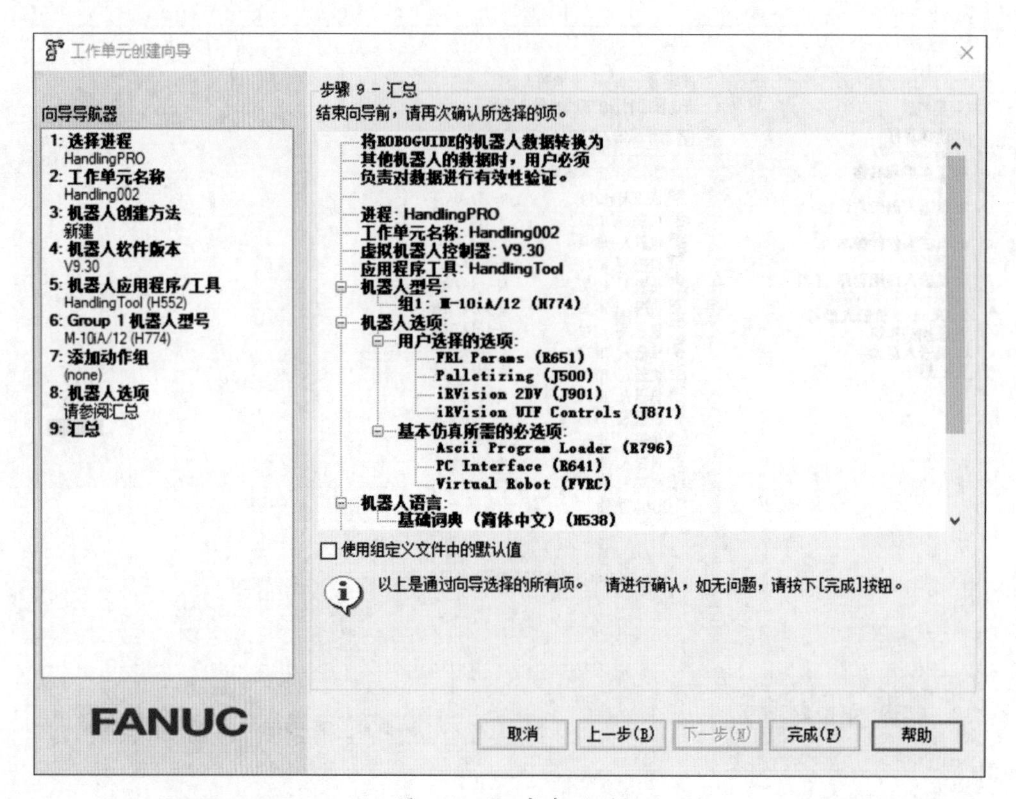

图2–3–6　完成设置

（10）利用“工作单元创建向导”可以快速创建新的工作单元，简述本任务与任务一在创建工作单元时的异同点。

2．设置工业机器人各关节的旋转角度

在仿真工作单元中创建虚拟工业机器人时，需要设置工业机器人各关节的旋转角度，写出M–10*i*A/12工业机器人J1～J6轴的旋转角度范围。

3．加载装配台

右击“工装”，在弹出的菜单中选择“添加工装”→“CAD 文件”，在文件夹中选择装配台“Table21”，单击“打开”按钮加载装配台，并修改位置，如图 2-3-7、图 2-3-8 所示。

图 2-3-7　加载装配台

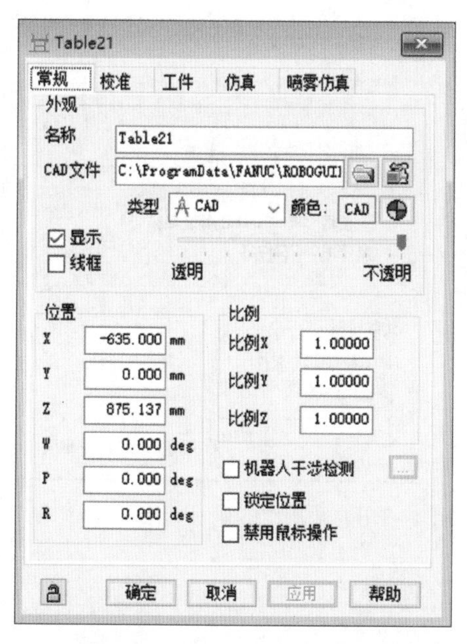

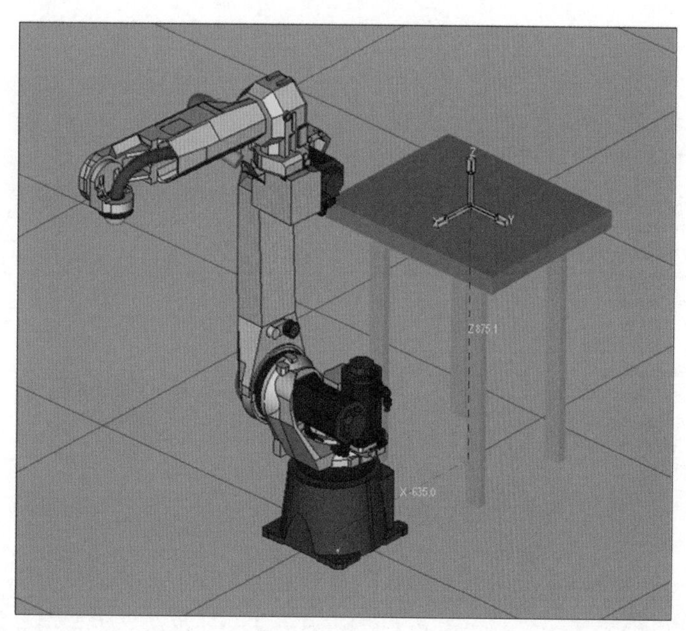

图 2-3-8　修改装配台的位置

4．加载上料台

右击“工装”，在弹出的菜单中选择“添加工装”→“CAD 文件”，在文件夹中选择已提前创建的“电路板上料台”，单击“打开”按钮加载上料台，根据布局需求修改位置，如图 2-3-9 所示。

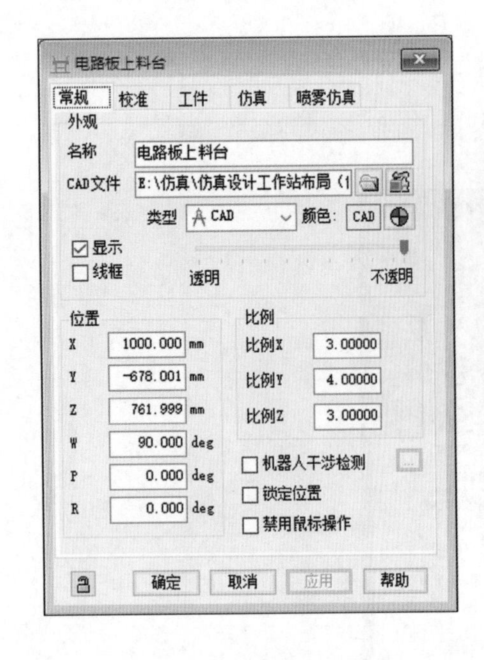

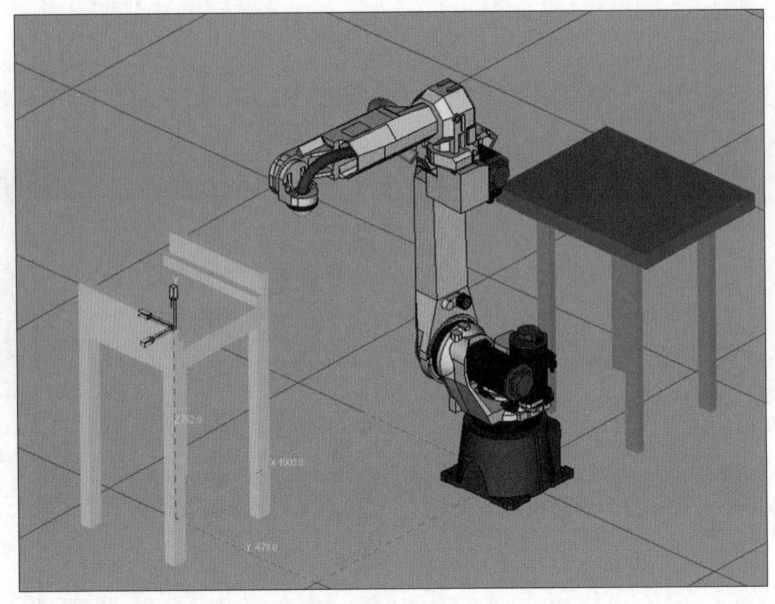

图 2-3-9　加载上料台

5．加载电子元件、电路板

右击“工件”，在弹出的菜单中选择“添加工件”→“多个 CAD 文件”，在文件夹中选择“电子元件”和“电路板”，单击“打开”按钮加载电子元件和电路板，如图 2-3-10、图 2-3-11 所示。

Container01.CSB	2022/6/13 13:46	CSB 文件	485 KB
FENCE_EXP_H2000_W1000.CSB	2022/6/13 13:46	CSB 文件	112 KB
Folder.jpg	2024/4/9 21:19	JPG 文件	58 KB
iRVision_Camera_View.CSB	2024/3/26 15:37	CSB 文件	3 KB
mission2.frw	2021/8/26 14:58	ROBOGUIDE Ma...	54 KB
mission2.frx	2024/4/12 11:07	FRX 文件	0 KB
MultiSync.bin	2024/4/12 11:07	BIN 文件	805 KB
PQ2CAA.tmp	2024/4/12 11:07	TMP 文件	192 KB
PQ2DB5.tmp	2024/4/12 11:07	TMP 文件	192 KB
SC130EF2 BW.CSB	2021/1/29 15:25	CSB 文件	35 KB
Table21.CSB	2024/3/26 15:37	CSB 文件	8 KB
电路板.CSB	2021/1/29 11:01	CSB 文件	5 KB
电路板上料台.CSB	2021/1/29 11:00	CSB 文件	8 KB
电子元件.CSB	2021/2/2 10:11	CSB 文件	8 KB
手爪.CSB	2021/1/29 11:03	CSB 文件	68 KB

图 2-3-10　加载多个 CAD 文件

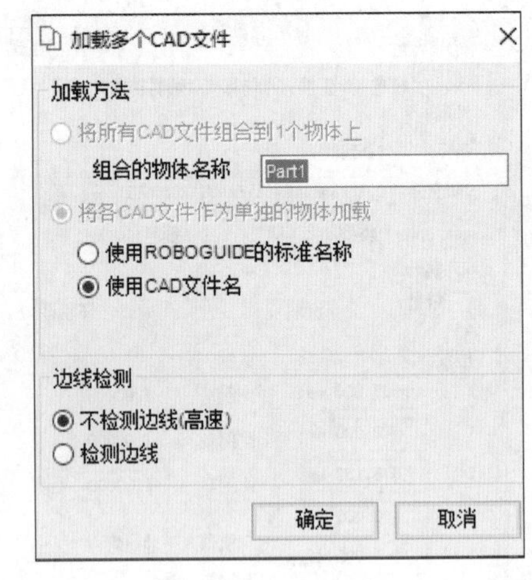

图 2-3-11　加载“电子元件”和“电路板”

6．加载元器件托盘

右击“工装”，在弹出的菜单中选择“添加工装”→“CAD 文件”，在文件夹中选择“元器件托盘”，单击“打开”按钮加载元器件托盘，根据布局需求修改位置，如图 2-3-12 所示。

7．加载工件

（1）双击元器件托盘模型，弹出属性窗口，单击“工件”选项卡，勾选“电子元件”，将工件偏移，并调整工件的位置，如图 2-3-13 所示。

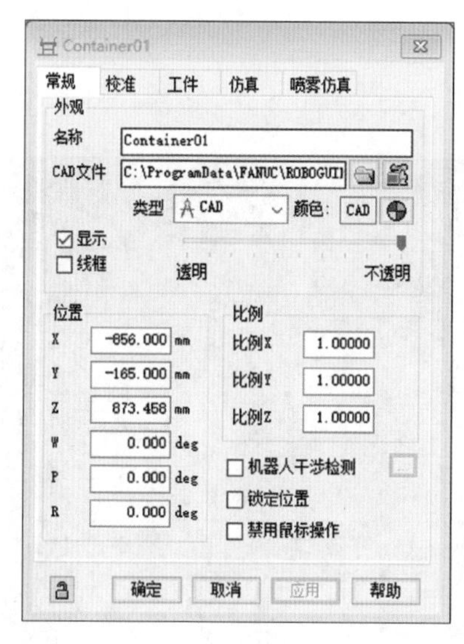

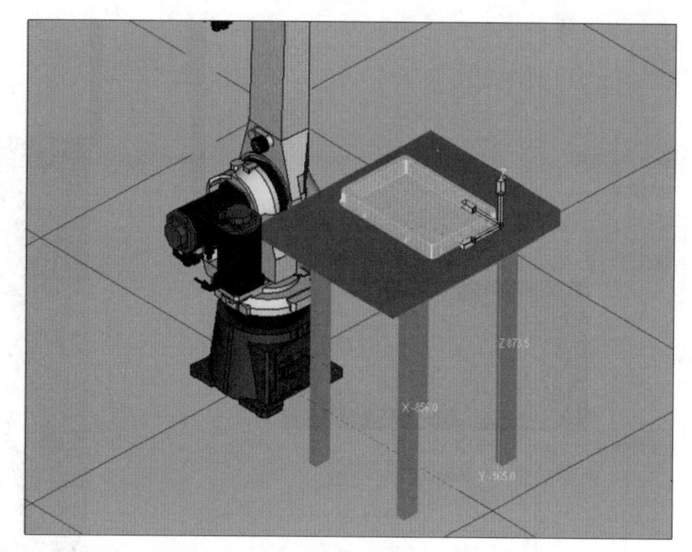

图 2-3-12　加载元器件托盘

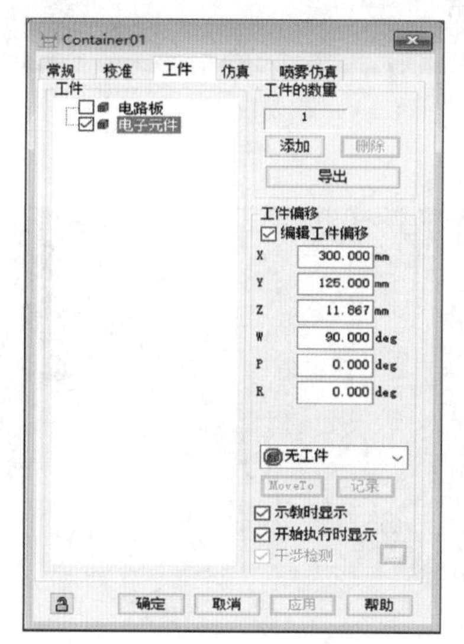

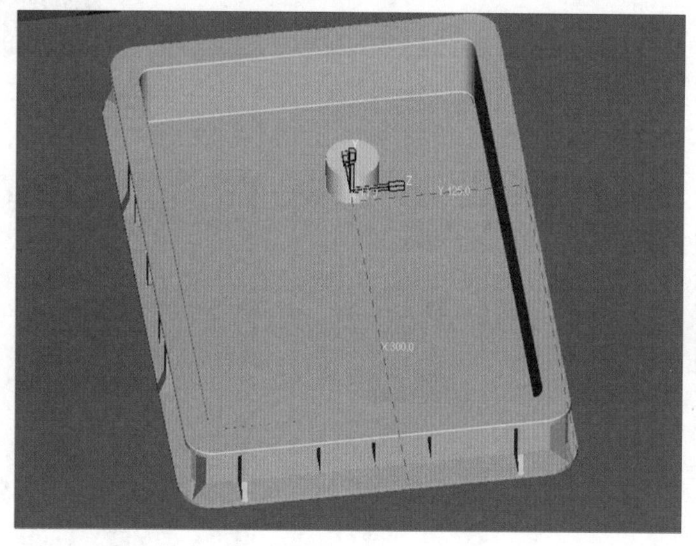

图 2-3-13　编辑工件偏移（电子元件）

（2）在“工件”选项卡中单击“添加”按钮，弹出“工件的布置”对话框，设置工件数和偏移距离，通过阵列生成 4 个工件，如图 2-3-14、图 2-3-15 所示。

8．加载电路板

（1）双击上料台模型，弹出属性窗口，单击“工件”选项卡，勾选“电路板”，将工件偏移，并调整工件的位置，如图 2-3-16 所示。

（2）双击“电路板”模型，弹出“电路板”对话框，在“常规”选项卡中单击颜色图标按钮，修改电路板颜色，如图 2-3-17、图 2-3-18 所示。

9．复制出下料台

右击工装目录下的上料台，选择“复制上料台”→“粘贴上料台”，在工作站中复制出一个上料台，调整其位置作为下料台，如图 2-3-19 所示。

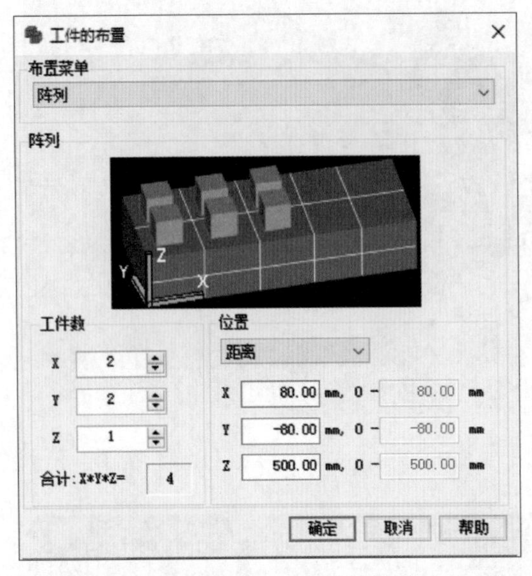

图 2-3-14　设置工件数及偏移距离

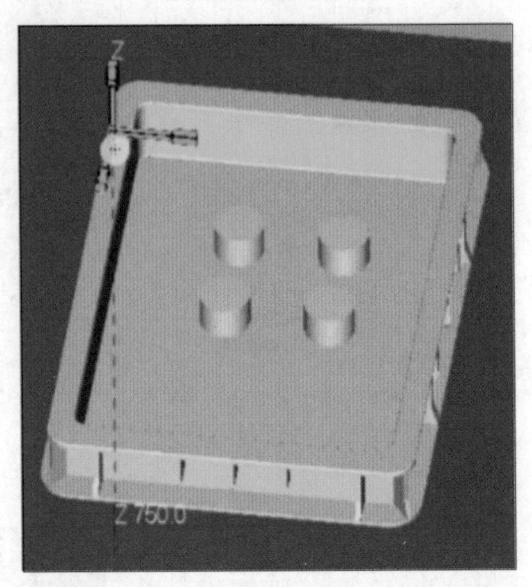

图 2-3-15　完成工件的阵列

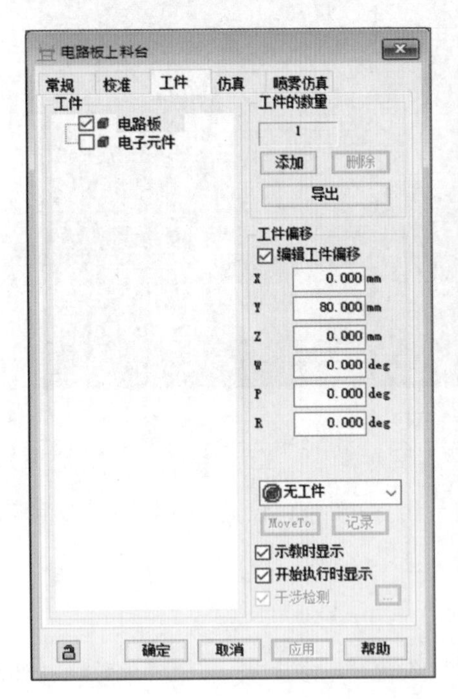

图 2-3-16　编辑工件偏移（电路板）

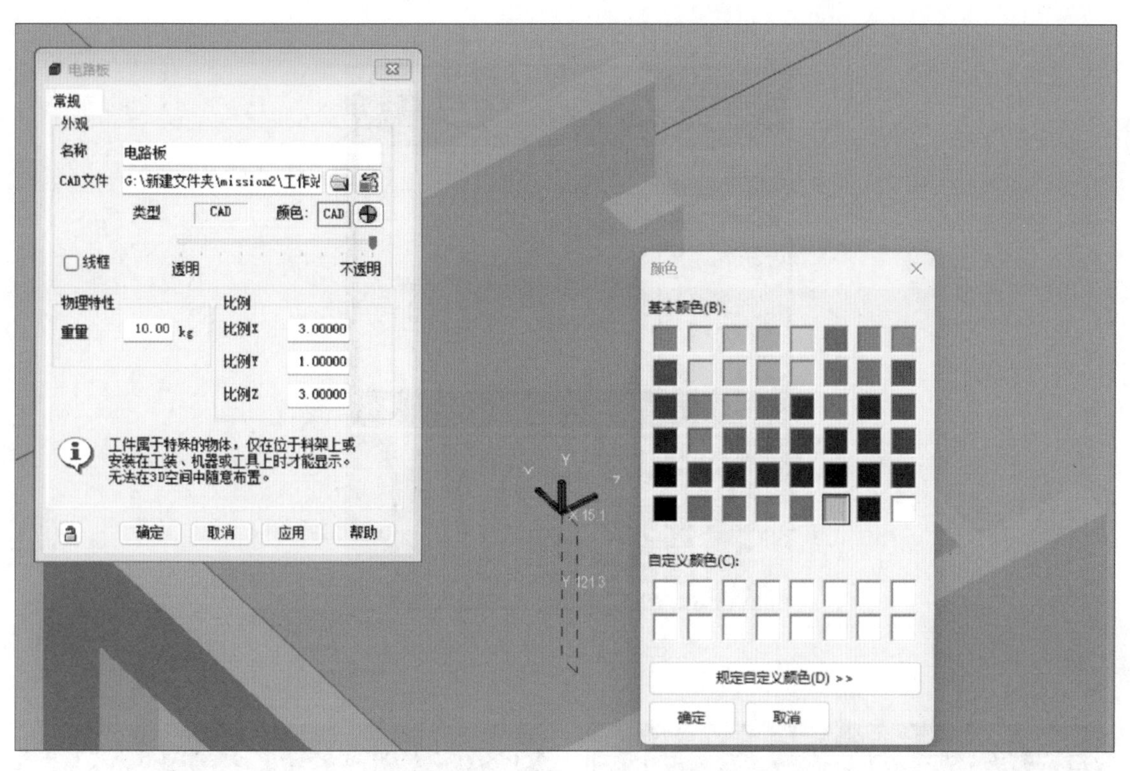

图 2-3-17　修改电路板颜色

图 2-3-18　完成电路板颜色修改

图 2-3-19　复制出下料台

10．加载手爪

（1）单击菜单栏上的示教器，弹出示教器窗口，如图 2-3-20 所示。

（2）单击示教器上的“SELECT”→“创建”按钮，输入程序名“A_A1”，按【Enter】键创建新程序，如图 2-3-21 所示。

图 2-3-20　示教器窗口

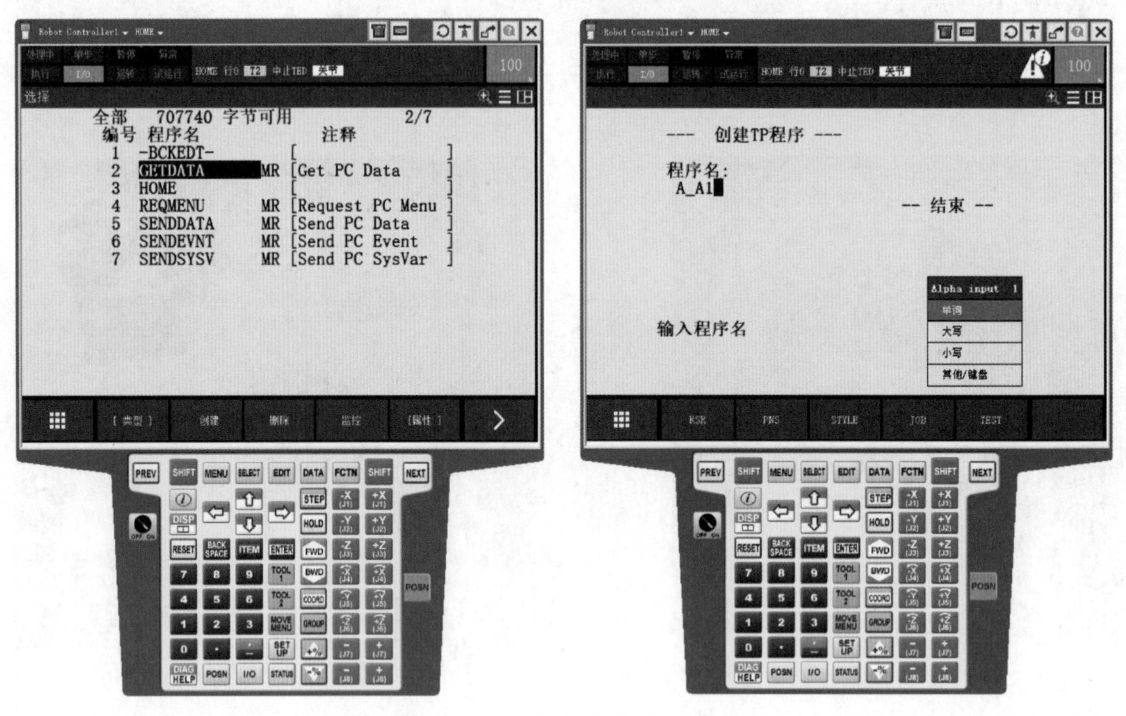

图 2-3-21　新建程序“A_A1”

（3）双击仿真软件左侧菜单栏“工具”菜单下的“UT:1”，弹出属性对话框，在“常规”选项卡中通过添加 CAD 文件打开“手爪”模型，调整手爪的位置和物理特性，如图 2-3-22 ~ 图 2-3-24 所示。

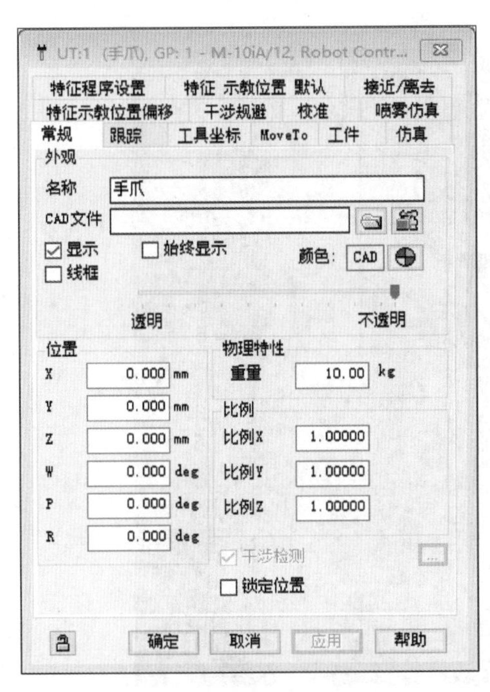

图 2-3-22　属性对话框

Container01.CSB	2022/6/13 13:46	CSB 文件	485 KB
FENCE_EXP_H2000_W1000.CSB	2022/6/13 13:46	CSB 文件	112 KB
Folder.jpg	2024/4/1 14:43	JPG 文件	28 KB
iRVision_Camera_View.CSB	2024/3/26 15:31	CSB 文件	3 KB
mission2.frw	2021/2/3 21:01	ROBOGUIDE Ma...	32 KB
mission2.frx	2024/4/12 11:21	FRX 文件	0 KB
MultiSync.bin	2024/4/12 11:21	BIN 文件	805 KB
PQ3045.tmp	2024/4/12 11:21	TMP 文件	192 KB
PQ3259.tmp	2024/4/12 11:21	TMP 文件	192 KB
SC130EF2 BW.CSB	2021/1/29 15:25	CSB 文件	35 KB
Table21.CSB	2024/3/26 15:31	CSB 文件	8 KB
电路板.CSB	2021/1/29 11:01	CSB 文件	5 KB
电路板上料台.CSB	2021/1/29 11:00	CSB 文件	8 KB
电子元件.CSB	2021/2/2 10:11	CSB 文件	8 KB
手爪.CSB	2021/1/29 11:03	CSB 文件	68 KB
装配体2.CSB	2021/1/29 15:04	CSB 文件	693 KB

图 2-3-23　选择“手爪”文件

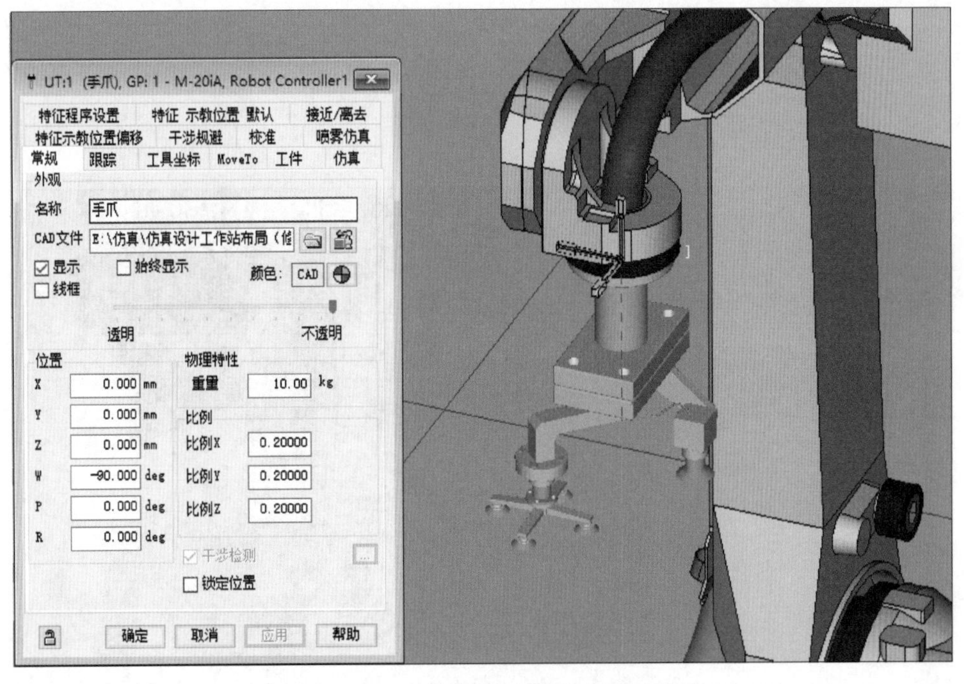

图 2-3-24　调整手爪的位置和物理特性

11．创建电路板搬运仿真程序

（1）在图 2-3-22 所示属性对话框中单击“工件”选项卡，勾选“电路板”，编辑工件偏移，调整电路板的位置到手爪末端，如图 2-3-25 所示。

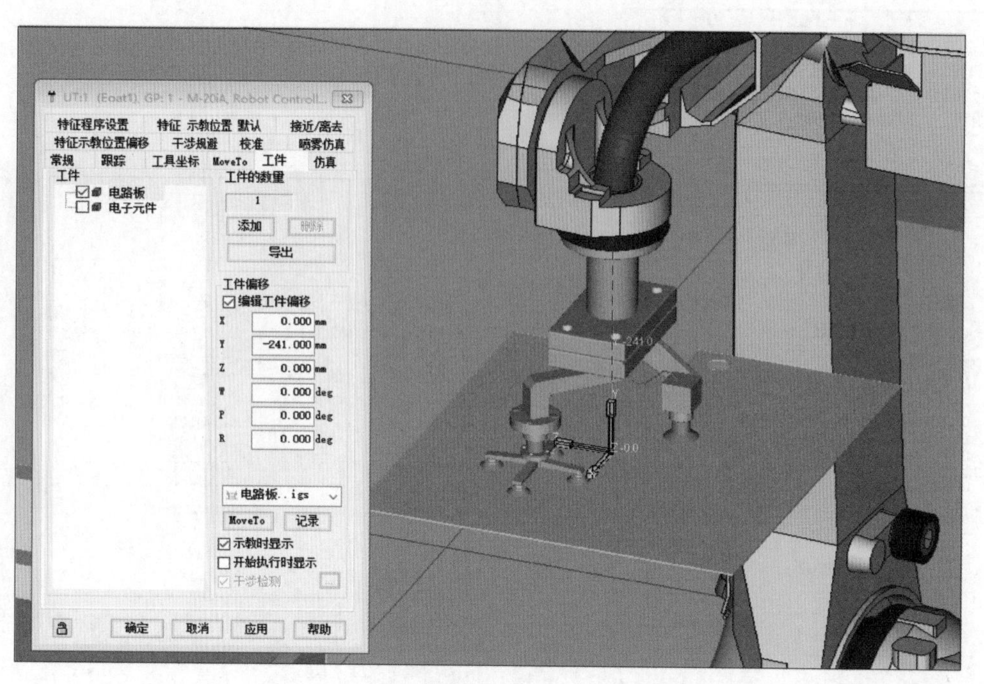

图 2-3-25　调整电路板的位置到手爪末端

（2）在“电路板上料台”对话框的“工件”选项卡中单击“MoveTo”按钮，切换手爪的位置，并添加指令程序，如图 2-3-26、图 2-3-27 所示。

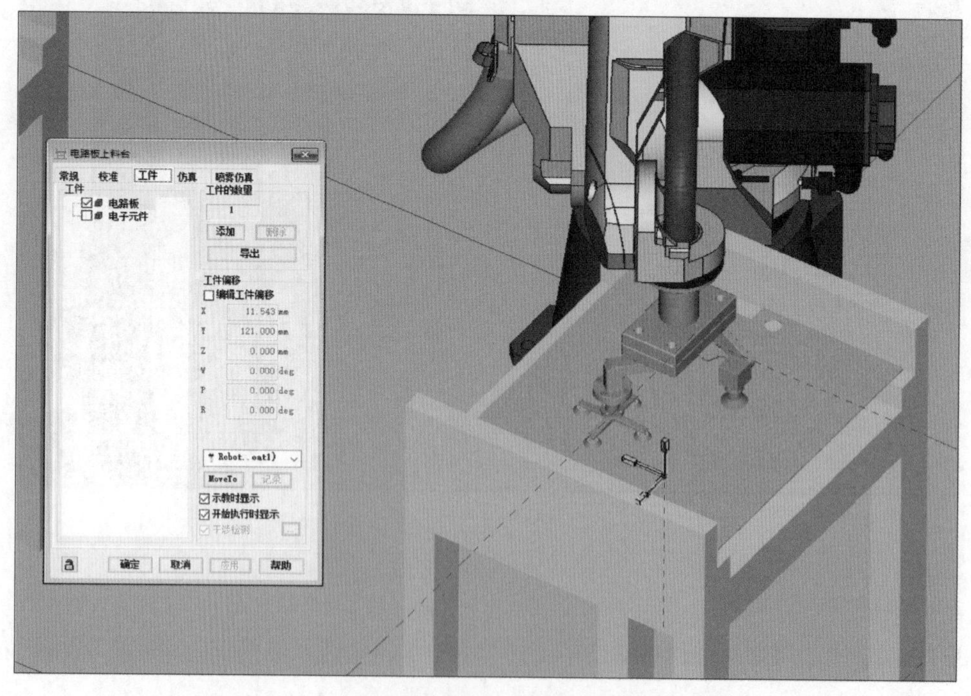

图 2-3-26　切换手爪的位置

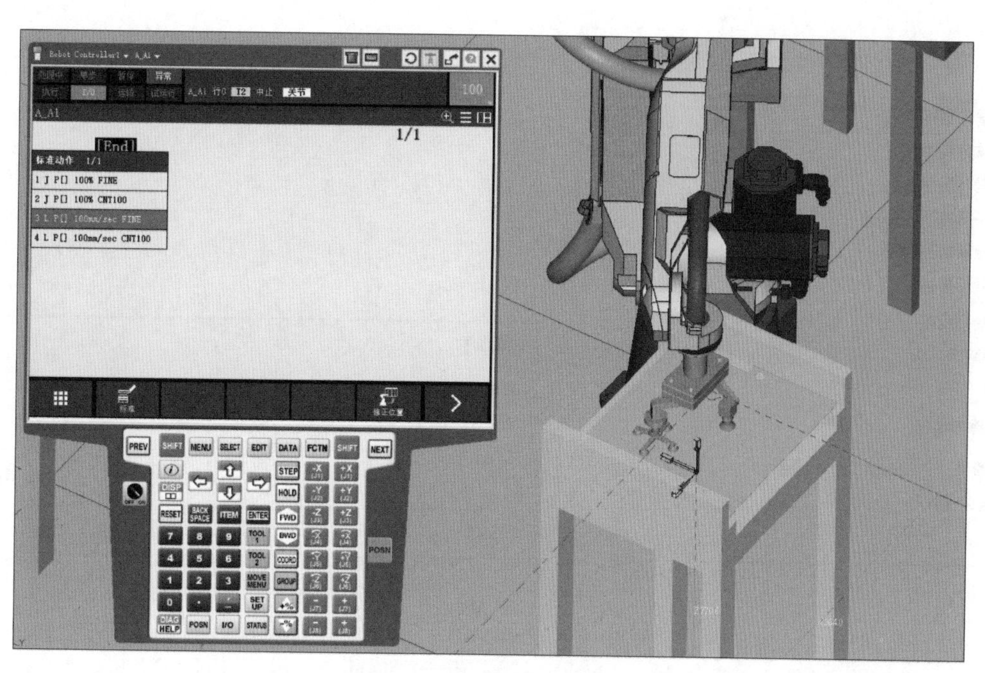

图 2-3-27　添加指令程序

（3）双击工业机器人的工具中心点（tool centre point，TCP），弹出工业机器人控制信息，用鼠标拖动坐标系可以操作工业机器人，插入指令记录工业机器人的运动位置，如图 2-3-28 所示。

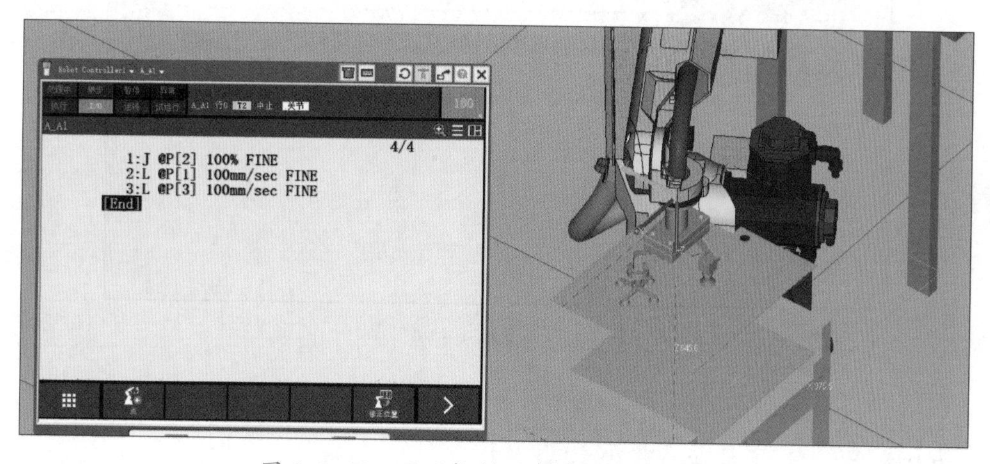

图 2-3-28　显示控制信息并记录运动位置

（4）单击“示教”菜单，在下拉菜单中选择“创建仿真程序”，在弹出的“创建程序”对话框中输入“a_pick”，单击“确定”按钮，弹出“编辑仿真程序”窗口，如图 2-3-29～图 2-3-31 所示。在“编辑仿真程序”窗口中，在 Pickup 下拉菜单中选择“电路板”，在 From 下拉菜单中选择“上料台”，然后关闭窗口。程序编辑界面如图 2-3-32 所示。

（5）用同样的方法创建“a_drop”程序。

12．调用仿真程序

在示教器中添加指令，并分别调用“a_pick”程序和“a_drop”程序，完成电路板搬运程序编辑。单击示教器“SHIFT”+“FWD”按钮，运行程序，如图 2-3-33 所示。

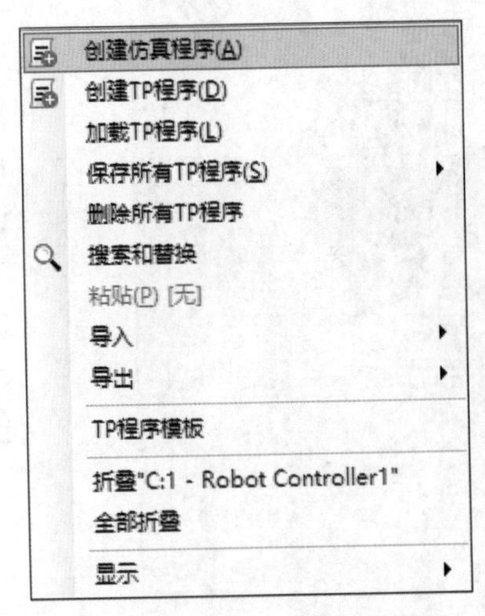

图 2-3-29 创建仿真程序

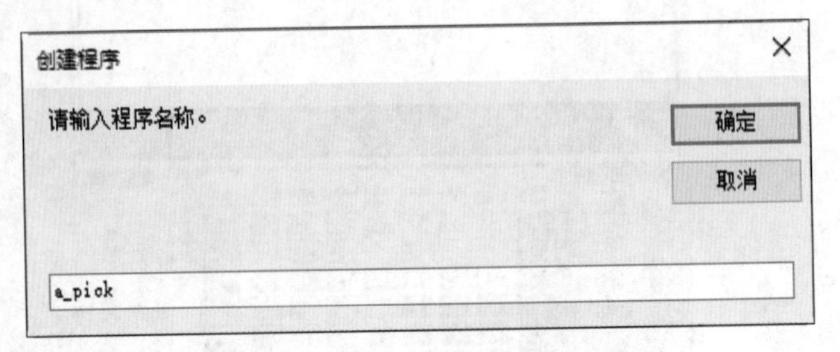

图 2-3-30 输入程序名称

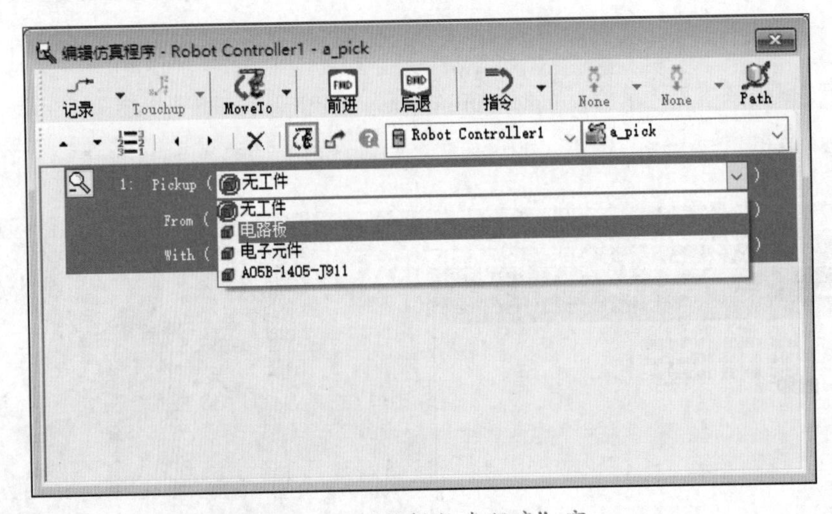

图 2-3-31 “编辑仿真程序”窗口

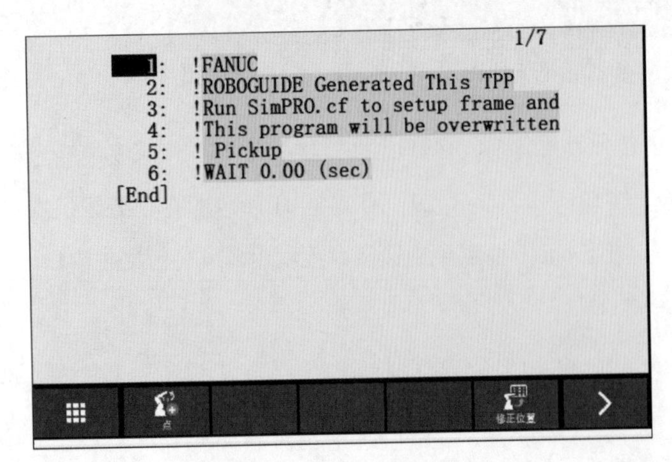

图 2-3-32 程序编辑界面

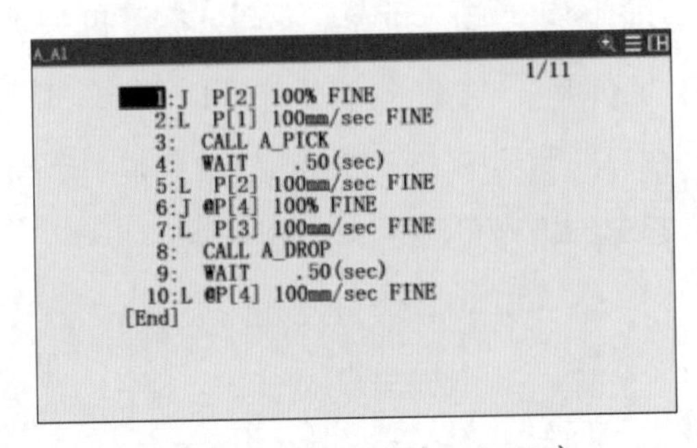

图 2-3-33 调用并运行程序

13．加载 2D 视觉相机

（1）右击 UT1，通过 CAD 模型加载 2D 视觉相机，如图 2–3–34、图 2–3–35 所示。

（2）调整相机的位置，如图 2–3–36 所示。

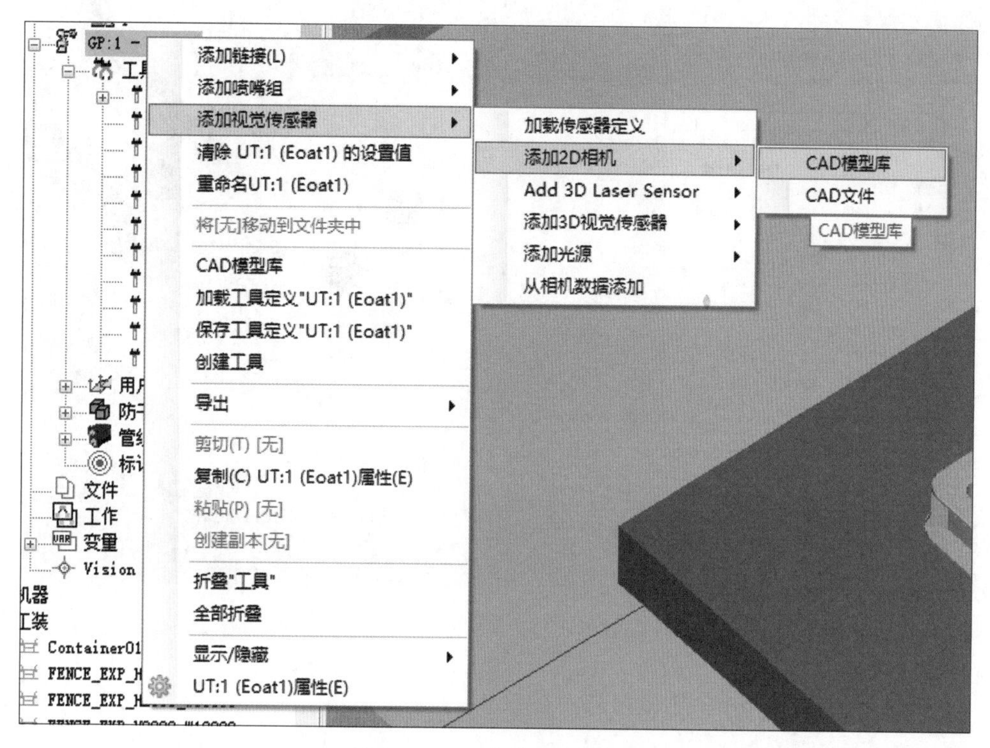

图 2–3–34　相机加载路径

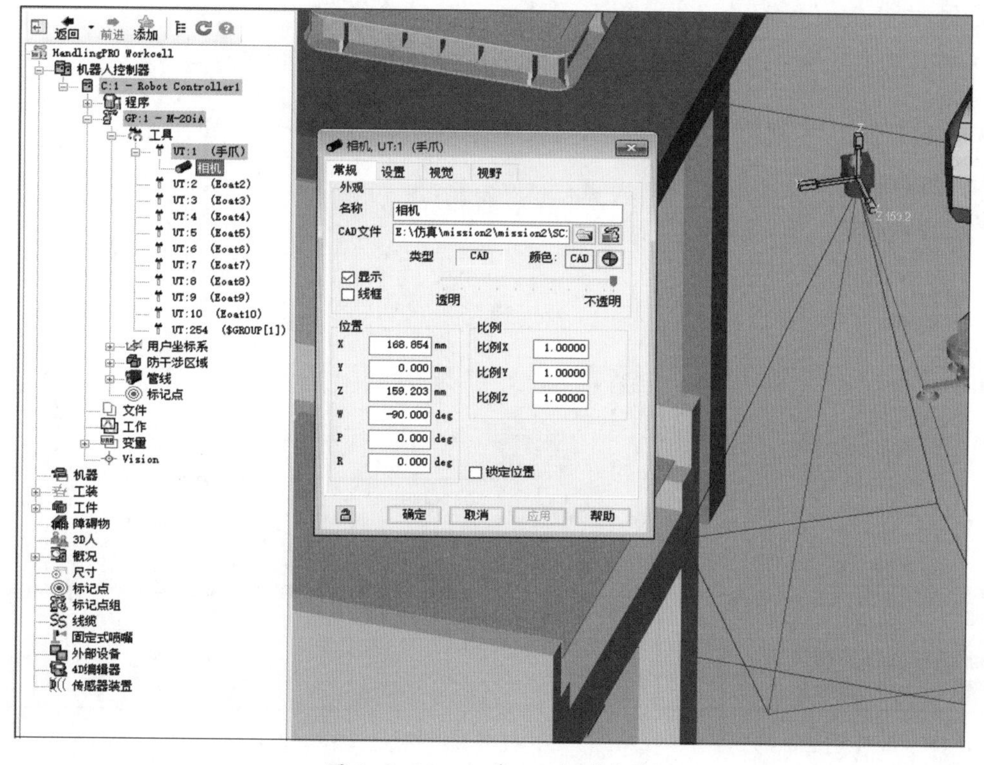

图 2–3–35　加载 2D 视觉相机

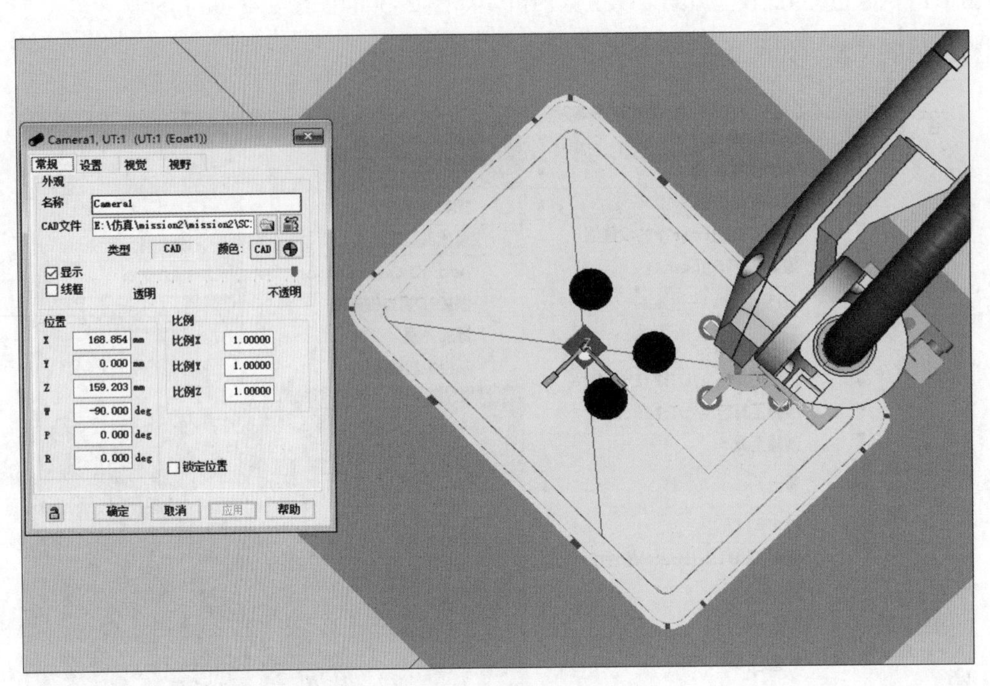

图 2-3-36　调整相机的位置

三、设置工业机器人视觉仿真系统的方法

1．启动视觉仿真

（1）右击目录树中的“Vision”，启用 Vision 仿真，如图 2-3-37 所示。

（2）弹出如图 2-3-38 所示的对话框，单击“确定”按钮，对控制器进行冷启动。

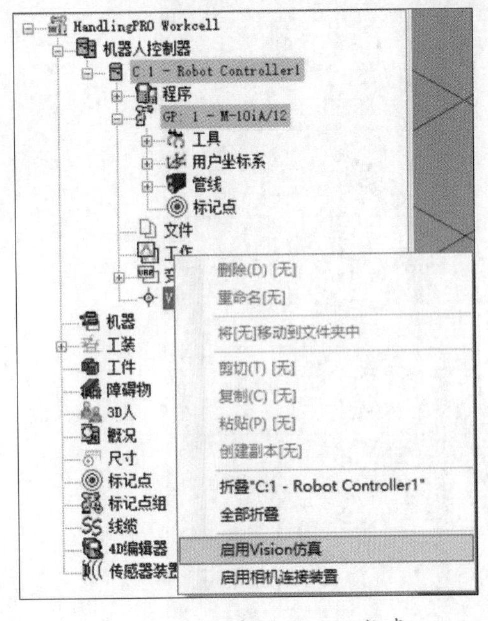

图 2-3-37　启用 Vision 仿真

图 2-3-38　冷启动确认对话框

（3）右击目录树中的“Vision”，在弹出的菜单中选择“Vision 属性”，弹出“Vision，Robot Controller1”对话框，在“常规”选项卡中选择“Robot Controller GP:1 UT:1 Camera1”相机型号，单击“确定”按钮，完成 Vision 属性设置，如图 2-3-39、图 2-3-40 所示。

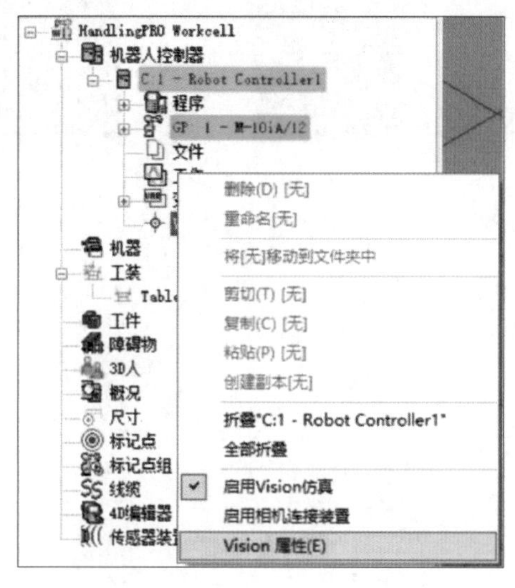

图 2-3-39　选择“Vision 属性”

图 2-3-40　选择相机型号

2．设置视觉系统

（1）单击“机器人”菜单，在下拉菜单中选择“Internet Explorer”，进入工业机器人视觉设置页面，如图 2-3-41、图 2-3-42 所示。

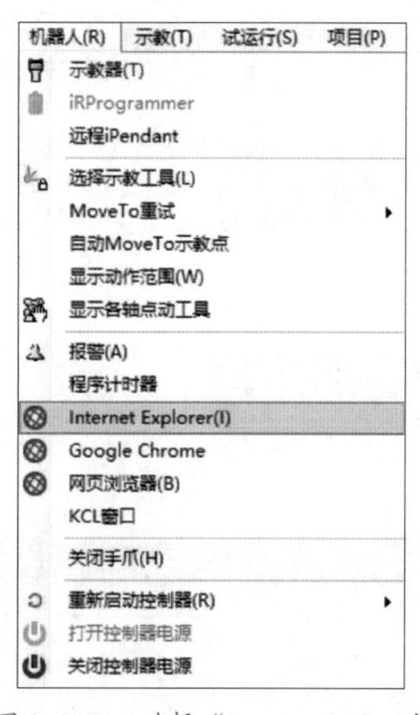

图 2-3-41　选择“Internet Explorer”

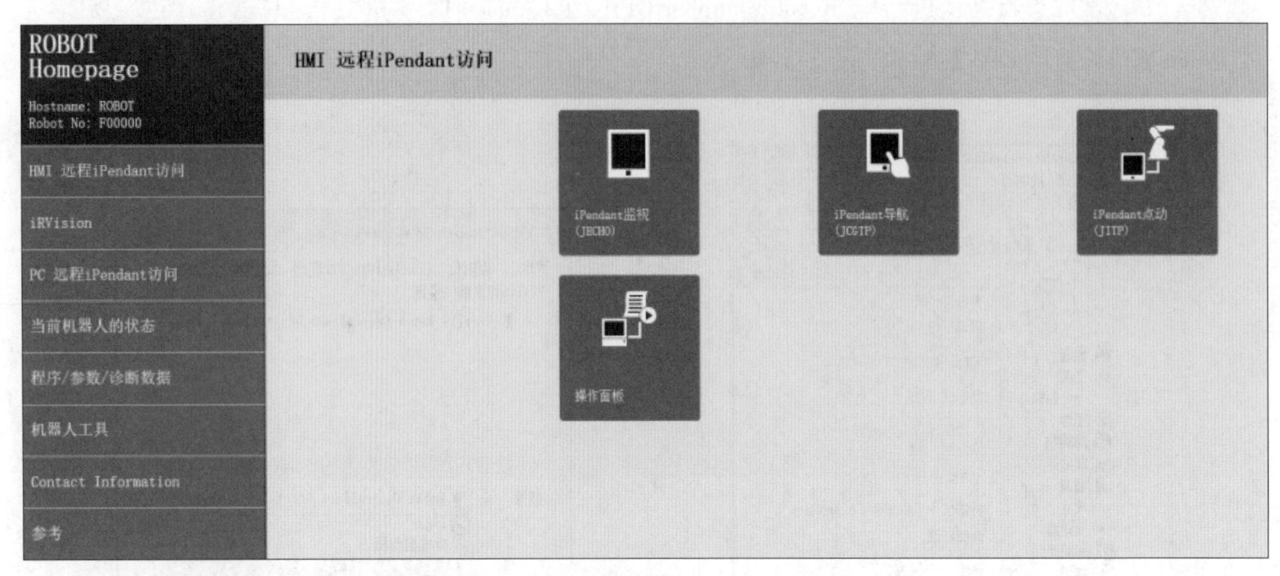

图 2-3-42　工业机器人视觉设置页面

（2）单击“iRVision”进入设置界面，如图 2-3-43 所示。

（3）进入“iRVision 示教和试验”界面，单击“新建”按钮，创建新的视觉数据，如图 2-3-44、图 2-3-45 所示。

（4）输入视觉系统名称“CAMERA”，单击“确定”按钮进入相机数据页面，如图 2-3-46 所示。

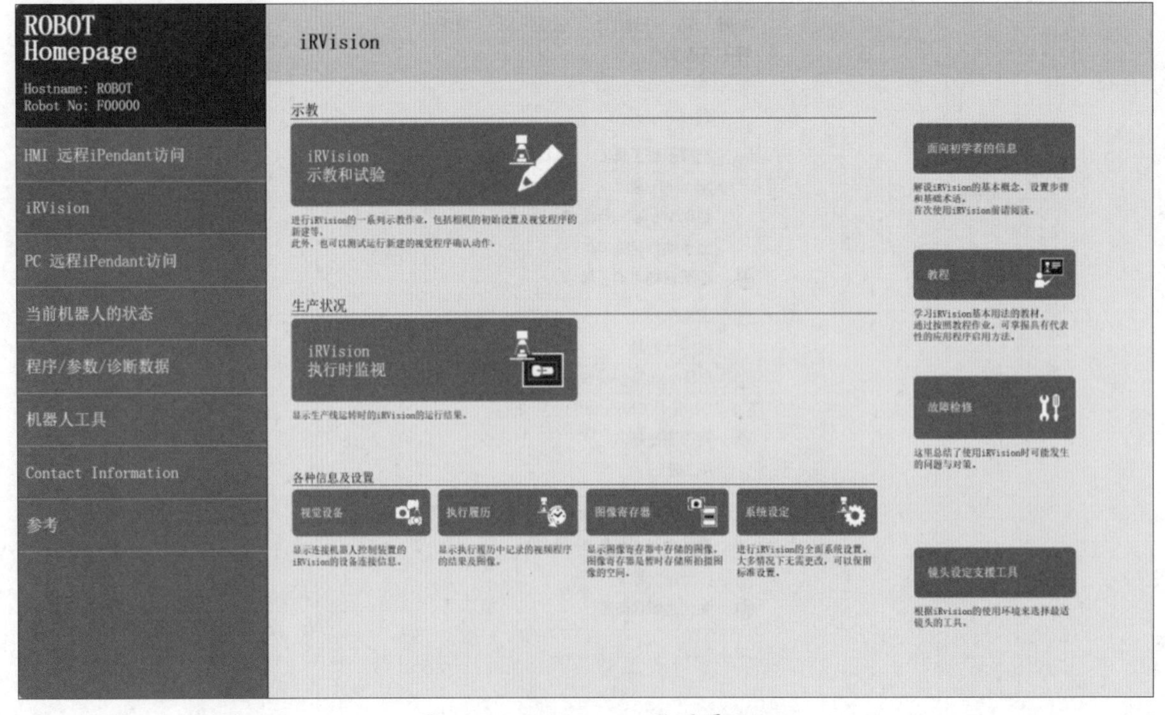

图 2-3-43　iRVision 设置界面

图 2-3-44　创建新的视觉数据 1

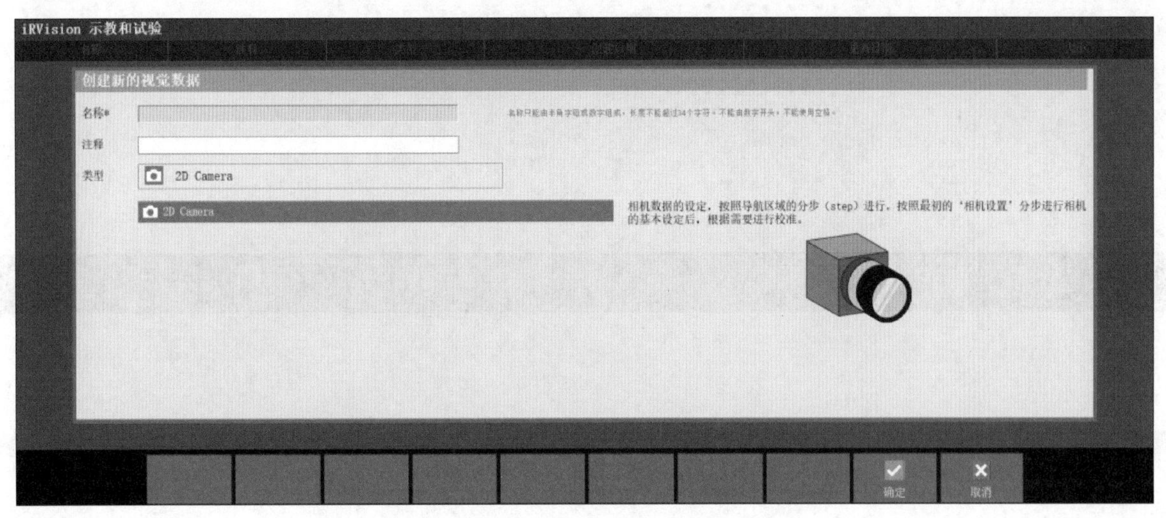

图 2-3-45　创建新的视觉数据 2

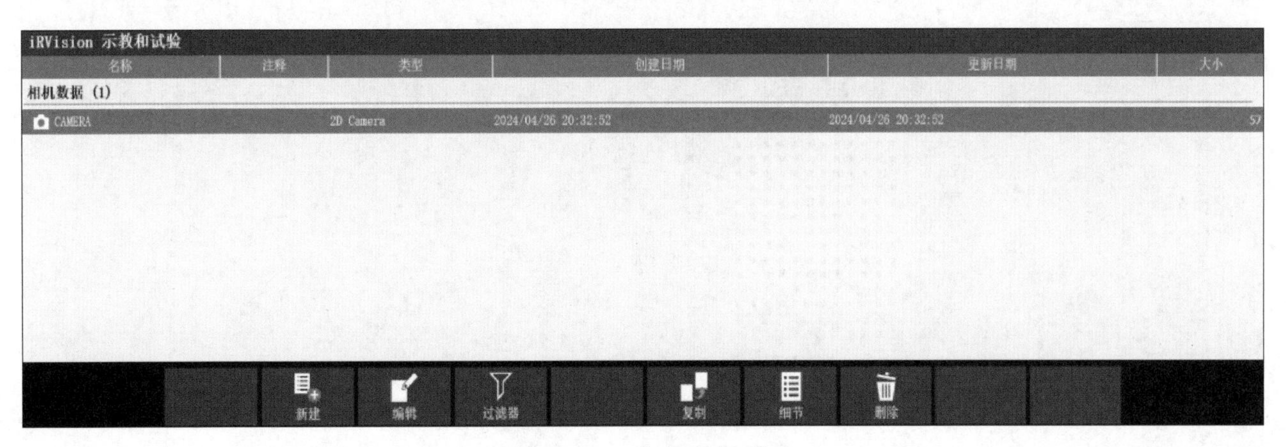

图 2-3-46　相机数据页面

（5）双击“CAMERA”，进入相机设置页面，设置参数如图 2-3-47 所示。

（6）单击“校准设置”，进入校准设置页面，设置格子间距为 7.5 mm，夹具位置的设置方法选择“使用坐标系的值”，如图 2-3-48 所示。

（7）单击“夹具位置的设置”，进入夹具位置设置页面，设置用户坐标和点阵板的位置，如图 2-3-49 所示。

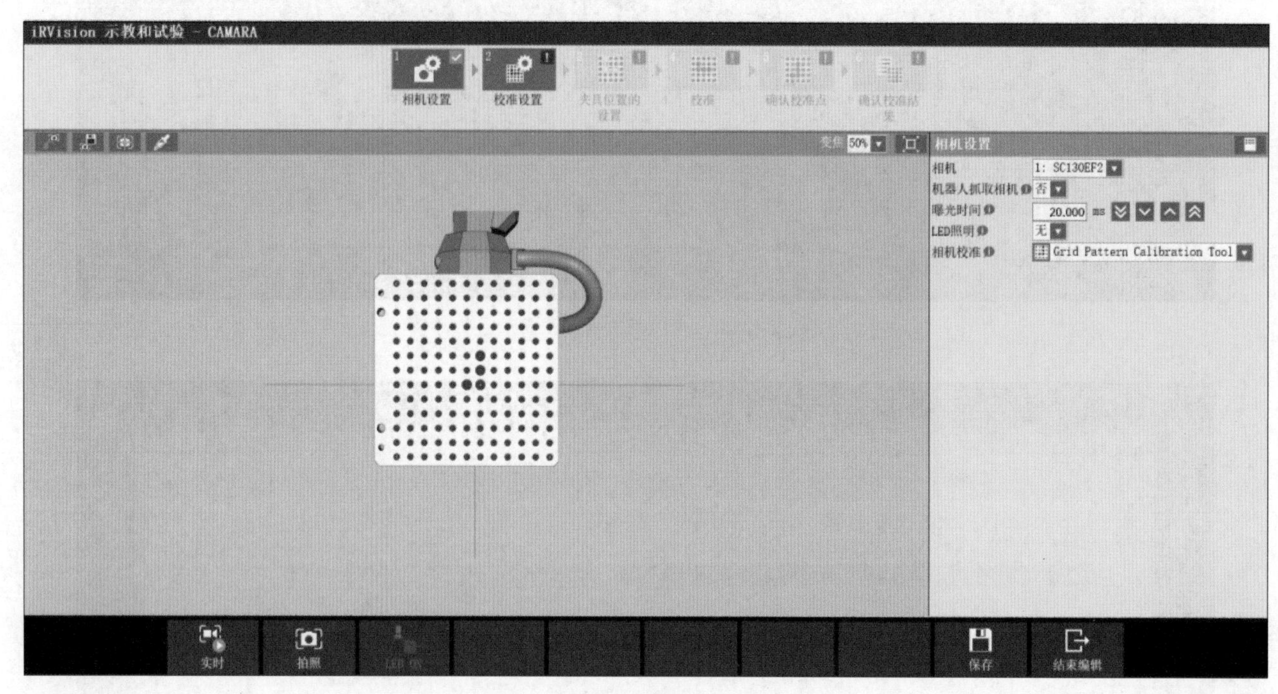

图 2-3-47 相机参数设置

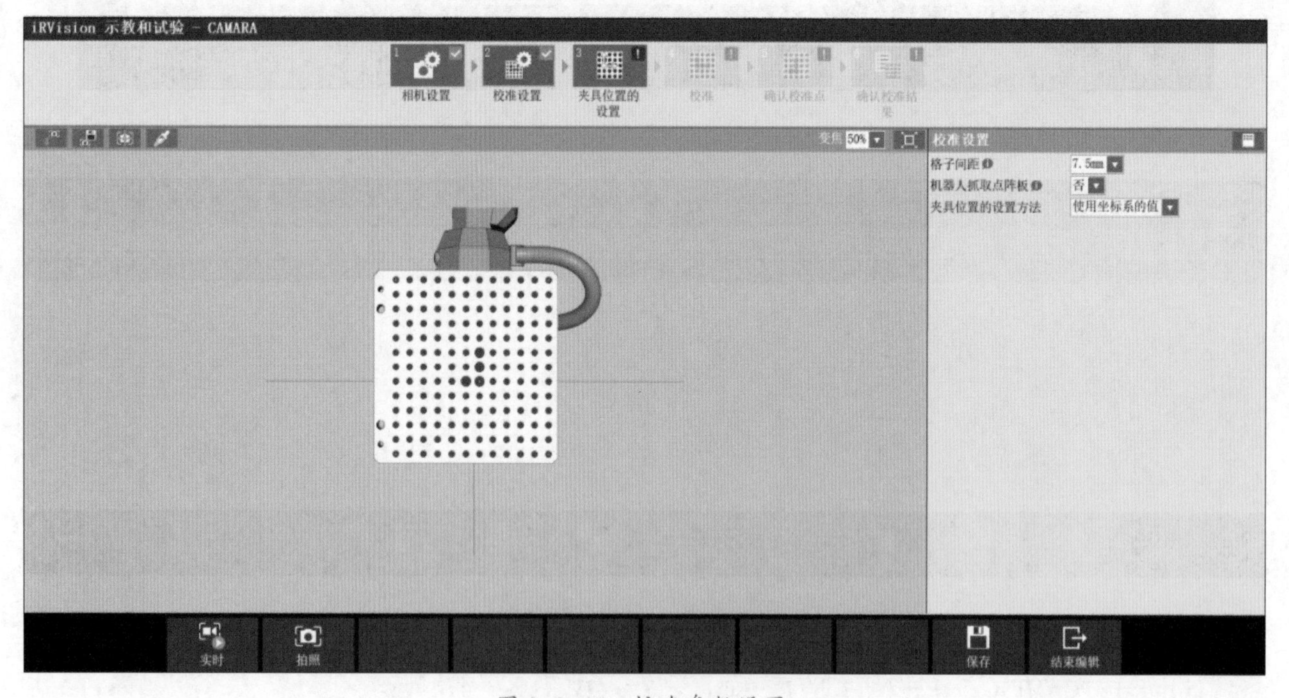

图 2-3-48 校准参数设置

（8）单击“校准”，进入校准页面，设置校准面的数量、焦点距离和校准面，单击“检出”按钮，确认校准点，如图 2-3-50、图 2-3-51 所示。

（9）确认校准结果，单击“保存”按钮，结束编辑，如图 2-3-52 所示。

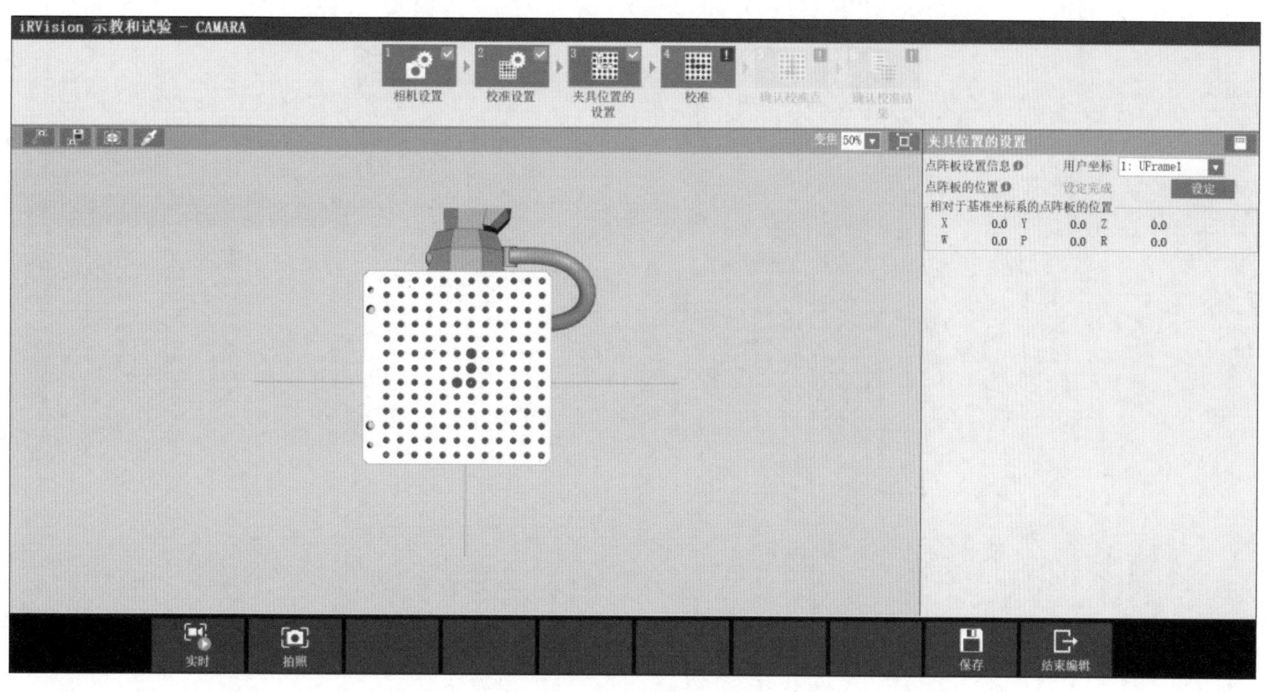

图 2-3-49　夹具位置参数设置

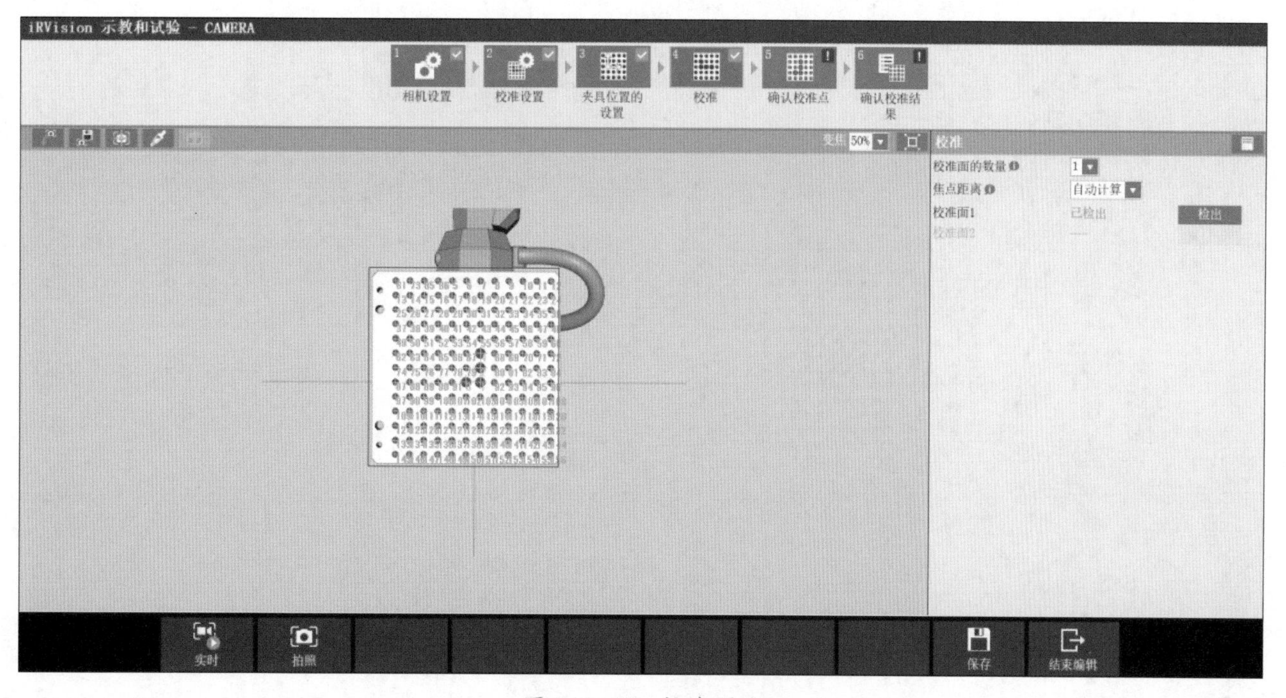

图 2-3-50　校准页面

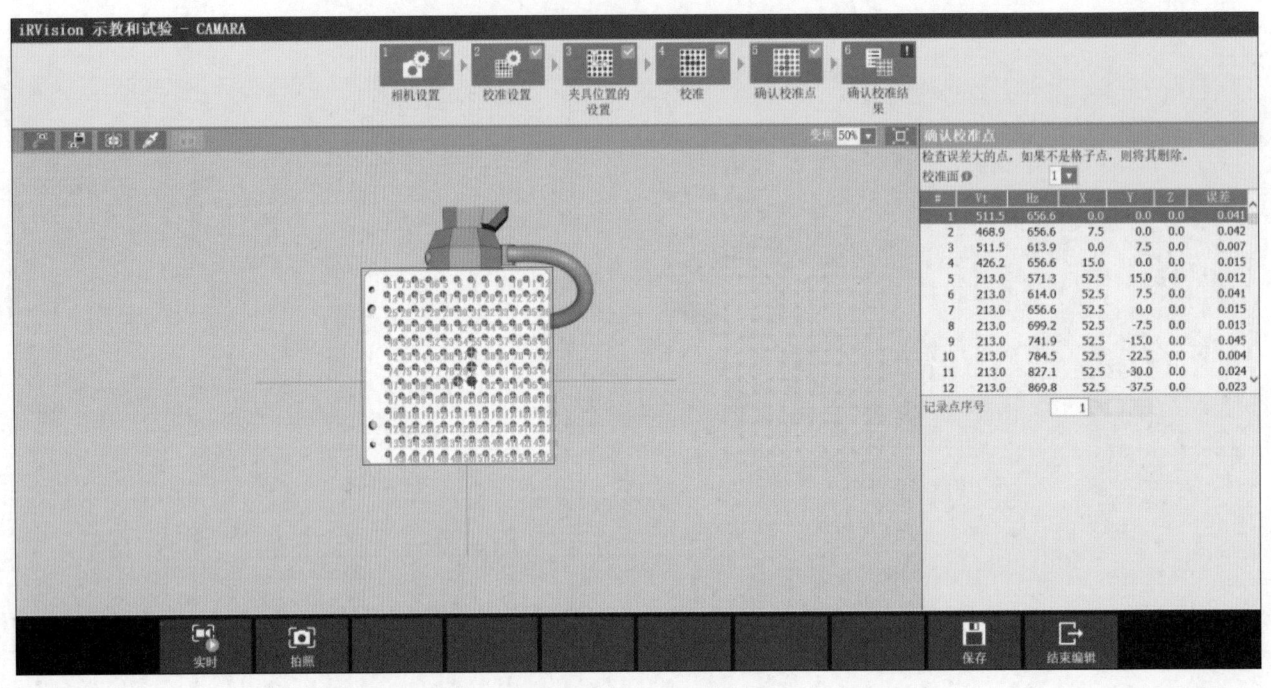

图 2-3-51　确认校准点

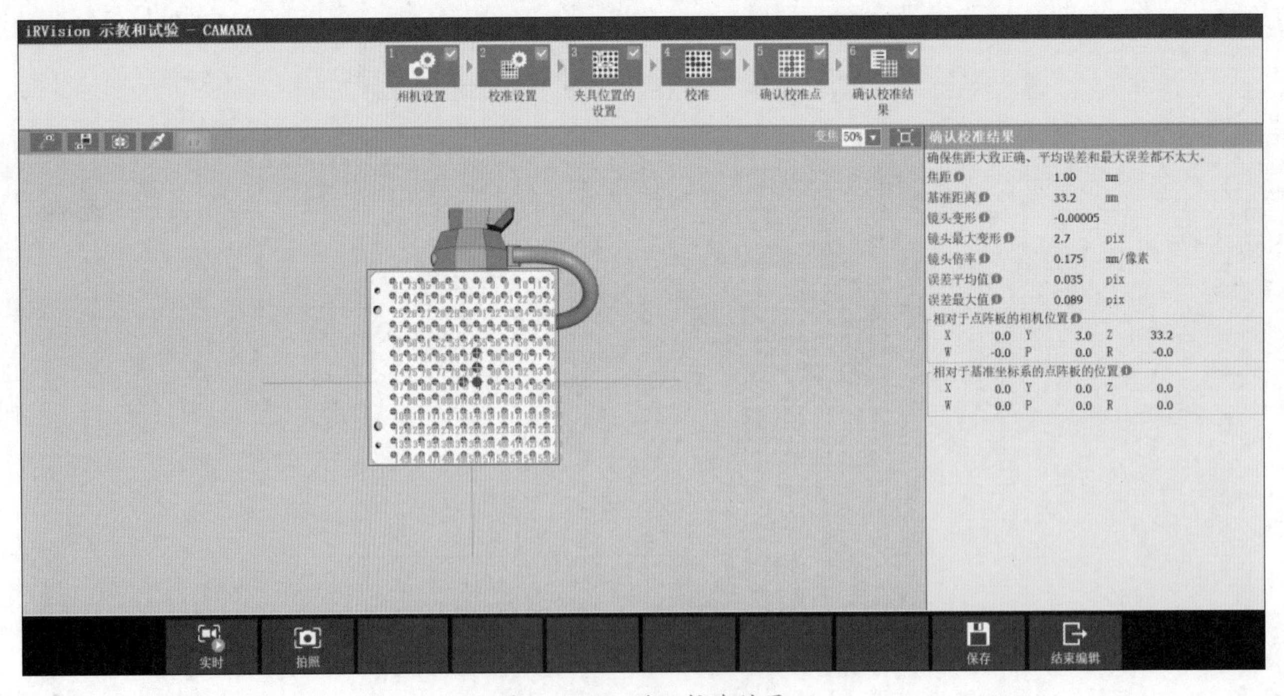

图 2-3-52　确认校准结果

学习活动 4　工作站仿真设计

学习目标

1. 能根据装配工作站的布局要求和仿真设计规范，以独立工作的方式，使用工业机器人仿真软件导入工业机器人及周边设备的 3D 模型，完成装配工作站 3D 模型的搭建。

2. 能编写工业机器人装配程序，根据视觉反馈的数据调整工业机器人的动作。

3. 能通过仿真功能对装配工作站进行干涉检测，演示视觉定位功能并验证工业机器人的可达范围、工作节拍、生产布局和电气连接等是否符合要求，生成仿真动画视频，并做好工作记录。

4. 能生成包含工作站的干涉位置、工作节拍和不可到达位置等信息的仿真报告，将仿真报告和仿真动画视频提交项目负责人审核，整理设计文件并存档。

5. 能在工作过程中严格执行行业、企业仿真设计相关技术标准，保守公司与客户的商业秘密，遵守企业生产管理规范及“6S”管理规定。

建议学时：12 学时

学习过程

一、仿真设计

1．在仿真设计室内按照表 2–4–1 中的操作提示完成装配工作站仿真设计。

表 2-4-1　　装配工作站仿真设计过程

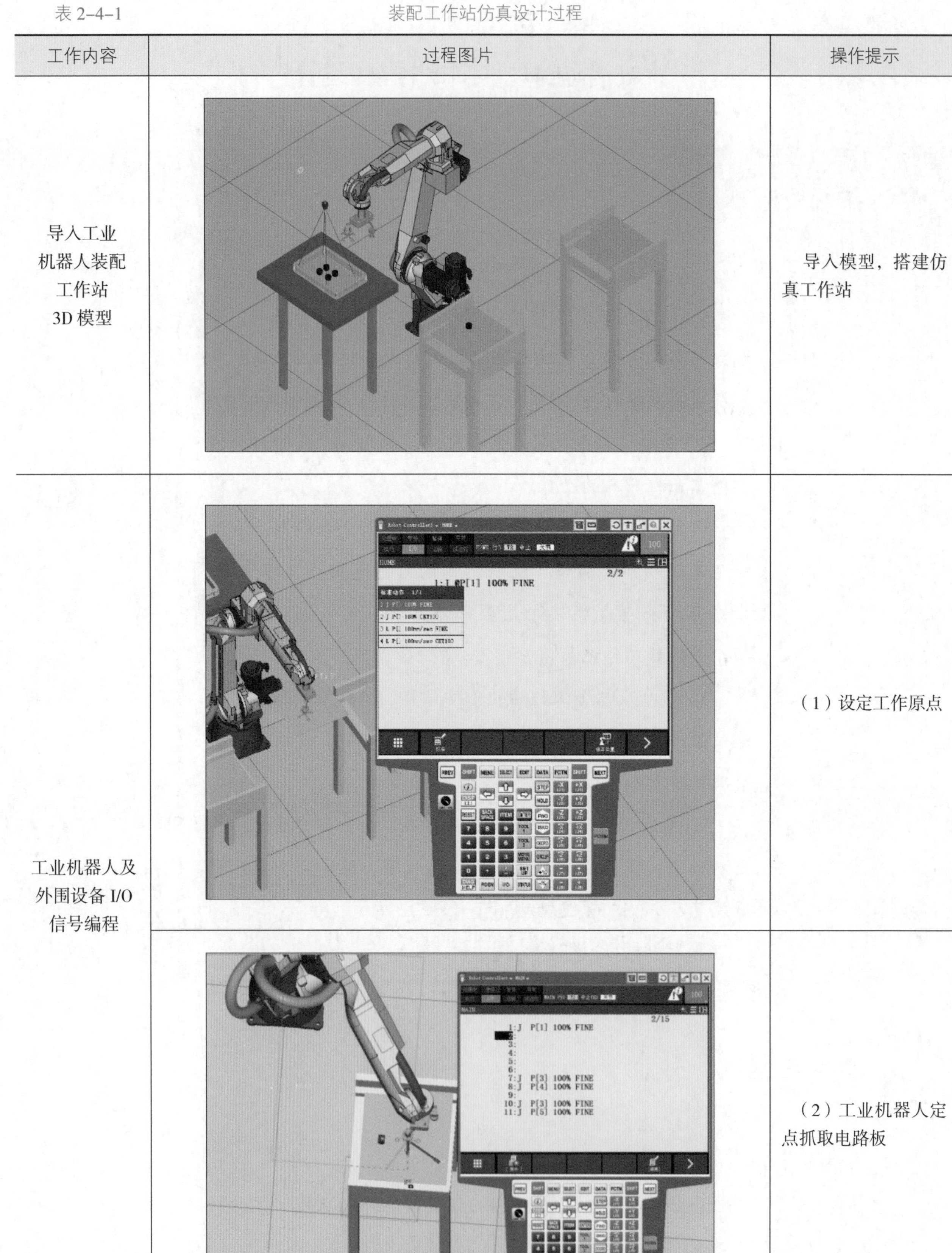

工作内容	过程图片	操作提示
导入工业机器人装配工作站 3D 模型		导入模型，搭建仿真工作站
工业机器人及外围设备 I/O 信号编程		（1）设定工作原点
		（2）工业机器人定点抓取电路板

续表

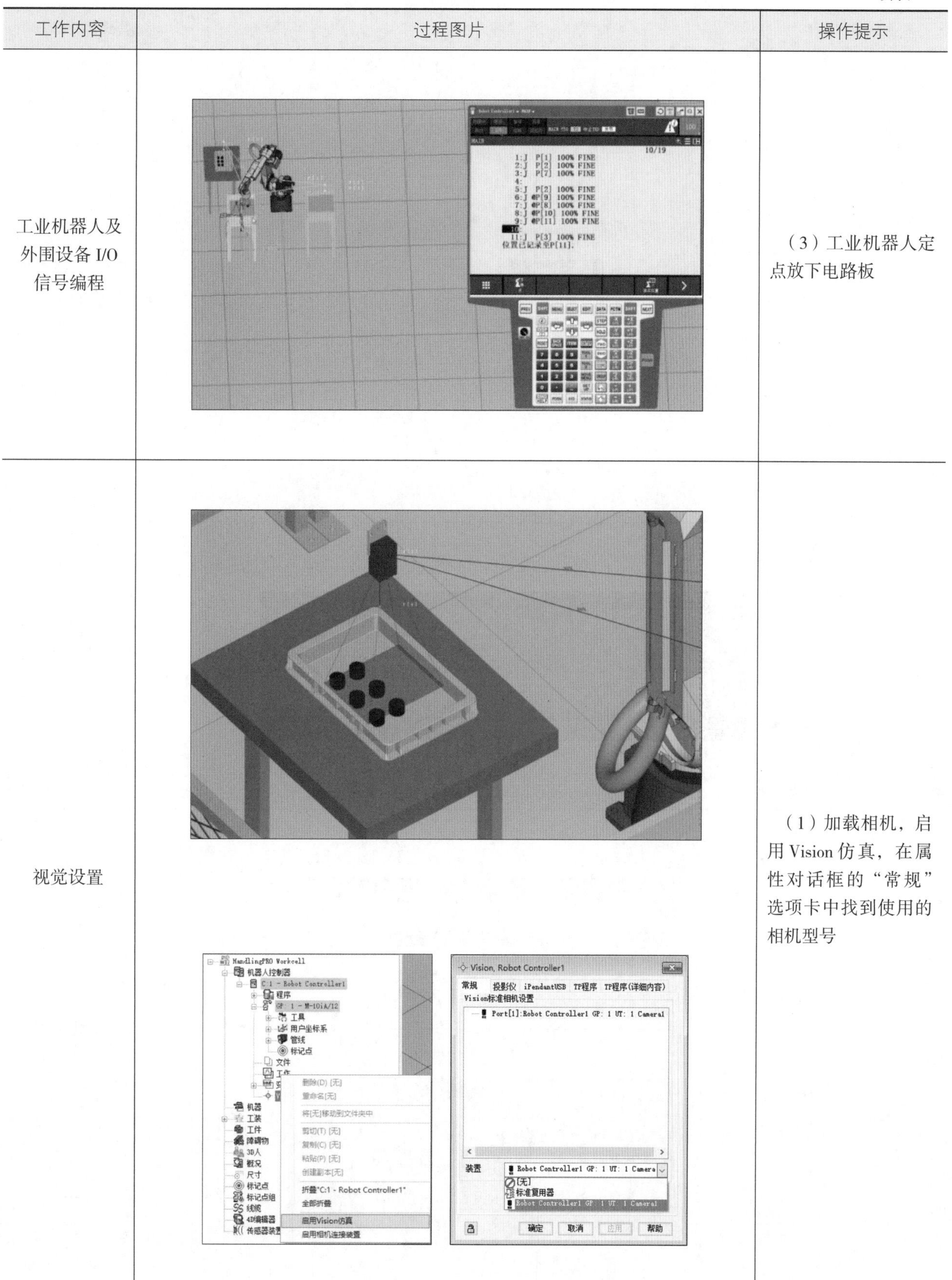

工作内容	过程图片	操作提示
工业机器人及外围设备 I/O 信号编程		（3）工业机器人定点放下电路板
视觉设置		（1）加载相机，启用 Vision 仿真，在属性对话框的“常规”选项卡中找到使用的相机型号

续表

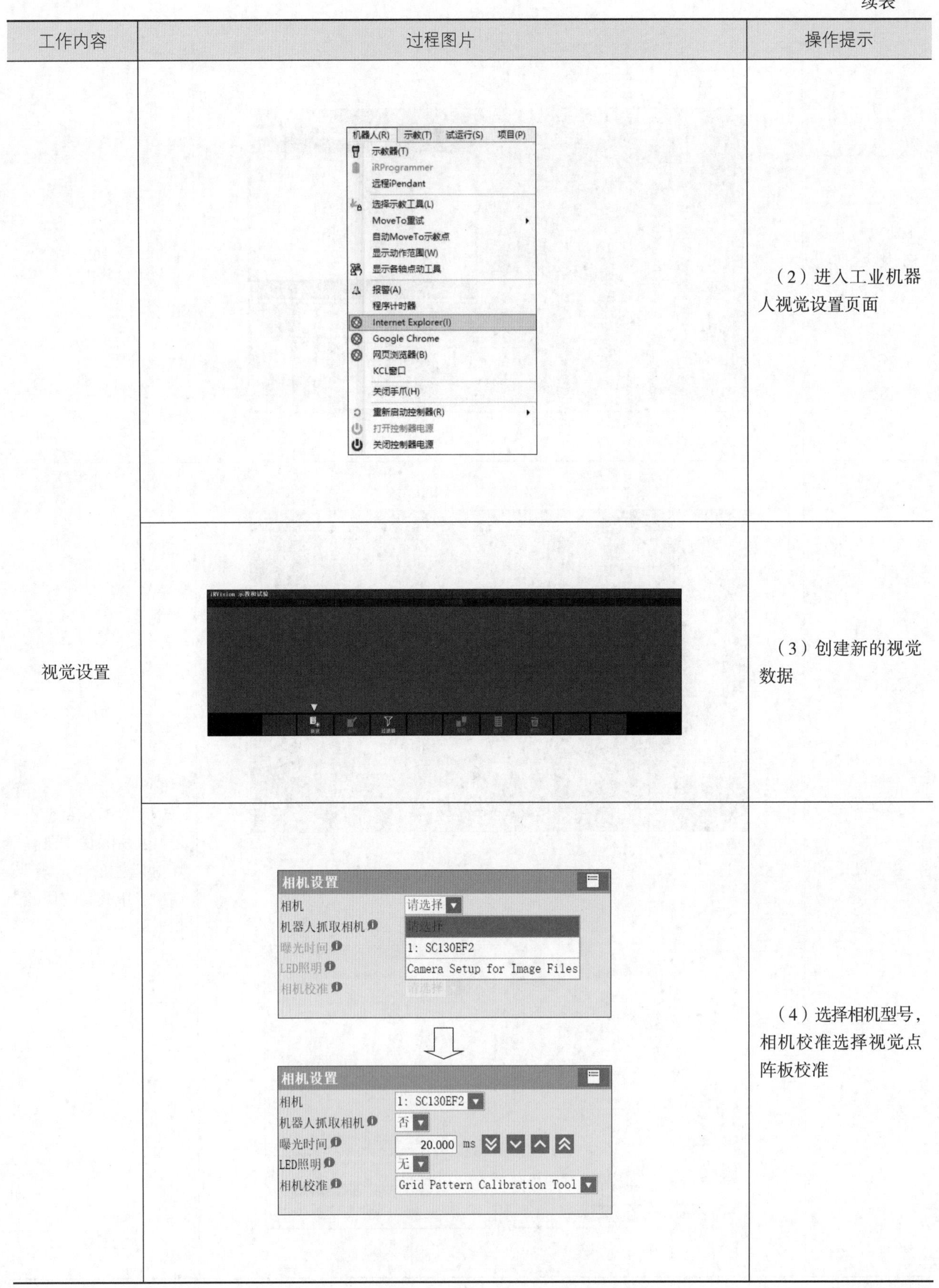

工作内容	过程图片	操作提示
视觉设置		（2）进入工业机器人视觉设置页面
		（3）创建新的视觉数据
		（4）选择相机型号，相机校准选择视觉点阵板校准

续表

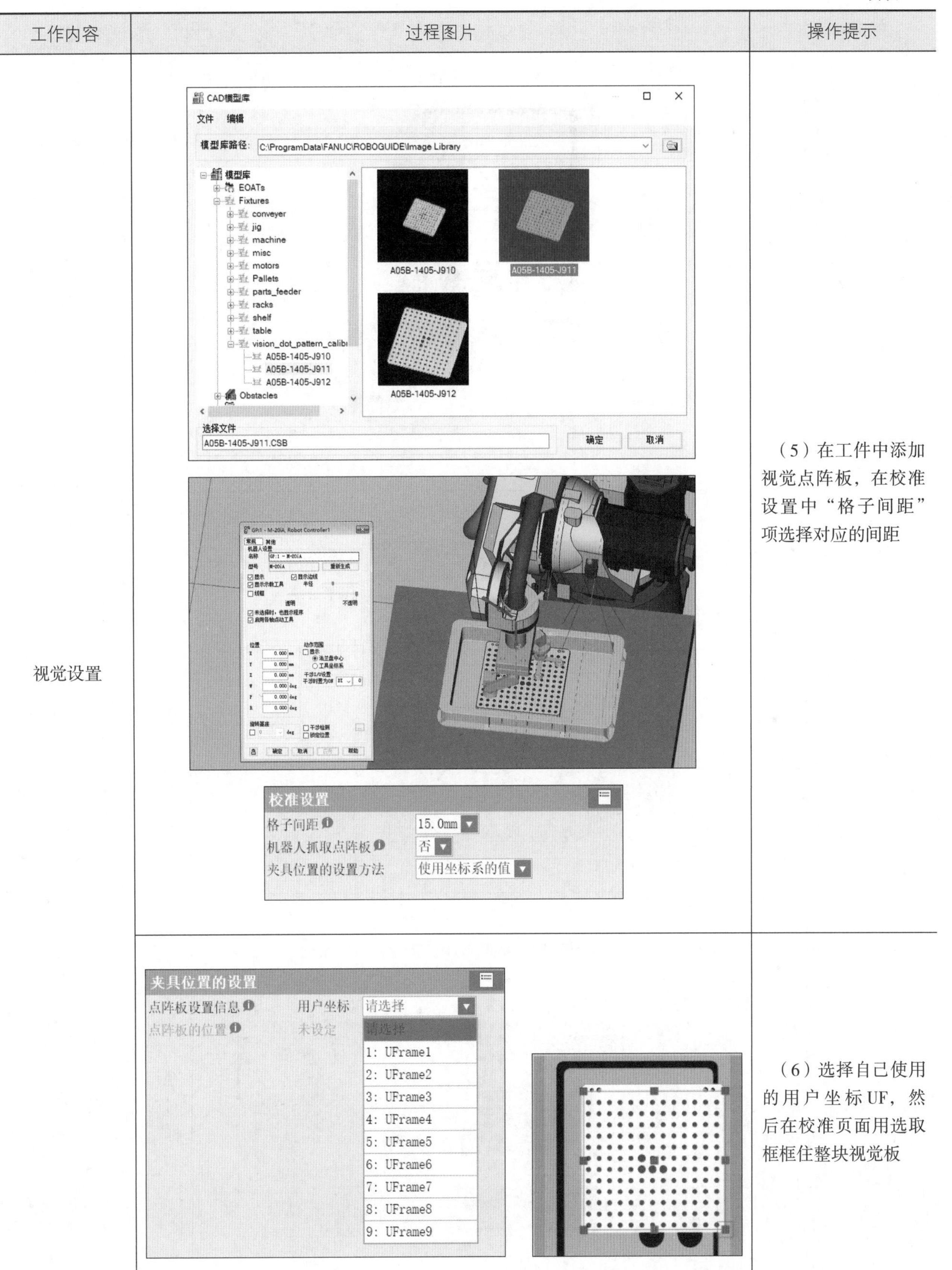

工作内容	过程图片	操作提示
视觉设置		（5）在工件中添加视觉点阵板，在校准设置中“格子间距”项选择对应的间距
		（6）选择自己使用的用户坐标 UF，然后在校准页面用选取框框住整块视觉板

续表

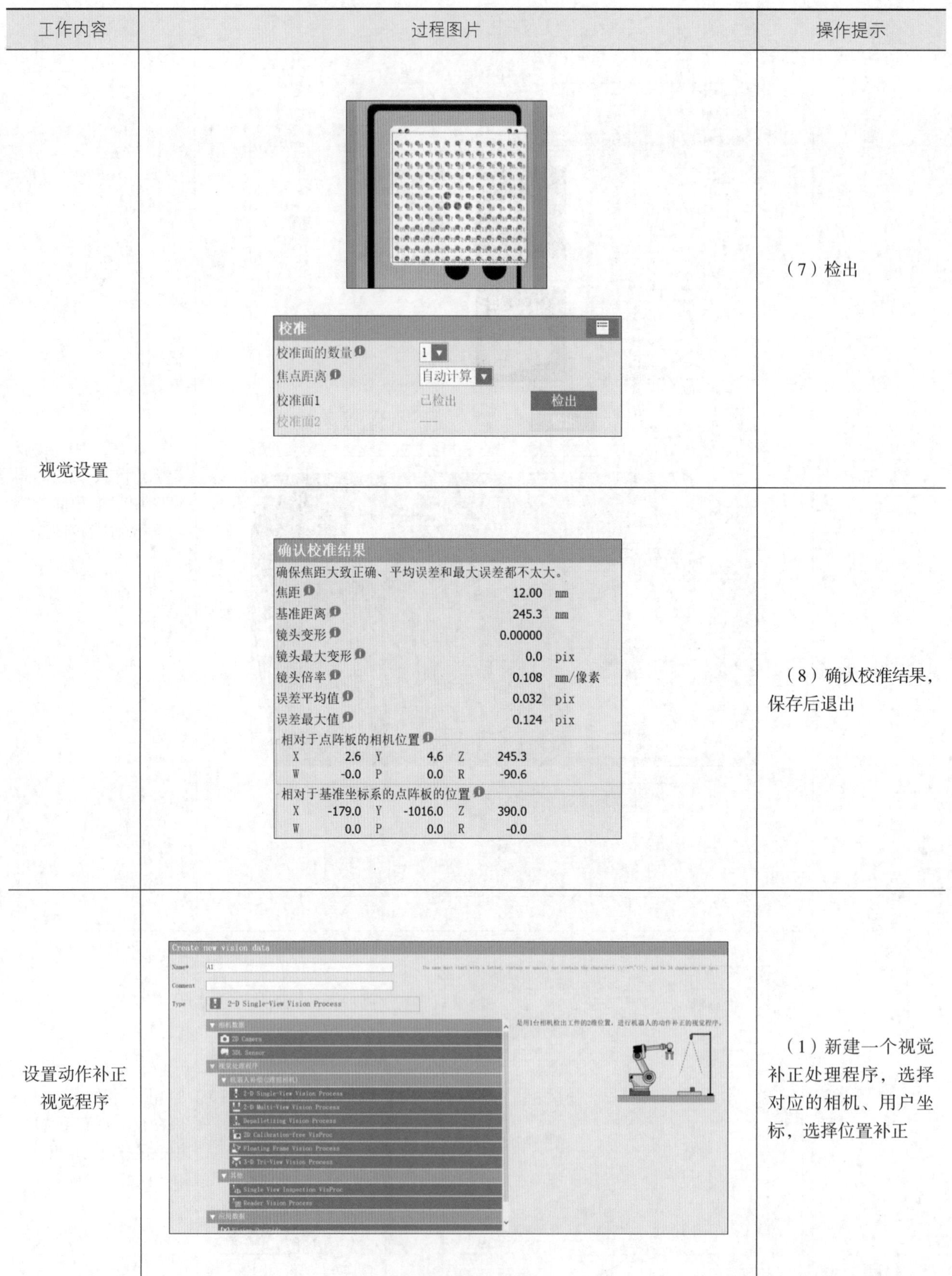

工作内容	过程图片	操作提示
视觉设置		（7）检出
		（8）确认校准结果，保存后退出
设置动作补正视觉程序		（1）新建一个视觉补正处理程序，选择对应的相机、用户坐标，选择位置补正

续表

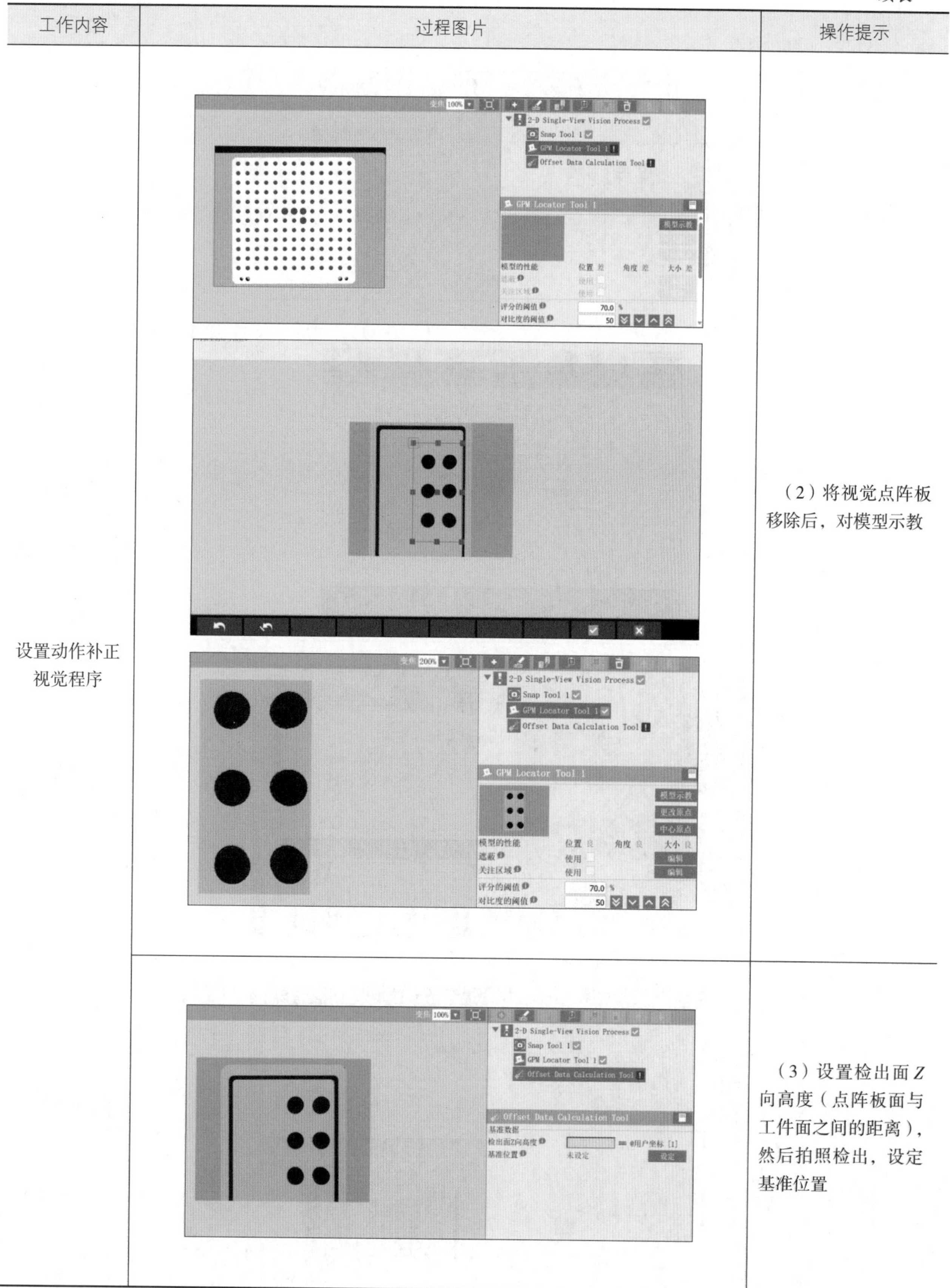

工作内容	过程图片	操作提示
设置动作补正视觉程序		（2）将视觉点阵板移除后，对模型示教
		（3）设置检出面 Z 向高度（点阵板面与工件面之间的距离），然后拍照检出，设定基准位置

续表

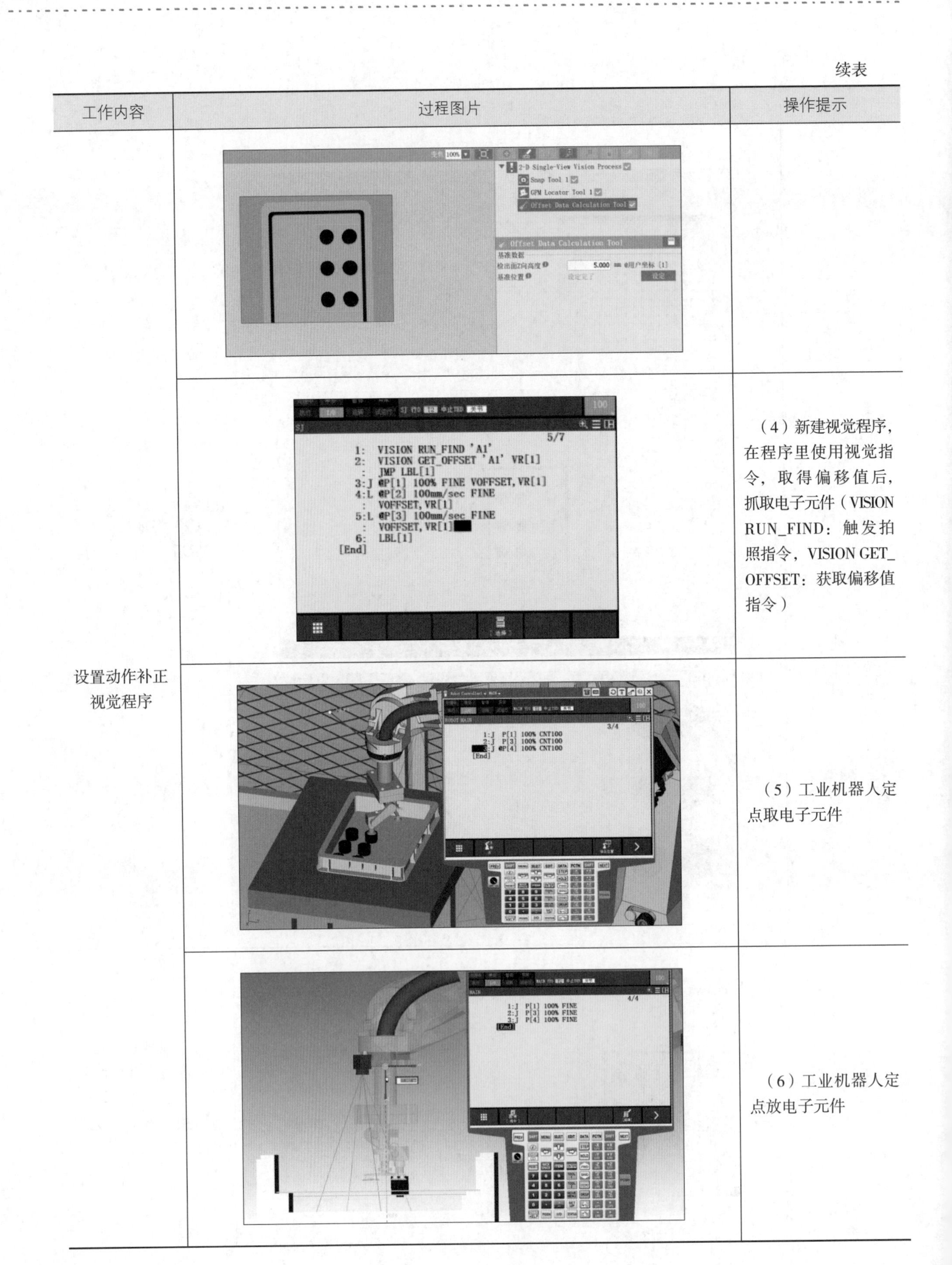

工作内容	过程图片	操作提示
设置动作补正视觉程序		
		（4）新建视觉程序，在程序里使用视觉指令，取得偏移值后，抓取电子元件（VISION RUN_FIND：触发拍照指令，VISION GET_OFFSET：获取偏移值指令）
		（5）工业机器人定点取电子元件
		（6）工业机器人定点放电子元件

续表

工作内容	过程图片	操作提示
设置动作补正视觉程序		（7）工作任务完成，工业机器人返回原点
检测干涉情况		进行干涉检测，验证工业机器人的可达范围、工作节拍和生产布局等
提交仿真动画视频	—	生成并提交仿真动画视频，做好工作记录

2．分别写出装配工作站工业机器人主程序，工业机器人取、放料程序。

二、交付验收

1．按表 2–4–2 对装配工作站仿真设计结果进行验收。

表 2–4–2　装配工作站仿真设计验收表

序号	验收项目	文件格式 / 版本要求	完成情况
1	仿真动画视频	MP4	
2	设备布局图	DWG/2024	
3	工具安装文件	PPT、xls	
4	工业机器人离线程序	TP、LS	
5	仿真数据	rgx	

2．参照世界技能大赛工业机器人系统集成项目对工业机器人工作站仿真的评价标准和理念，设计表 2–4–3 的评分表，对装配工作站仿真设计进行评分。

表 2–4–3　装配工作站仿真设计评分表

序号	评价项目	M– 测量 J– 评价	配分 / 分	评分标准	得分
1	仿真工作站布局	M	10	仿真工作站按照设备布局样式布局，模块（装配台、搬运夹具、元器件托盘、上料台、下料台、印制电路板、视觉系统）数量完整，缺一个模块扣 2 分	
2	工业机器人初始位置	M	5	工业机器人初始位置处于零点位置（1 ~ 6 轴均为 0°），未处于零点位置不得分	
3	工业机器人位置与工作原点的关系	M	5	工业机器人运行到工作原点（1 ~ 6 轴分别为 0°、0°、0°、0°、–90°、0°），未处于工作原点不得分	
4	工业机器人工具取放	M	5	工业机器人正确取放工具，未取到或取放过程中发生干涉不得分	
5	工业机器人上料	M	10	工业机器人将印制电路板从上料台搬运到装配台上，未取到印制电路板或过程中发生干涉不得分	
6	工业机器人工件转移	M	10	工业机器人将电子元件从托盘搬运到装配台上，过程中发生干涉不得分	
7	工业机器人下料	M	10	工业机器人将装配好的电路板搬运到下料台上，过程中发生干涉不得分	

续表

序号	评价项目	M-测量 J-评价	配分/分	评分标准	得分
8	多个工件的搬运和装配	M	30	工业机器人能依次完成4块印制电路板的搬运和装配，缺一个扣10分	
9	任务结束	M	5	工业机器人回到工作原点位置，过程中发生干涉不得分	
10	仿真视频录制	J	10	0—没有录制；1—基础视频，只有一个视角；2—高级视频，多视角或者3D；3—高级视频，多视角和3D	
合计			100	总得分	

学习活动 5　工作总结与评价

学习目标

1. 能展示工作成果，说明本次任务的完成情况，并进行分析总结。

2. 能结合自身任务完成情况，正确、规范地撰写工作总结。

3. 能就本次任务中出现的问题提出改进措施。

4. 能主动获取有效信息，展示工作成果，对学习与工作进行总结和反思，并与他人开展良好合作，进行有效沟通。

建议学时：2 学时

学习过程

一、个人评价

按表 2–5–1 所列评分标准进行个人评价。

表 2–5–1　　个人评价表

项目	序号	技术要求	配分 / 分	评分标准	得分
工作组织与管理（15%）	1	任务单的填写	3	每处错误扣 1 分，扣完为止	
	2	有效沟通	2	不符合要求不得分	
	3	按时完成工作页的填写	4	未完成不得分	
	4	安全操作	4	违反安全操作不得分	
	5	绿色、环保	2	不符合要求，每次扣 1 分，扣完为止	
工具使用（5%）	6	正确使用卷尺	2	不正确、不合理不得分	
	7	正确使用游标卡尺	2	不正确、不合理不得分	
	8	正确使用钢直尺	1	不正确、不合理不得分	

续表

项目	序号	技术要求	配分 / 分	评分标准	得分
软件和资料的使用（10%）	9	SolidWorks 或 Autodesk Inventor 软件的操作	2	每处错误扣 1 分，扣完为止	
	10	ROBOGUIDE 软件的操作	4	每处错误扣 1 分，扣完为止	
	11	3D 模型图的分析与处理	4	每处错误扣 1 分，扣完为止	
仿真设计质量（70%）	12	工业机器人 3D 模型的导入	5	不正确不得分	
	13	非标设备 3D 模型的导入	5	每缺一个扣 2 分，扣完为止	
	14	辅助设备 3D 模型的导入	5	每缺一个扣 2 分，扣完为止	
	15	产品 3D 模型的导入	5	不正确不得分	
	16	夹具的加载	5	不正确不得分	
	17	工具坐标系、工件坐标系的建立	5	每缺一个扣 2 分，扣完为止	
	18	装配工作站布局	6	不合理不得分	
	19	工业机器人及产品的动作流程和运行路径	5	不合理每处扣 1 分，扣完为止	
	20	装配工作站工业机器人程序	5	每缺一个扣 2 分，扣完为止	
	21	工业机器人干涉检测	6	每处干涉扣 2 分，扣完为止	
	22	仿真动画视频录制	6	像素不符合要求不得分	
	23	仿真总结	12	未完成不得分	
合计			100	总得分	

二、小组评价

以小组为单位，选择演示文稿、展板、海报、视频等形式中的一种或几种，向全班展示、汇报仿真设计成果。在展示的过程中，以小组为单位进行评价；评价完成后，根据其他小组成员对本组展示成果的评价意见进行归纳总结。

三、教师评价

认真听取教师对本小组展示成果优缺点以及在完成任务过程中出现的亮点和不足的评价意见，并做好记录。

1．教师对本小组展示成果优点的点评。

2．教师对本小组展示成果缺点及改进方法的点评。

3．教师对本小组在整个任务完成过程中出现的亮点和不足的点评。

四、工作过程回顾及总结

1．在本次学习过程中，你完成了哪些工作任务？你是如何做的？还有哪些需要改进的地方？

2．总结在完成装配工作站仿真设计任务过程中遇到的问题和困难，列举 2～3 点你认为比较值得和其他同学分享的工作经验。

3．回顾本学习任务的工作过程，对新学专业知识和技能进行归纳和整理，撰写工作总结。

工作总结

评价与分析

学习任务二综合评价表

班级：________　　姓名：________　　学号：________

项目	自我评价 （占总评 10%）	小组评价 （占总评 30%）	教师评价 （占总评 60%）
学习活动 1			
学习活动 2			
学习活动 3			
学习活动 4			
学习活动 5			
协作精神			
纪律观念			
表达能力			
工作态度			
安全意识			
任务总体表现			
小计			
总评			

任课教师：　　　　年　　月　　日

世赛知识

项目集训基地

世界技能大赛各项目的集训基地遍布我国的大江南北，有的是技工院校等职业院校，有的则是行业组织（集团公司）。

每届世界技能大赛的中国集训基地都会根据实际情况做适当调整。第45届世界技能大赛有218家企业、院校或培训机构作为世界技能大赛中国集训基地，为中国技能走向世界贡献力量。

人力资源和社会保障部制定的《世界技能大赛参赛管理暂行办法》中对各项目集训基地的确定设定了明确的条件和程序。

企业、院校、培训机构，只有在满足下面这些条件时才可申请设立世界技能大赛参赛项目集训基地。

第一，具有满足竞赛项目要求的训练场地和生活场所。

第二，具有满足竞赛项目要求的设施、设备和辅助工具。

第三，所在地省级人民政府或所在行业主管部门积极支持，并提供人力、物力、财力支持。

争取成为世界技能大赛中国集训基地的单位，可以向世界技能大赛中国组委会提出申请，组委会在收到申报材料后，将对申报单位展开调研，评估申报单位在相关竞赛项目上所具有的优势，例如，考察申报单位是否有相应的场地资源、设备资源、技术高超的教练……确定申报单位在该项目具有明显优势的情况下，才会批准其成为世界技能大赛中国集训基地，并授牌。

第46、47届世界技能大赛机器人系统集成项目中国集训基地名单

项目名称	基地名称	备注
机器人系统集成	广州市机电技师学院	第46、47届世界技能大赛项目集训基地
	上海电气（集团）总公司	第46届世赛技能大赛项目集训基地
	河北唐山市技师学院	第46、47届世界技能大赛项目集训基地
	杭州技师学院	第46、47届世界技能大赛项目集训基地
	山东技师学院	第46、47届世界技能大赛项目集训基地
	广西机电技师学院	第46、47届世界技能大赛项目集训基地
	吉林省工业技师学院	第47届世界技能大赛项目集训基地

学习任务三　工业机器人焊接工作站仿真设计

学习目标

1. 能独立阅读工业机器人焊接工作站仿真设计任务单，明确任务要求。

2. 能查阅焊接工作站项目方案书，明确焊接工作站仿真设计的工作内容、技术标准和工期要求。

3. 能规划焊接工作站各运动单元的动作和运行路径，以独立工作的方式制定焊接工作站仿真设计作业流程。

4. 能正确填写领料单，从机械工程师处领取焊接夹具、焊枪总成、清枪器和除尘装置等设备和沙发支架的 3D 模型图。

5. 能根据工作站的布局要求和仿真设计规范，以独立工作的方式，使用工业机器人仿真软件导入工业机器人本体及周边设备的 3D 模型，完成焊接工作站 3D 模型的搭建。

6. 能编写工业机器人焊接程序，根据焊接角度要求调整工业机器人的动作。

7. 能通过仿真功能对工作站进行干涉检测，验证工业机器人的可达范围、工作节拍、生产布局和电气连接等是否符合要求，生成仿真动画视频，并做好工作记录。

8. 能生成包含工作站的干涉位置、工作节拍和不可到达位置等信息的仿真报告，将仿真报告和仿真动画视频提交项目负责人审核，整理设计文件并存档。

9. 能完成焊接工作站仿真设计工作总结与评价，主动改善技术和提升职业素养。

10. 能在工作过程中严格执行行业、企业仿真设计相关技术标准，保守公司与客户的商业秘密，遵守企业生产管理规范及“6S”管理规定。

11. 能主动获取有效信息，展示工作成果，对学习与工作进行总结和反思，并与他人开展良好合作，进行有效沟通。

建议学时

24 学时

工作情境描述

某系统集成商为一家具生产企业提供了一套工业机器人焊接工作站项目方案，现需对项目方案的可行性进行验证。项目负责人向仿真技术员下达验证任务，要求仿真技术员根据客户要求在 2 天内利用仿真软件完成可行性验证工作。

工作流程与活动

1．明确仿真设计任务（2 学时）

2．制定仿真设计作业流程（2 学时）

3．仿真工作站搭建准备（6 学时）

4．工作站仿真设计（12 学时）

5．工作总结与评价（2 学时）

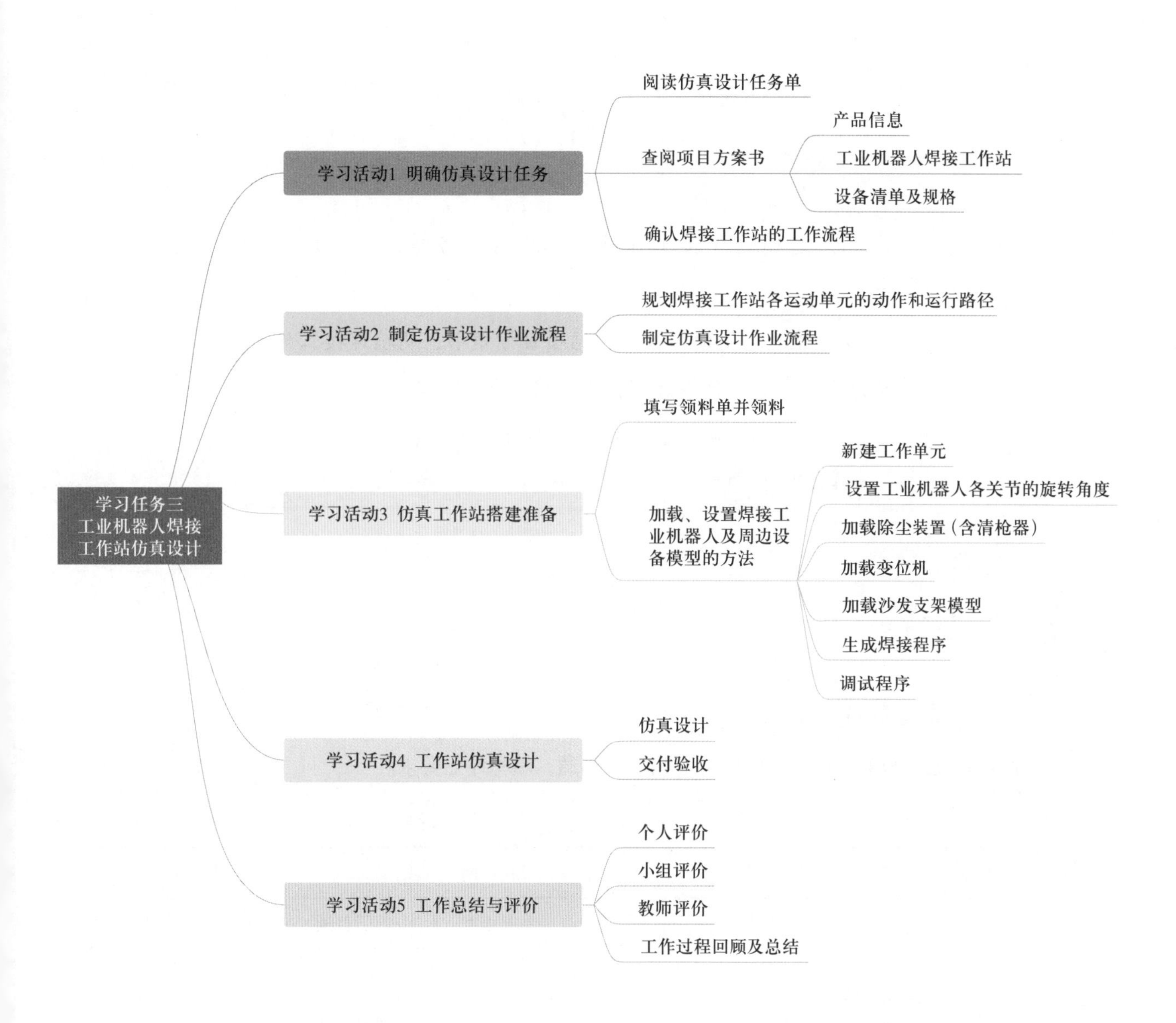
学习任务三
工业机器人焊接
工作站仿真设计
学习活动1 明确仿真设计任务
阅读仿真设计任务单
查阅项目方案书
产品信息
工业机器人焊接工作站
设备清单及规格
确认焊接工作站的工作流程
学习活动2 制定仿真设计作业流程
规划焊接工作站各运动单元的动作和运行路径
制定仿真设计作业流程
学习活动3 仿真工作站搭建准备
填写领料单并领料
加载、设置焊接工业机器人及周边设备模型的方法
新建工作单元
设置工业机器人各关节的旋转角度
加载除尘装置（含清枪器）
加载变位机
加载沙发支架模型
生成焊接程序
调试程序
学习活动4 工作站仿真设计
仿真设计
交付验收
学习活动5 工作总结与评价
个人评价
小组评价
教师评价
工作过程回顾及总结

学习活动1　明确仿真设计任务

学习目标

1. 能阅读焊接工作站仿真设计任务单，明确任务要求。

2. 能通过阅读焊接工作站项目方案书，明确焊接工作站仿真设计的工作内容、技术标准和工期要求。

3. 能叙述工业机器人焊接工作站的工作流程与技术要点。

建议学时：2学时

学习过程

一、阅读仿真设计任务单

1．阅读仿真设计任务单（表3–1–1），与班组长沟通，填写作业要求。

表3–1–1　　仿真设计任务单

<table>
<tr><td>需方单位名称</td><td></td><td>完成日期</td><td>年　月　日</td></tr>
<tr><td>紧急程度</td><td>□普通　□紧急　□特急</td><td>要求程度</td><td>□普通　□精细　□特精细</td></tr>
<tr><td colspan="4">作业基本要求</td></tr>
<tr><td>需求类型</td><td colspan="3">□搬运　□装配　□焊接　□打磨　□喷涂　□其他______</td></tr>
<tr><td>作业内容</td><td colspan="3">□建模　□搭建3D工作站　□仿真动画　□仿真总结</td></tr>
<tr><td>项目方案书</td><td colspan="3">布局　□有　□无
工作站组成　□有　□无
图纸　□有　□无
工作流程　□有　□无
技术要求（含指示灯状态要求）□有　□无</td></tr>
<tr><td>建模资料</td><td>有无设备3D模型：□有　□无</td><td colspan="2">有无工件3D模型：□有　□无</td></tr>
<tr><td>视频动画</td><td colspan="3">视角：______　分辨率：______</td></tr>
</table>

续表

<table>
<tr><th colspan="4">客户具体要求</th></tr>
<tr><td>项目描述</td><td colspan="3">工作原理：在家具企业利用工业机器人、变位机、焊接夹具、焊枪、清枪器和除尘装置等实现沙发支架的焊接
结构特点：1 台 6 轴工业机器人、1 台双轴变位机、1 套焊接夹具、1 套焊枪总成、1 个清枪器、1 个除尘装置和 1 套 PLC 总控系统
主要功能：实现沙发支架的焊接
工作节拍：≤ 300 s/ 件
故障率：≤ 1%
应用领域：家具制造行业</td></tr>
<tr><th colspan="4">资源分配与节点目标</th></tr>
<tr><td>批准人</td><td></td><td>时间</td><td></td></tr>
<tr><td>接单人</td><td></td><td>时间</td><td></td></tr>
<tr><td>验收人</td><td></td><td>时间</td><td></td></tr>
</table>

2．工业机器人焊接工作站主要由变位机、焊接夹具、焊枪总成等组成，图 3–1–1 所示为 FANUC 工业机器人焊接工作站。工业机器人的焊接方式主要有激光焊接、弧焊、点焊等，写出工业机器人焊接工作站的应用领域。

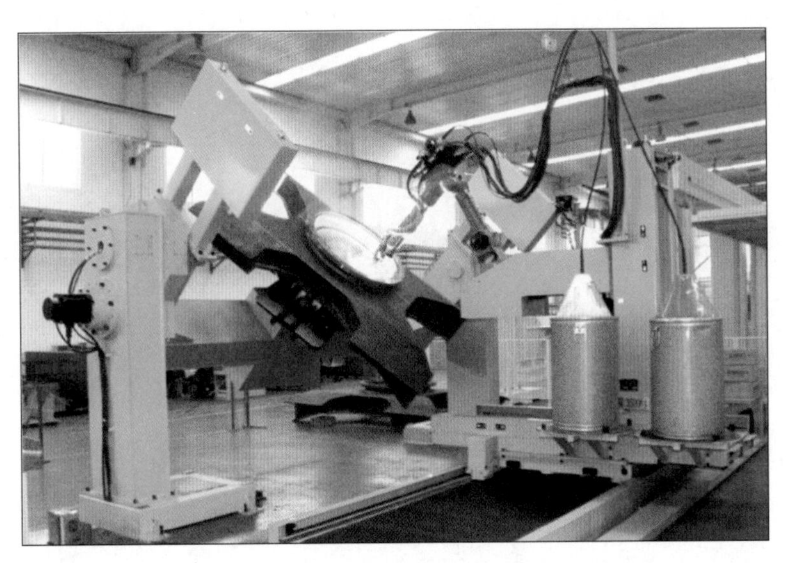

图 3–1–1　FANUC 工业机器人焊接工作站

二、查阅项目方案书

查阅工业机器人焊接工作站项目方案书，了解项目要求、系统组成和技术参数等信息。

1．产品信息

图 3–1–2 所示为某企业生产的沙发支架，主体材质为不锈钢。

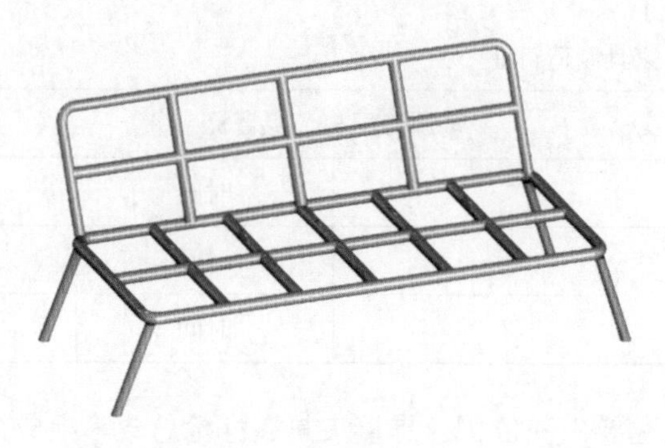

图 3–1–2　沙发支架

（1）写出支架焊接所采用的电流、电压参数。

（2）写出焊接过程中需要注意的事项。

2．工业机器人焊接工作站

本工作站由 1 台 6 轴工业机器人、1 台双轴变位机、1 套焊接夹具、1 套焊枪总成、1 个清枪器、1 个除尘装置和 1 套 PLC 总控系统组成，实现沙发支架的焊接作业，布局图如图 3-1-3 所示。

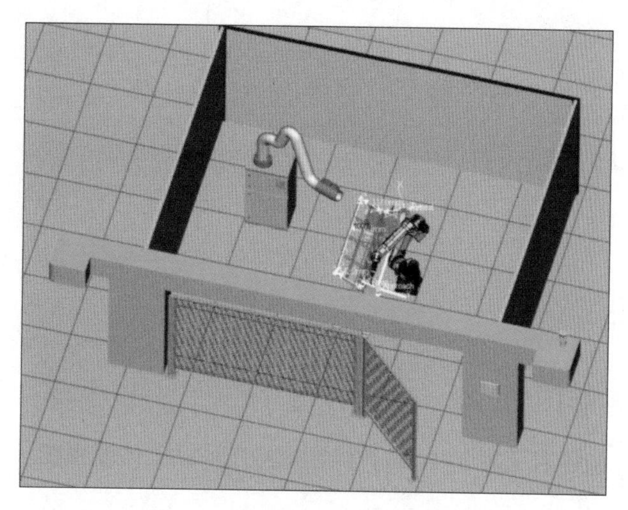

图 3-1-3　焊接工作站布局图

3．设备清单及规格

焊接工作站设备清单及规格见表 3-1-2。

表 3-1-2　焊接工作站设备清单及规格

序号	名称	型号 / 规格	数量	单位
1	工业机器人	FANUC Robot M-20iA	1	套
1.1	工业机器人本体	负载：20 kg，工作范围半径：1 811 mm	1	台
1.2	工业机器人控制器	R-30iA	1	个
1.3	示教器	带 10 m 电缆管	1	个
1.4	输入、输出信号板	16 进 16 出数字 / 模拟 I/O 板	1	块
1.5	工业机器人控制软件	Weld	1	套
2	变位机	2-Axes Servo Positioner	1	台
3	除尘装置	定制	1	个
4	清枪器	定制	1	个
5	焊枪总成	松下	1	套
6	焊接夹具	非标	1	套
7	PLC 总控系统	集成	1	套

（1）工业机器人仿真工作站由非标设备、辅助设备和产品组成，本工作站的非标设备有哪些?

（2）在创建工作单元时，需要导入 3D 模型，分别写出需通过“工装”“工件”导入的 3D 模型。

三、确认焊接工作站的工作流程

1．查阅焊接工作站工作流程表（表 3-1-3），绘制焊接工作站工作流程图。

表 3-1-3 焊接工作站工作流程表

步骤	工作流程
1	人工将已去除毛刺的工件点焊定型为支架
2	人工将定型沙发支架固定在变位机上
3	工业机器人根据示教路径焊接加固，实现完全焊接
4	人工取出成品

2．根据焊接工作站的工作流程和沙发支架焊接工艺，配置工业机器人 I/O 功能（表 3-1-4）。

表 3-1-4　　工业机器人 I/O 功能表

输入		输出	
DI101		DO101	
DI102		DO102	
DI103		DO103	
DI104		DO104	
DI105		DO105	
AI01		AO01	
AI02		AO02	

学习活动2　制定仿真设计作业流程

学习目标

1. 能规划焊接工作站各运动单元的动作和运行路径。

2. 能根据任务要求和班组长提供的设计资源，制定焊接工作站仿真设计作业流程。

建议学时：2学时

学习过程

一、规划焊接工作站各运动单元的动作和运行路径

1. 根据焊接工作站的工作流程，规划工业机器人、焊接系统（焊枪、清枪器）、变位机的动作和运行路径。

（1）工业机器人

（2）焊枪

（3）清枪器

（4）变位机

2．画出第一条焊缝的运行路径。

3．为了确保工业机器人的焊接精度，需在焊接轨迹上设置哪几个定位点?

二、制定仿真设计作业流程

1．本工作站包含很多非标模型，简述该工作站非标 3D 模型的导入步骤及注意事项。

2．工业机器人焊接系统加工工件的精度和工具坐标系有直接关系，因此，在实际应用和仿真任务中，均建议建立相应的工具坐标系。参照操作手册，列举仿真软件工具坐标系设置过程中的注意事项。

3．根据任务要求，查阅相关资料，制定焊接工作站仿真设计作业流程，填写表 3–2–1。

表 3–2–1　焊接工作站仿真设计作业流程

序号	工作内容	仿真要领	完成时间
1	导入工业机器人 3D 模型和添加外围设备		
2	设置工业机器人变位机参数		
3	设置工业机器人焊接房间屏蔽门信号		

续表

序号	工作内容	仿真要领	完成时间
4	设置工业机器人焊枪总成与线缆的位置		
5	调试工业机器人焊接程序		
6	检测焊接工作站干涉情况及验证工作节拍		
7	录制仿真动画视频并提交		

学习活动 3　仿真工作站搭建准备

学习目标

1. 能根据焊接工作站仿真设计作业流程，正确填写领料单，从机械工程师处领取变位机、焊接夹具、焊枪总成、清枪器、除尘装置等设备和沙发支架的 3D 模型图。

2. 能叙述焊接工业机器人及其周边设备模型的加载和设置方法。

建议学时：6 学时

学习过程

一、填写领料单并领料

1．根据仿真设计作业流程，填写领料单（表 3-3-1）。

表 3-3-1　领料单

<table>
<tr><td>领用部门</td><td colspan="3"></td><td>领用人</td><td></td></tr>
<tr><td rowspan="2">名称</td><td rowspan="2">规格及型号</td><td colspan="2">数量</td><td rowspan="2" colspan="2">备注</td></tr>
<tr><td>领用</td><td>实发</td></tr>
<tr><td></td><td></td><td></td><td></td><td colspan="2"></td></tr>
<tr><td></td><td></td><td></td><td></td><td colspan="2"></td></tr>
<tr><td></td><td></td><td></td><td></td><td colspan="2"></td></tr>
<tr><td></td><td></td><td></td><td></td><td colspan="2"></td></tr>
<tr><td>保管人</td><td></td><td>审核人</td><td></td><td colspan="2"></td></tr>
<tr><td>日　期</td><td></td><td>日　期</td><td></td><td colspan="2"></td></tr>
</table>

2．根据领料单领取相关物料。

二、加载、设置焊接工业机器人及周边设备模型的方法

1．新建工作单元

（1）单击启动画面中的“新建工作单元”，弹出“工作单元创建向导”对话框，在“步骤 1- 选择进程”界面选择“WeldPRO”，单击“下一步”按钮，如图 3-3-1 所示。

图 3-3-1　创建新的工作单元

（2）进入“步骤 2- 工作单元名称”界面，输入新建工作单元的名称“WeldPRO3”，单击“下一步”按钮，如图 3-3-2 所示。

（3）进入“步骤 3- 机器人创建方法”界面，选择“新建”，单击“下一步”按钮。

（4）进入“步骤 4- 机器人软件版本”界面，选择机器人软件版本 V9.30，单击“下一步”按钮，如图 3-3-3 所示。

（5）进入“步骤 5- 机器人应用程序 / 工具”界面，选择机器人应用程序或工具，选择“LR ArcTool（H574）”，单击“下一步”按钮，如图 3-3-4 所示。

（6）进入“步骤 6-Group 1 机器人型号”界面，选择机器人型号“M-20iA”，单击“下一步”按钮，如图 3-3-5 所示。

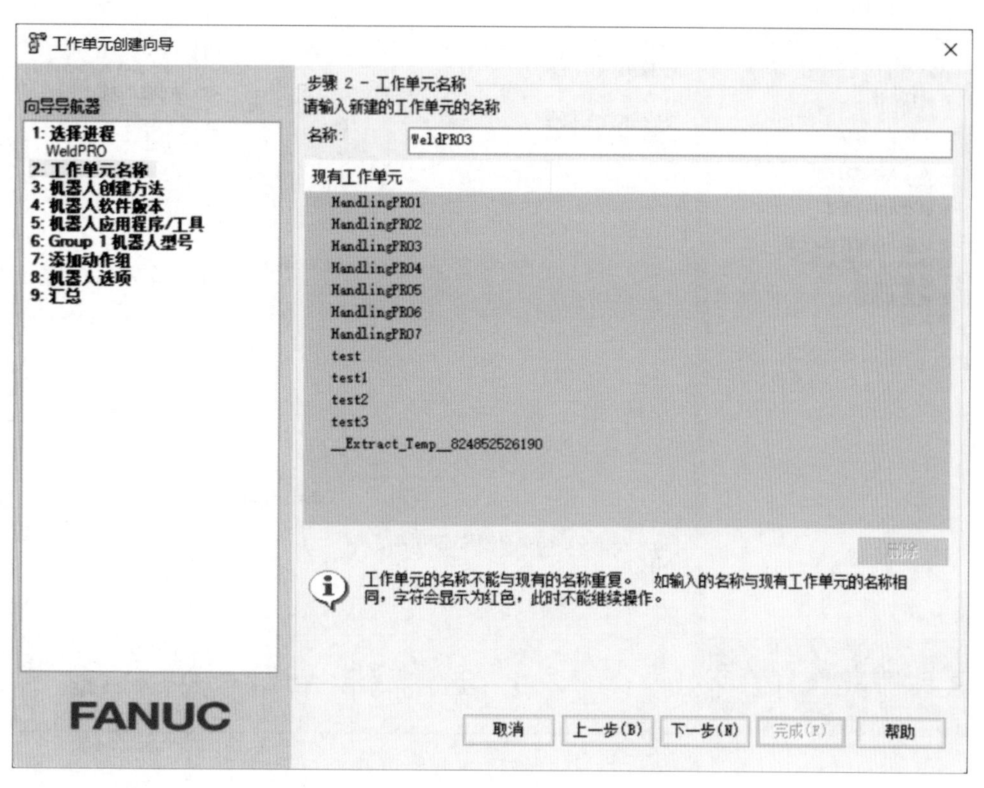

图 3-3-2　输入新建工作单元的名称

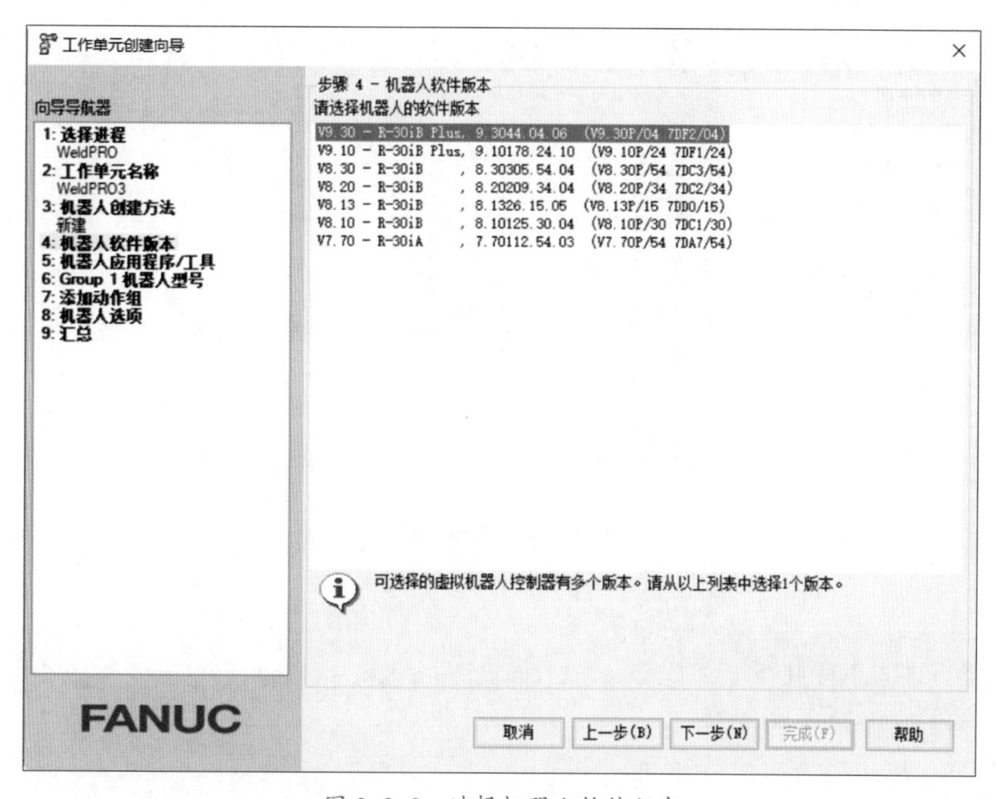

图 3-3-3　选择机器人软件版本

（7）进入“步骤 7- 添加动作组”界面，此处无须设置，单击“下一步”按钮。

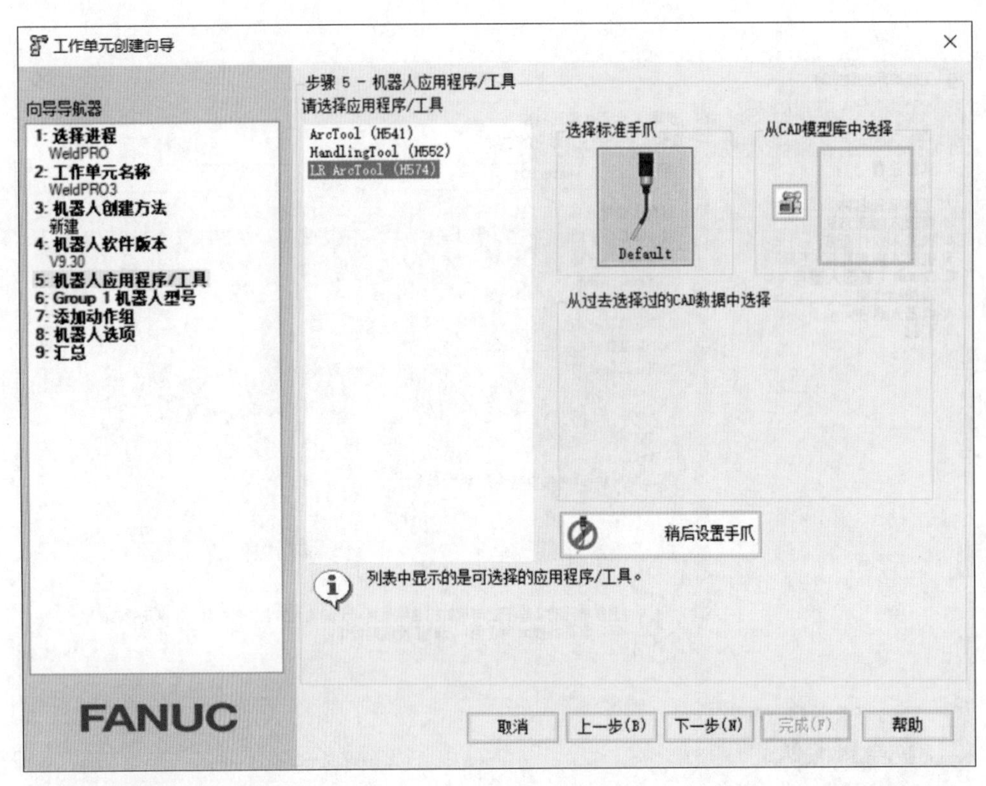

图 3-3-4　选择机器人应用程序或工具

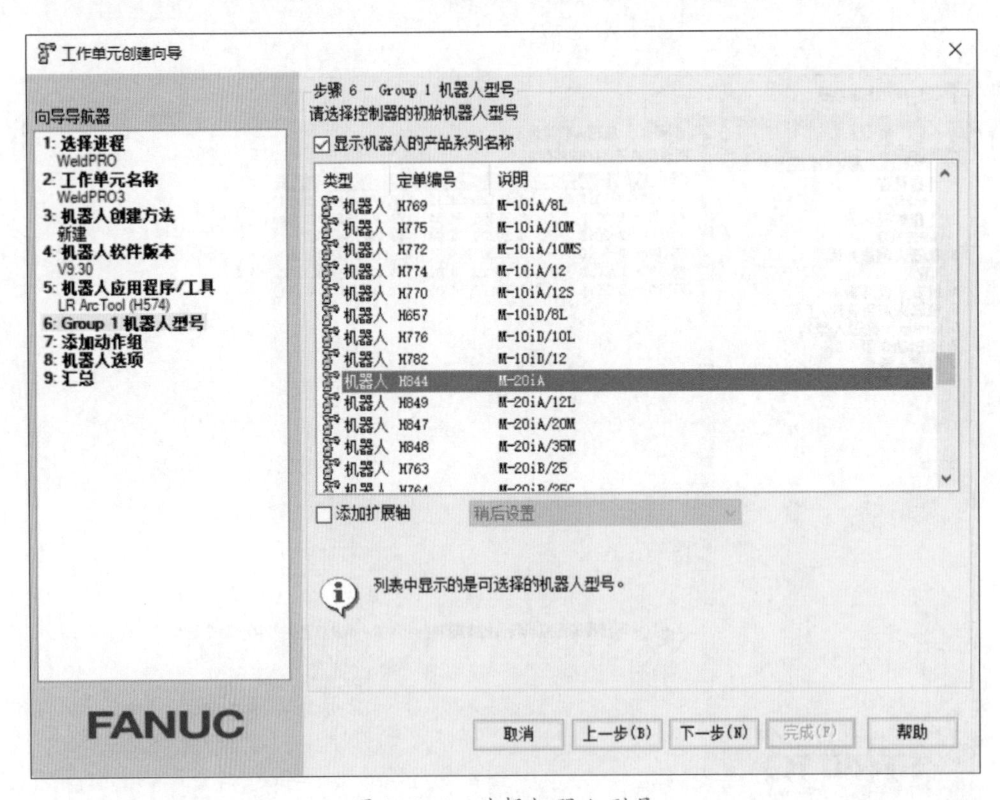

图 3-3-5　选择机器人型号

（8）进入“步骤 8- 机器人选项”界面，根据任务单要求分别勾选“Ascii Upload（R507）”“Collision Guard（R534）”“Collision Guard Pack（J684）”“Constant Path（R663）”“Cycle Time Priority（J523）”“Gravity

Compensation（J649）”“HMI Device（SNPX）（R553）”“Multi-Group Motion（J601）”“Password Protection（J541）”机器人选项，单击“下一步”按钮，如图 3-3-6 所示。

（9）进入“步骤 9- 汇总”界面，单击“完成”按钮，完成设置，如图 3-3-7 所示。

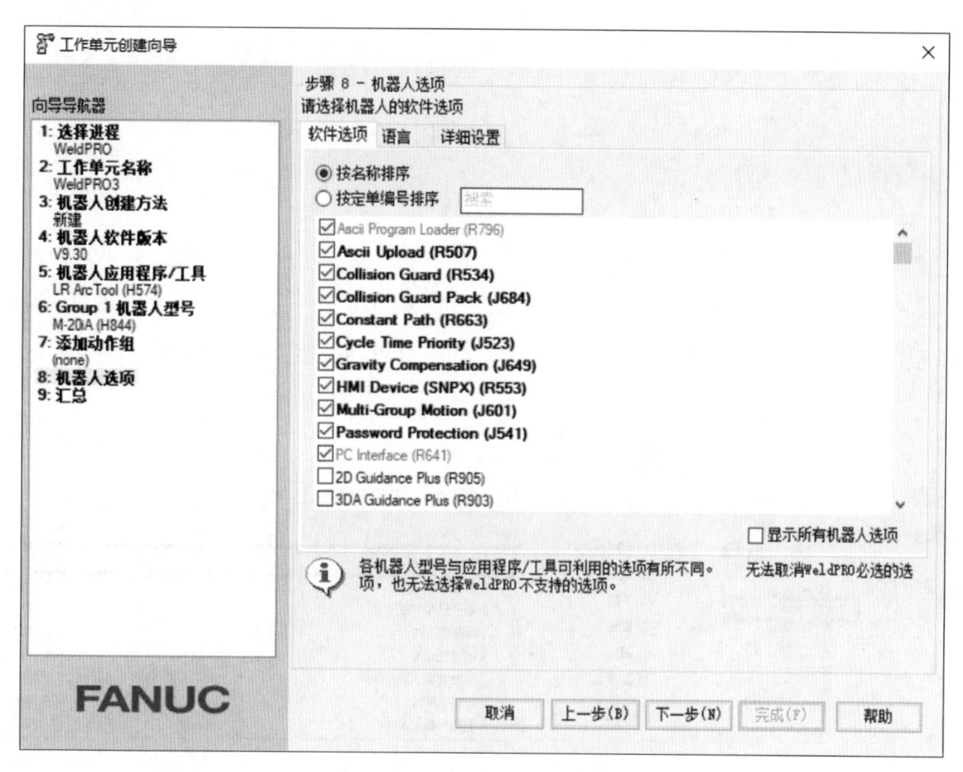

图 3-3-6　设置机器人选项

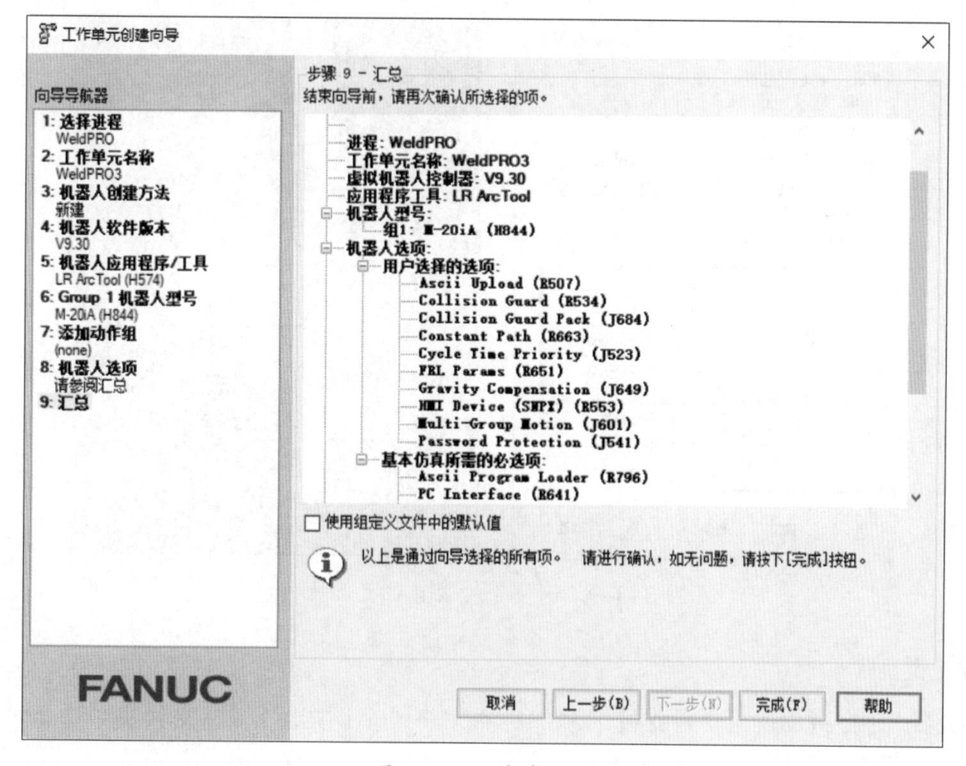

图 3-3-7　完成设置

2．设置工业机器人各关节的旋转角度

在仿真工作单元中创建虚拟工业机器人需设置工业机器人各关节的旋转角度，写出 M-20*i*A 工业机器人 J1～J6 轴的旋转角度范围。

3．加载除尘装置（含清枪器）

右击“工装”，在弹出的菜单中选择“添加工装”→“CAD 文件”，在文件夹中选择“除尘装置”，单击“打开”按钮加载除尘装置，并调整其位置和比例，如图 3-3-8、图 3-3-9 所示。

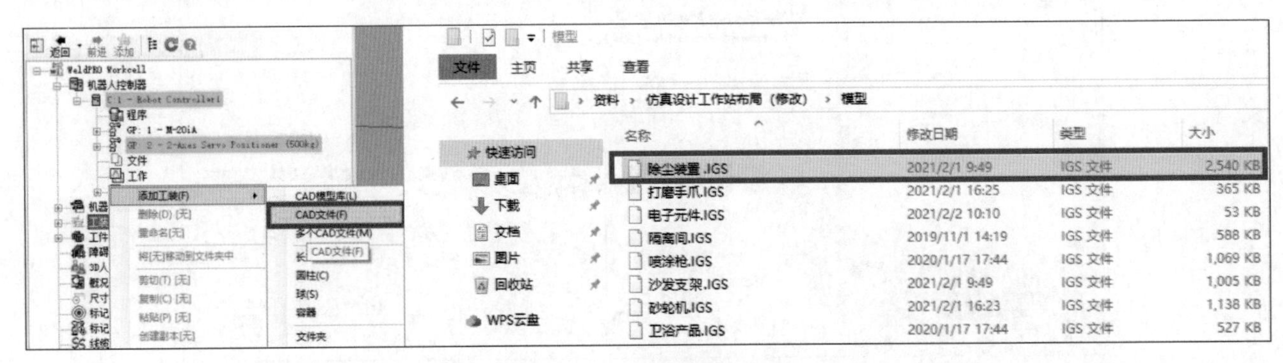

图 3-3-8　加载除尘装置

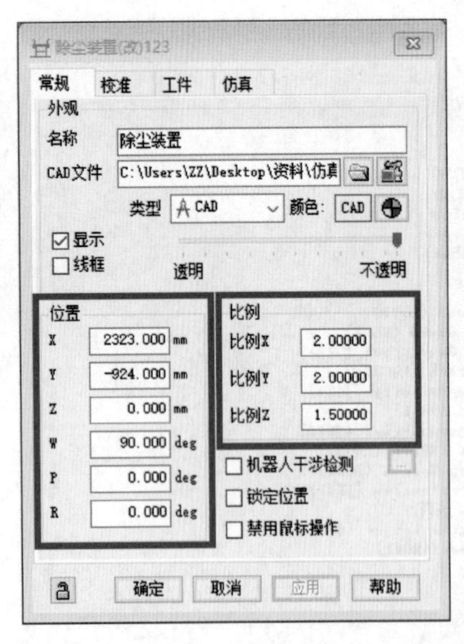

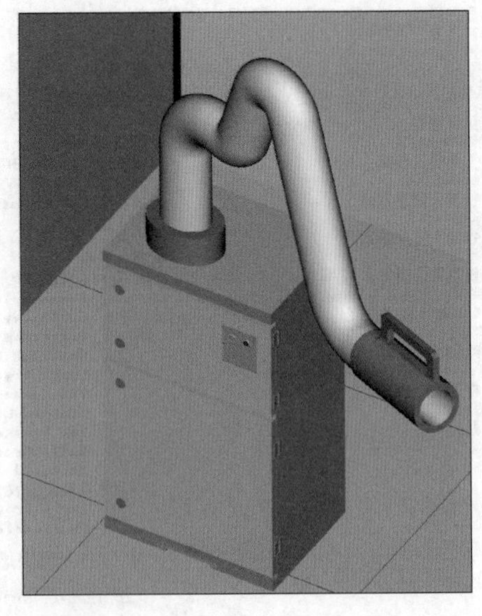

图 3-3-9　调整除尘装置位置和比例

4．加载变位机

右击“机器”，在弹出的菜单中选择“添加机器”→“CAD 文件”，在文件夹中选择“2-Axes Servo Positioner（500 kg）”文件，单击“打开”按钮加载变位机，根据布局需求修改位置，如图 3-3-10 所示。

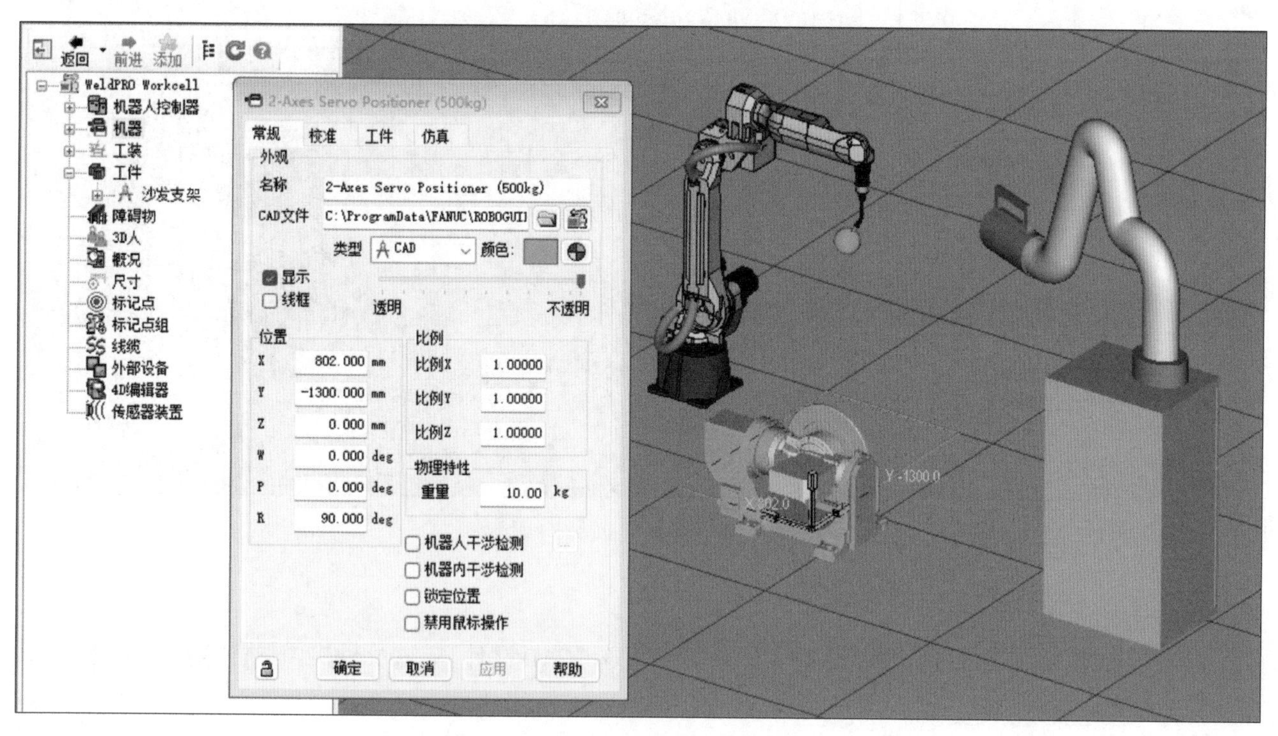

图 3-3-10　加载变位机并修改位置

右击“机器”目录下的“2-Axes Servo Positioner(500 kg)”，在弹出的菜单中选择“添加链接”→“CAD文件”，在文件夹中选择“2-Axes Servo Positioner J1.CSB”文件，弹出链接对话框，如图 3-3-11、图 3-3-12所示。

单击对话框中的“链接 CAD”选项卡，调整“2-Axes Servo Positioner J1”的位置，如图 3-3-13 所示。

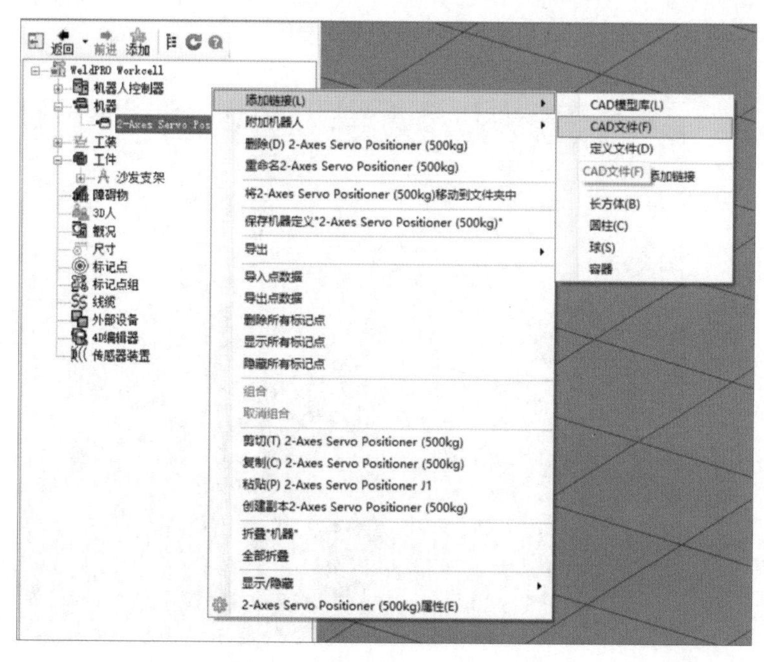

图 3-3-11　添加 CAD 文件

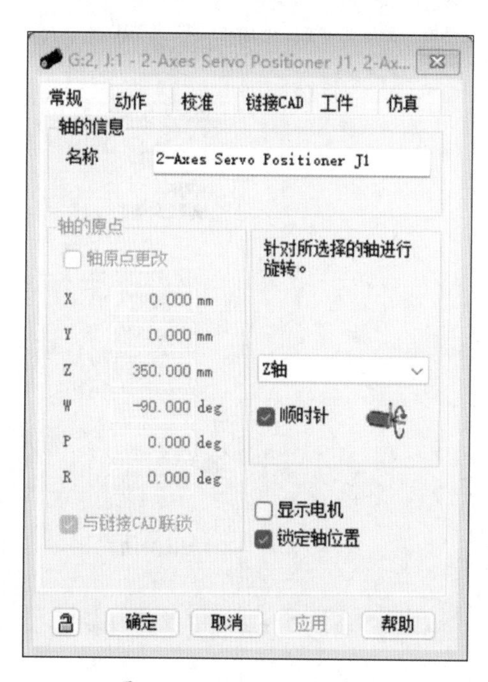

图 3-3-12　链接对话框

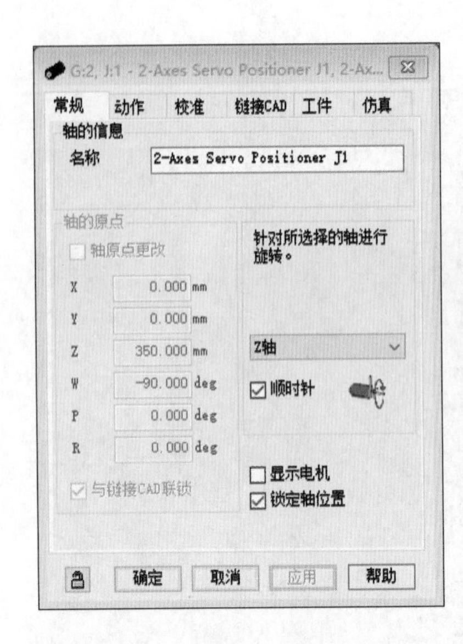

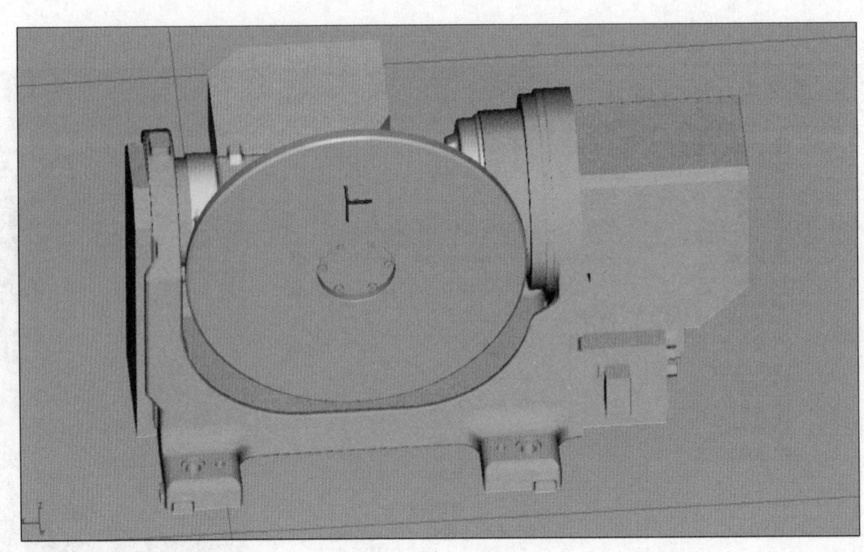

图 3-3-13　调整变位机 J1 的位置

5．加载沙发支架模型

右击“工件”，在弹出的菜单中选择“添加工件”→“CAD 文件”，在文件夹中选择“沙发支架”，单击“打开”按钮加载沙发支架。

双击工作站中的“2-Axes Servo Positioner J2”，在弹出的对话框中单击“工件”选项卡，勾选“沙发支架”和“编辑工件偏移”，单击“应用”按钮，如图 3-3-14、图 3-3-15 所示。

右击目录树中的“2-Axes Servo Positioner（500 kg）”，复制一个“2-Axes Servo Positioner（500 kg）”，如图 3-3-16、图 3-3-17 所示。

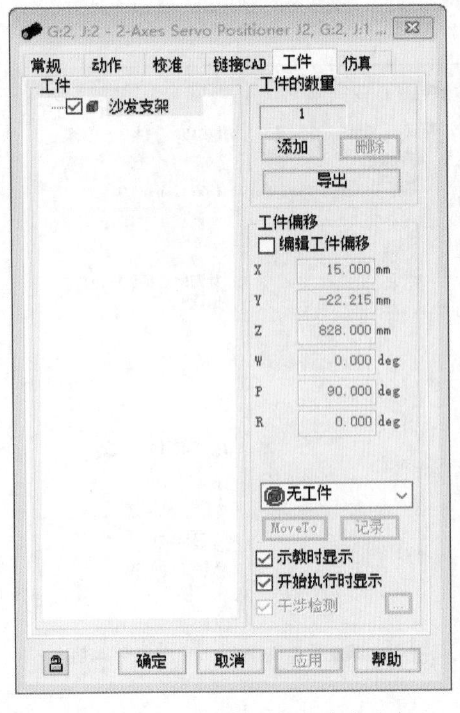

图 3-3-14　变位机关联沙发支架

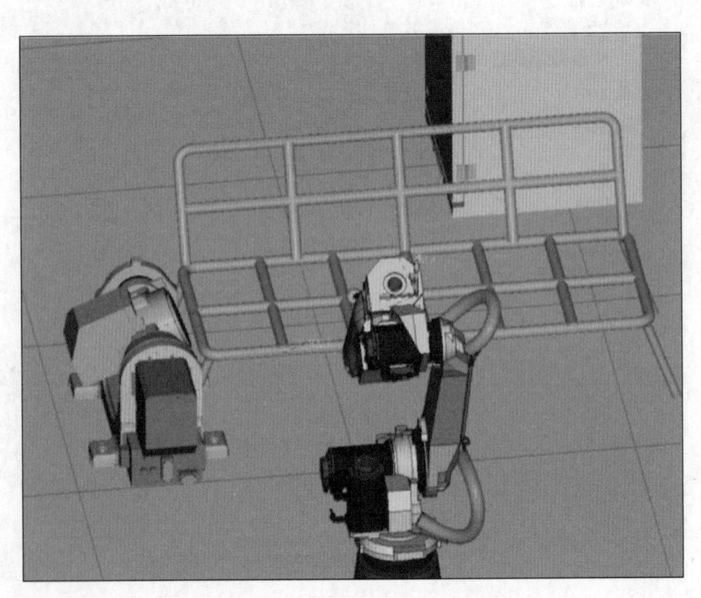

图 3-3-15　调整沙发支架的位置

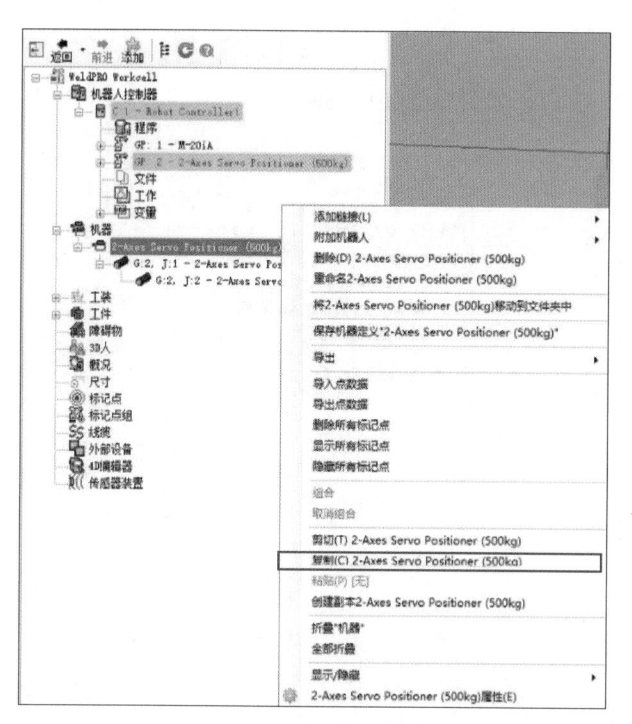

图 3-3-16　复制“2-Axes Servo Positioner（500 kg）”文件

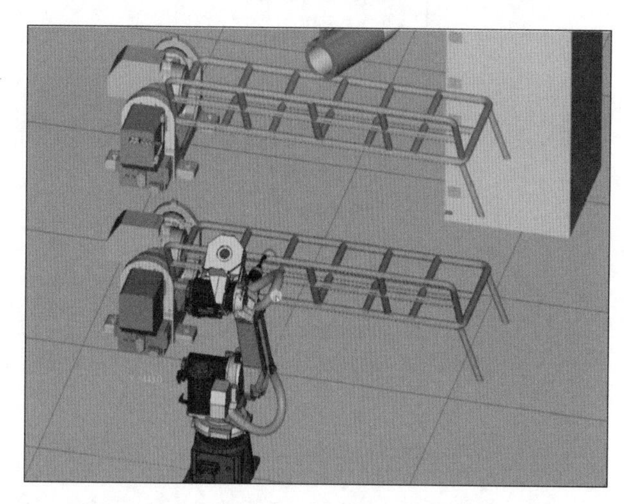

图 3-3-17　复制出“2-Axes Servo Positioner（500 kg）”1 模型

调整“2-Axes Servo Positioner（500 kg）1”的位置到“2-Axes Servo Positioner（500 kg）”沙发支架的另一端，并在对话框中将“2-Axes Servo Positioner（500 kg）1”的沙发支架取消勾选，隐藏沙发支架，如图 3-3-18 所示。

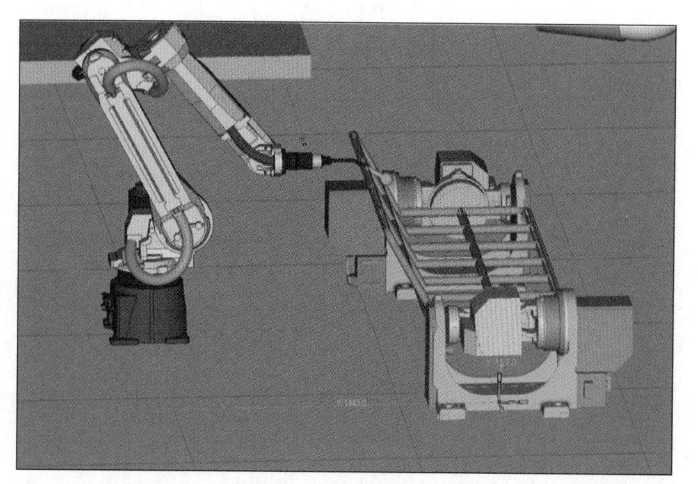

图 3-3-18　隐藏“2-Axes Servo Positioner（500 kg）1”上的沙发支架

6．生成焊接程序

在菜单栏单击“示教”→“工件特征”，弹出“特征”窗口，如图 3–3–19、图 3–3–20 所示。

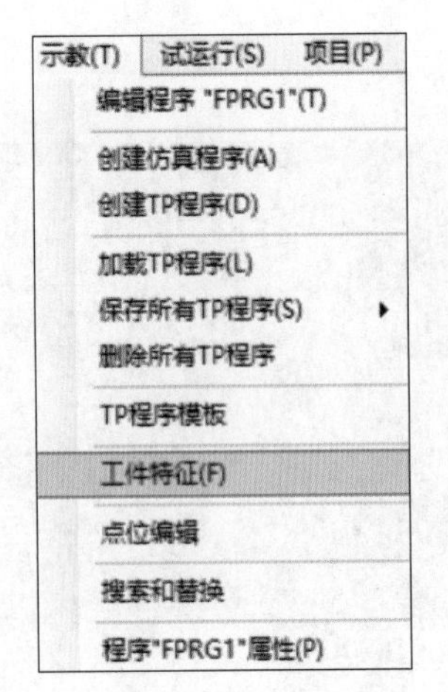

图 3–3–19　选择“工件特征”

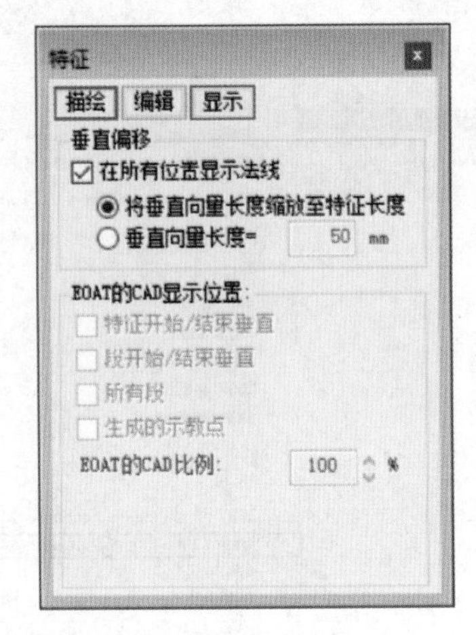

图 3–3–20　“特征”窗口

单击选中“沙发支架”模型，然后在“特征”窗口单击“焊接线”，如图 3–3–21 所示。

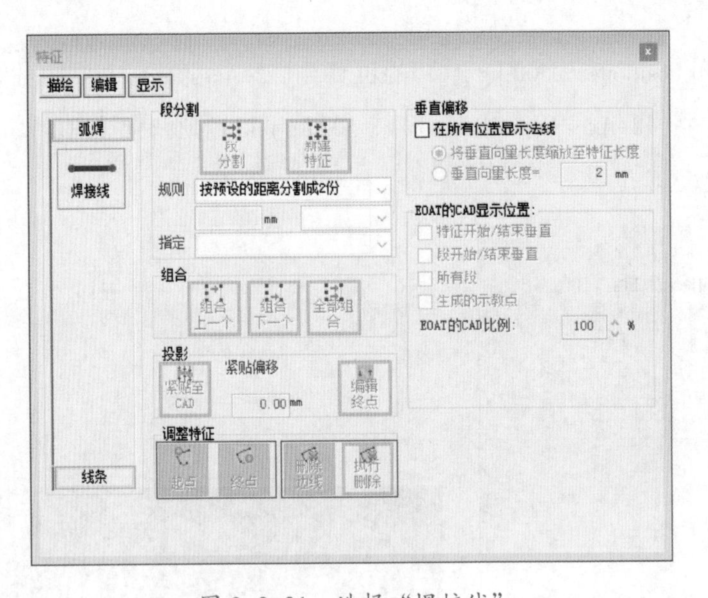

图 3–3–21　选择“焊接线”

勾选“在所有位置显示法线”选项，用鼠标在沙发支架轮廓上点选焊接轨迹并绘制焊接线，如图 3–3–22 所示。

用鼠标不断单击需要焊接的位置，焊接线不断延长，如图 3–3–23 所示。

松开鼠标左键，软件自动生成焊接程序，出现“正在将 FPRG1 加载到 Robot Controller1 中”的提示，如图 3–3–24 所示。

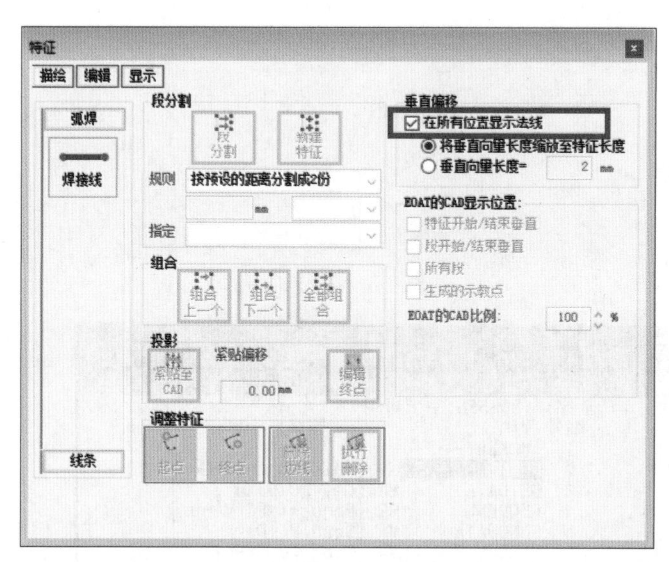

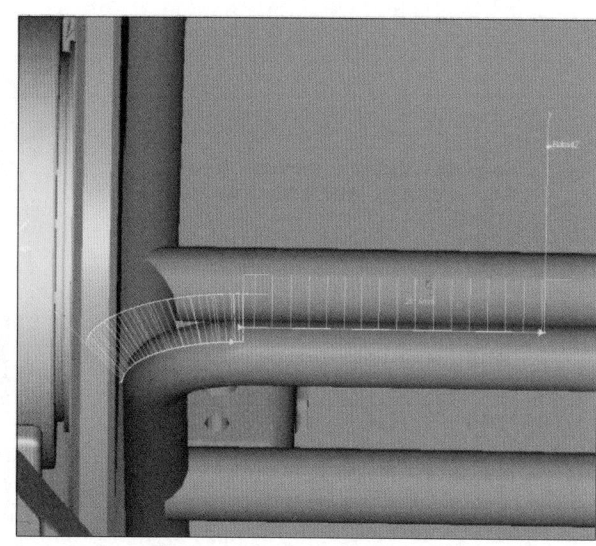

图 3-3-22　在沙发支架上绘制焊接线

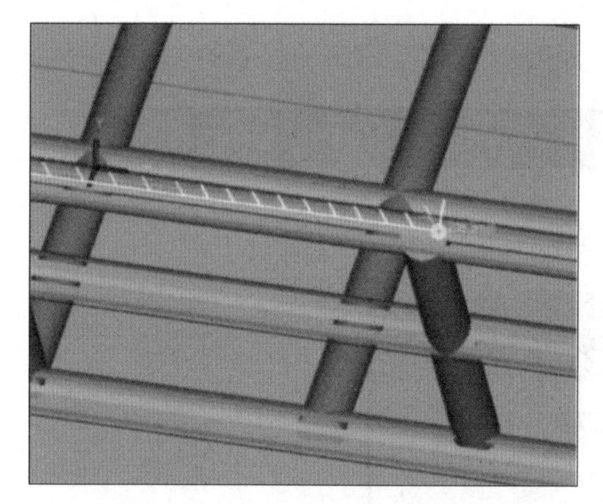

图 3-3-23　沙发支架上的焊接线

图 3-3-24　生成焊接程序

当生成焊接程序时，界面中会显示轨迹线，轨迹线上会有坐标，通过坐标可以获取焊枪的姿态，以便于仿真设计人员检查焊枪的可达性和焊接角度是否符合实际要求。单击沙发支架模型的特性（Feature1），单击“接近 / 离去”选项卡，查看接近点和离去点的插补形式等参数是否符合要求，如图 3-3-25 所示。

软件自动生成焊接程序的另一种方式是单击“常规”选项卡，单击选项卡下方的“创建特征 TP 程序”按钮，如图 3-3-26 所示。

单击示教器图标，打开程序列表，打开软件自动生成的焊接程序 FPRG1，如图 3-3-27 所示。软件自动生成的焊接程序如图 3-3-28 所示。

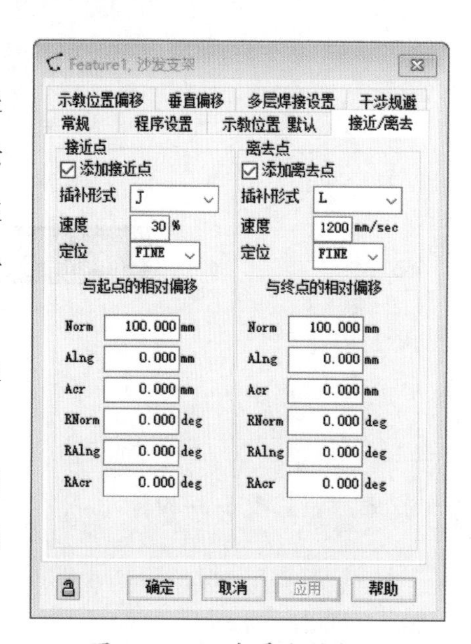

图 3-3-25　查看点位数据

图 3-3-26 创建特征 TP 程序

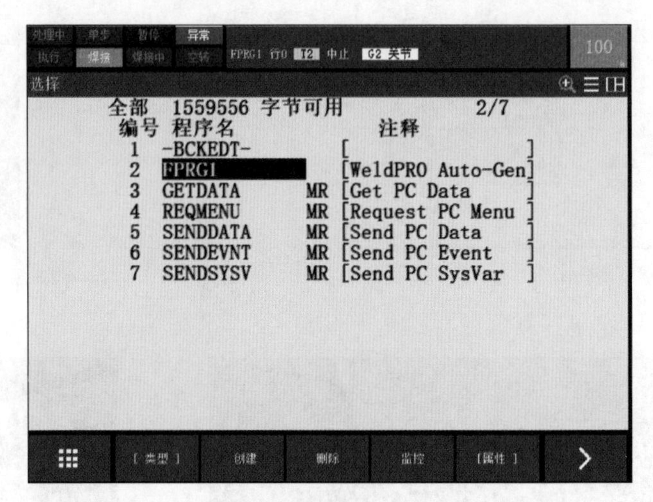

图 3-3-27 在程序列表中打开焊接程序 FPRG1

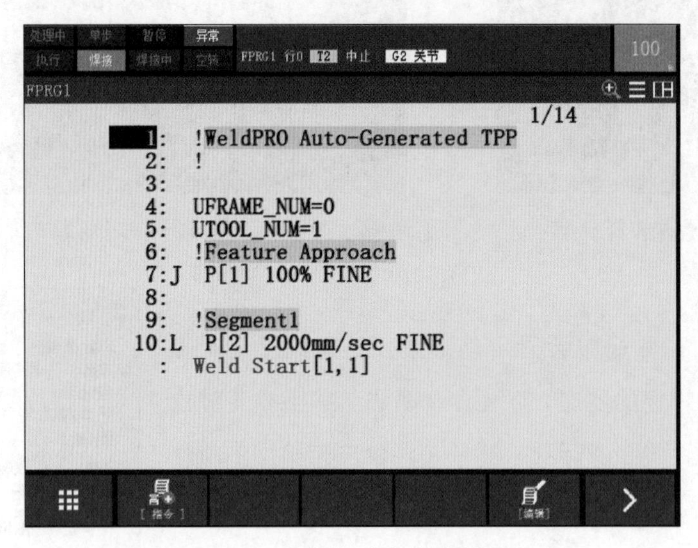

图 3-3-28 软件自动生成的焊接程序

7．调试程序

在“运行面板”窗口中单击“执行”按钮，软件自动执行焊接程序，示教器出现“焊接未执行（模拟模式）”提示，如图 3-3-29 所示。

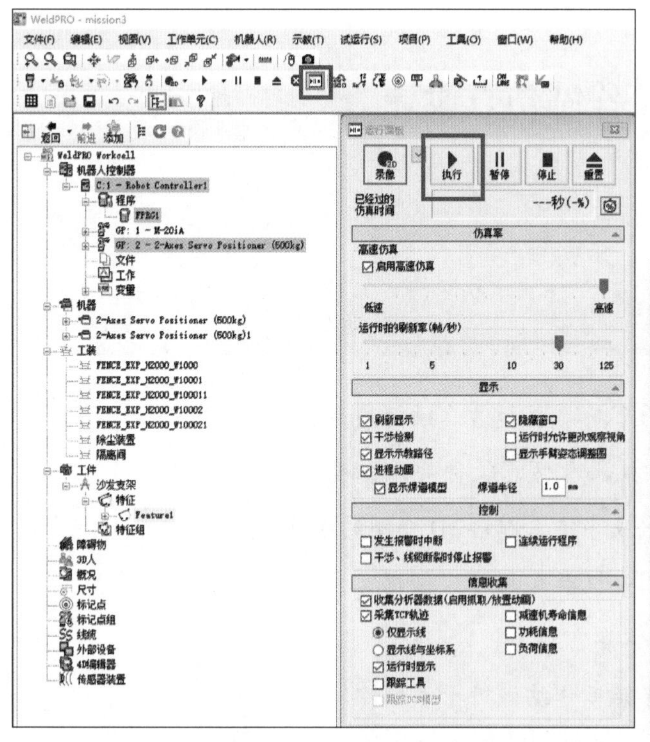

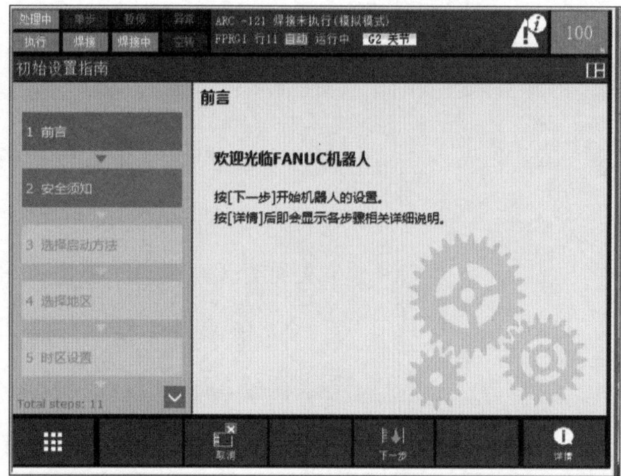

图 3-3-29　执行焊接程序

转换观察角度，查看工业机器人焊接姿态是否需要改动、优化，运行轨迹是否存在干涉碰撞等问题，如图 3-3-30 所示。

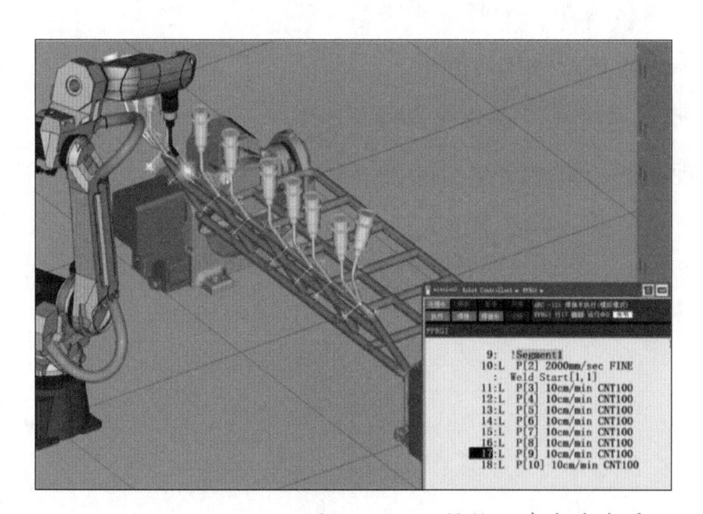

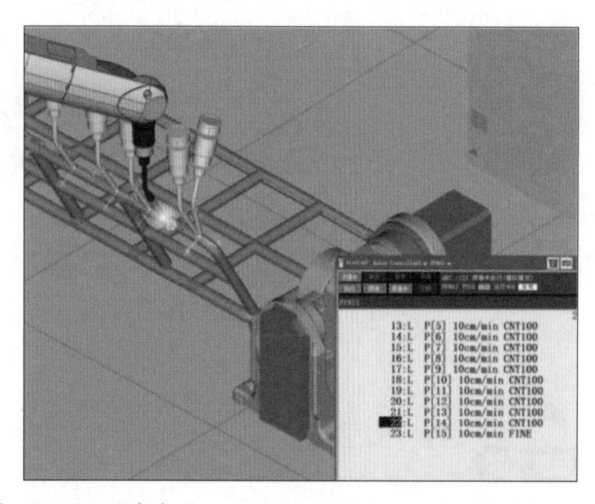

图 3-3-30　转换观察角度查看工业机器人焊接姿态和运行轨迹

学习活动 4　工作站仿真设计

学习目标

1. 能根据焊接工作站的布局要求和仿真设计规范，以独立工作的方式，使用工业机器人仿真软件导入工业机器人及周边设备的 3D 模型，完成焊接工作站 3D 模型的搭件。

2. 能编写焊接工作站工业机器人程序，根据客户工艺要求调整工业机器人焊枪动作姿态。

3. 能通过仿真功能对焊接工作站进行干涉检测，验证工业机器人的可达范围、工作节拍、生产布局和电气连接等是否符合要求，生成仿真动画视频，并做好工作记录。

4. 能生成包含工作站的干涉位置、工作节拍和不可到达位置等信息的仿真报告，将仿真报告和仿真动画视频提交项目负责人审核，整理设计文件并存档。

5. 能在工作过程中严格执行行业、企业仿真设计相关技术标准，保守公司与客户的商业秘密，遵守企业生产管理规范及“6S”管理规定。

建议学时：12 学时

学习过程

一、仿真设计

1．在仿真设计室内按照表 3–4–1 中的操作提示完成焊接工作站仿真设计。

表 3-4-1　　焊接工作站仿真设计过程

工作内容	过程图片	操作提示
导入工业机器人焊接工作站 3D 模型	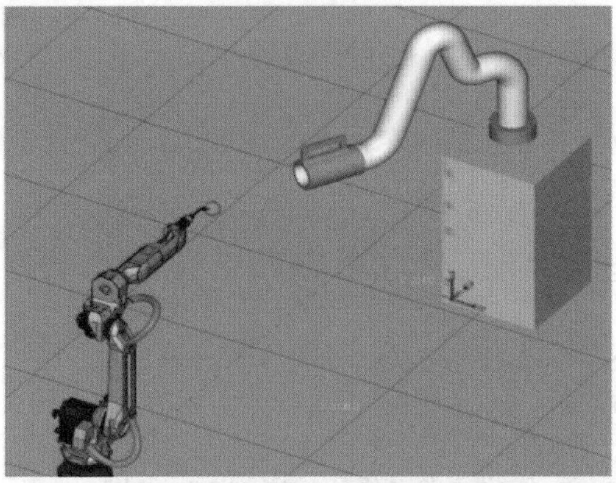	（1）导入模型，搭建仿真工作站
	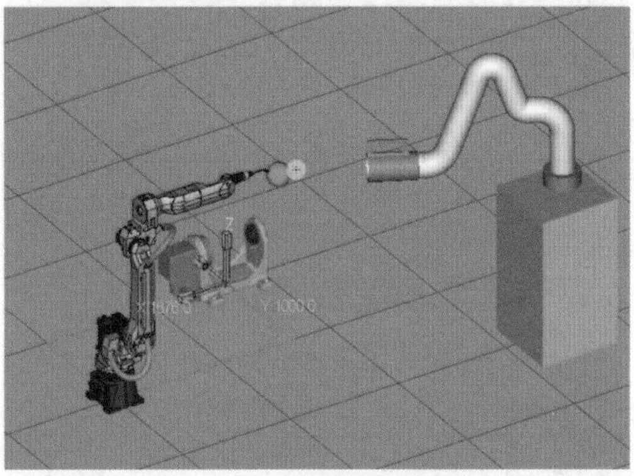	（2）添加变位机
	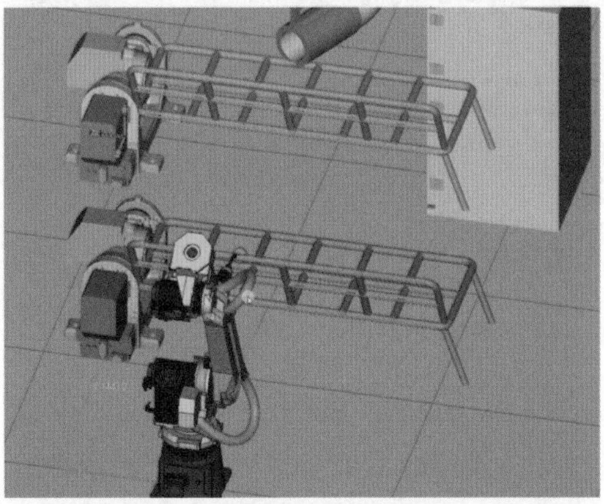	（3）焊接工件就位
	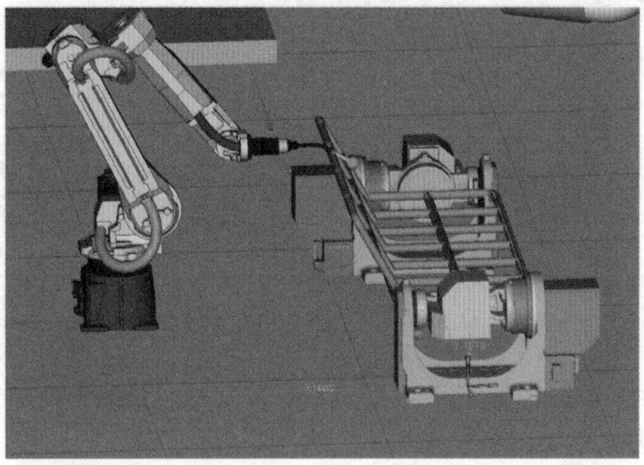	（4）检查工作站设备间距是否合理

续表

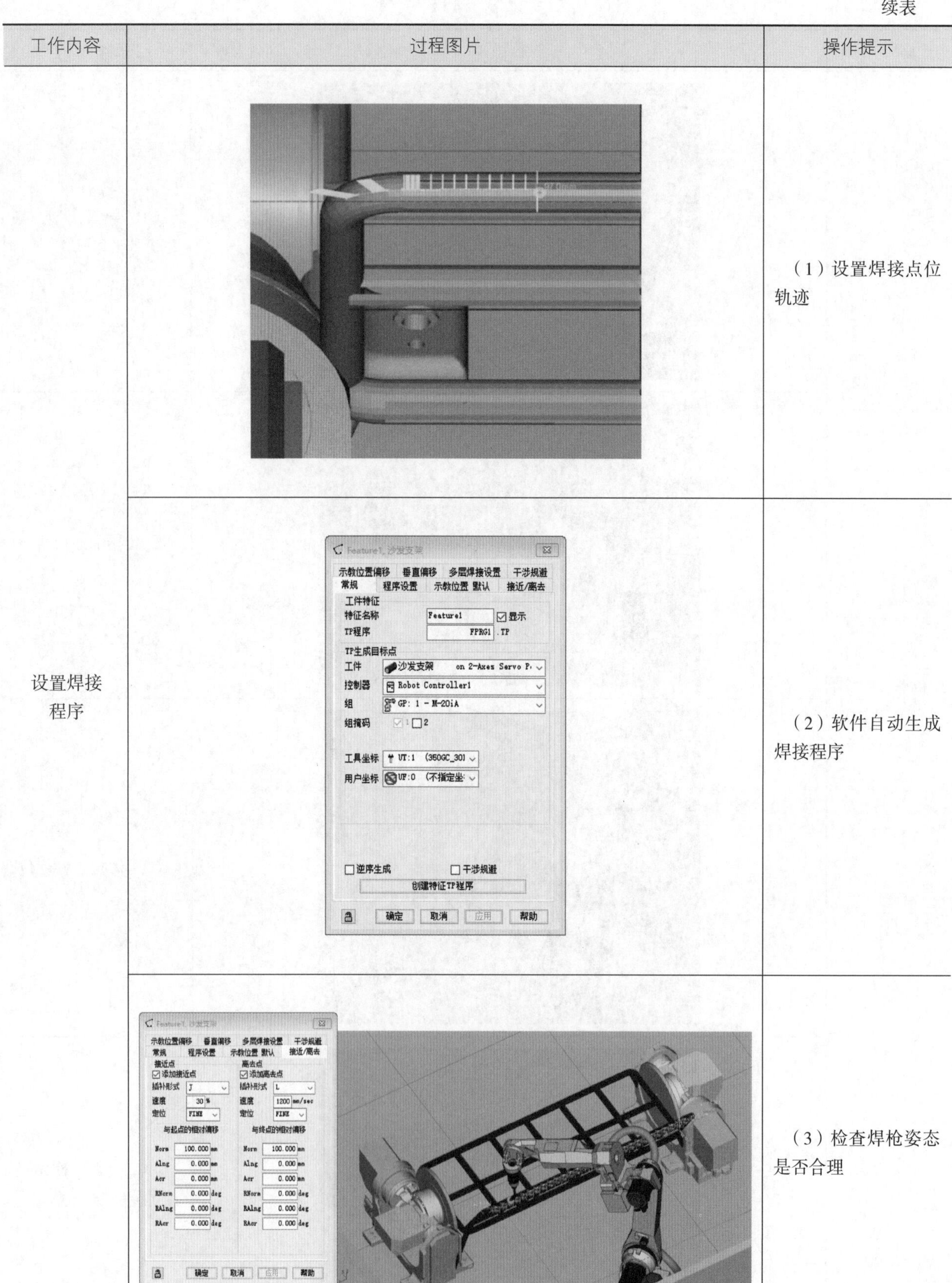

工作内容	过程图片	操作提示
设置焊接程序		（1）设置焊接点位轨迹
		（2）软件自动生成焊接程序
		（3）检查焊枪姿态是否合理

续表

工作内容	过程图片	操作提示
检测干涉情况		进行干涉检测，验证工业机器人的可达范围、工作节拍和生产布局等
提交仿真动画视频	—	生成并提交仿真动画视频，做好工作记录

2．写出焊接工作站工业机器人程序。

二、交付验收

1．按表 3–4–2 对焊接工作站仿真设计结果进行验收。

表 3–4–2　焊接工作站仿真设计验收表

序号	验收项目	文件格式 / 版本要求	完成情况
1	仿真动画视频	MP4	
2	设备布局图	DWG/2024	
3	工具安装文件	PPT、xls	
4	工业机器人离线程序	TP、LS	
5	仿真数据	rgx	

2．参照世界技能大赛工业机器人系统集成项目对工业机器人工作站仿真的评价标准和理念，设计表 3-4-3 的评分表，对焊接工作站仿真设计进行评分。

表 3-4-3　　焊接工作站仿真设计评分表

序号	评价项目	M- 测量 J- 评价	配分 / 分	评分标准	得分
1	仿真工作站布局	M	10	仿真工作站按照设备布局样式布局，模块（变位机、焊接夹具、焊接工件、除尘装置、焊接系统）数量完整，缺一个模块扣 2 分	
2	工业机器人初始位置	M	5	工业机器人初始位置处于零点位置（1 ~ 6 轴均为 0°），未处于零点位置不得分	
3	工业机器人位置与工作原点的关系	M	5	工业机器人运行到工作原点（1 ~ 6 轴分别为 0°、0°、0°、0°、-90°、0°），未处于工作原点不得分	
4	工件位置	M	5	工件安装到位，与变位机位置符合实际情况，不合理则不得分	
5	变位机动作	M	10	变位机动作时工件能跟随其同步转动，不能同步转动不得分	
6	设置焊接线和生成焊接程序	M	10	能正确使用软件设置焊接线，生成焊接程序，设置焊接线不正确或不能生成焊接程序不得分	
7	调试焊接程序	M	10	调试焊接程序，保证焊枪角度合理，焊接过程无干涉情况，过程中出现姿态不可达、报警或发生干涉不得分	
8	焊接作业轨迹	M	30	工业机器人焊接作业轨迹正常，没有出现缺焊情况，每缺焊一处扣 10 分	
9	任务结束	M	5	工业机器人回到工作原点位置，过程中发生干涉不得分	
10	仿真视频录制	J	10	0—没有录制；1—基础视频，只有一个视角；2—高级视频，多视角或者 3D；3—高级视频，多视角和 3D	
合计			100	总得分	

学习活动 5　工作总结与评价

学习目标

1. 能展示工作成果，说明本次任务的完成情况，并进行分析总结。

2. 能结合自身任务完成情况，正确、规范地撰写工作总结。

3. 能就本次任务中出现的问题提出改进措施。

4. 能主动获取有效信息，展示工作成果，对学习与工作进行总结和反思，并与他人开展良好合作，进行有效沟通。

建议学时：2 学时

学习过程

一、个人评价

按表 3-5-1 所列评分标准进行个人评价。

表 3-5-1　个人评价表

项目	序号	技术要求	配分 / 分	评分标准	得分
工作组织与管理（15%）	1	任务单的填写	3	每处错误扣 1 分，扣完为止	
	2	有效沟通	2	不符合要求不得分	
	3	按时完成工作页的填写	4	未完成不得分	
	4	安全操作	4	违反安全操作不得分	
	5	绿色、环保	2	不符合要求，每次扣 1 分，扣完为止	
工具使用（5%）	6	正确使用卷尺	2	不正确、不合理不得分	
	7	正确使用游标卡尺	2	不正确、不合理不得分	
	8	正确使用钢直尺	1	不正确、不合理不得分	

续表

项目	序号	技术要求	配分 / 分	评分标准	得分
软件和资料的使用（10%）	9	SolidWorks 或 Autodesk Inventor 软件的操作	2	每处错误扣 1 分，扣完为止	
	10	ROBOGUIDE 软件的操作	4	每处错误扣 1 分，扣完为止	
	11	3D 模型图的分析与处理	4	每处错误扣 1 分，扣完为止	
仿真设计质量（70%）	12	工业机器人 3D 模型的导入	5	不正确不得分	
	13	非标设备 3D 模型的导入	5	每缺一个扣 2 分，扣完为止	
	14	辅助设备 3D 模型的导入	5	每缺一个扣 2 分，扣完为止	
	15	产品 3D 模型的导入	5	不正确不得分	
	16	变位机模型的加载	5	不正确不得分	
	17	工作站设备间距检查	5	不合理每处扣 2 分，扣完为止	
	18	焊接工作站布局	6	不合理不得分	
	19	工业机器人及产品的动作流程和运行路径	5	不合理每处扣 1 分，扣完为止	
	20	焊接工作站工业机器人程序	5	无法执行程序或报错，每处扣 2 分，扣完为止	
	21	工业机器人干涉检测	6	每处干涉扣 2 分，扣完为止	
	22	仿真动画视频录制	6	像素不符合要求不得分	
	23	仿真总结	12	未完成不得分	
合计			100	总得分	

二、小组评价

以小组为单位，选择演示文稿、展板、海报、视频等形式中的一种或几种，向全班展示、汇报仿真设计成果。在展示的过程中，以小组为单位进行评价；评价完成后，根据其他小组成员对本组展示成果的评价意见进行归纳总结。

三、教师评价

认真听取教师对本小组展示成果优缺点以及在完成任务过程中出现的亮点和不足的评价意见，并做好记录。

1．教师对本小组展示成果优点的点评。

2．教师对本小组展示成果缺点及改进方法的点评。

3．教师对本小组在整个任务完成过程中出现的亮点和不足的点评。

四、工作过程回顾及总结

1．在本次学习过程中，你完成了哪些工作任务？你是如何做的？还有哪些需要改进的地方？

2．总结在完成焊接工作站仿真设计任务过程中遇到的问题和困难，列举 2～3 点你认为比较值得和其他同学分享的工作经验。

3．回顾本学习任务的工作过程，对新学专业知识和技能进行归纳和整理，撰写工作总结。

工作总结

评价与分析

学习任务三综合评价表

班级：________ 姓名：________ 学号：________

项目	自我评价（占总评 10%）	小组评价（占总评 30%）	教师评价（占总评 60%）
学习活动 1			
学习活动 2			
学习活动 3			
学习活动 4			
学习活动 5			
协作精神			
纪律观念			
表达能力			
工作态度			
安全意识			
任务总体表现			
小计			
总评			

任课教师：　　年　　月　　日

世赛知识

技能训练

人力资源和社会保障部在每届世界技能大赛参赛集训工作开始前都会专门研究印发《集训工作技术指导意见》，规划、组织好各项相关工作。

在全国选拔赛中胜出的选手进入集训基地后一般会接受技能、体能和心理素质 3 个方面的训练。

一般集训的训练环节包括日常训练和强化训练两个阶段。日常训练是指自项目集训工作启动到确定最终参赛选手阶段性考核之前的训练阶段；强化训练是指确定参赛选手的阶段性考核之后，到出国参赛之前的训练阶段。

在这里，需要介绍三类非常重要的人物，正因为他们的专业、敬业和付出，我国选手才能够在世界技能大赛的竞技场上勇往直前，一次又一次地创造“惊喜”。他们就是每个参赛项目的技术指导专家、翻译和教练。3 名技术指导专家、1 名翻译、1 个教练组等组成项目技术指导专家组，帮助选手提高技能和掌握技术规则，帮助选手成就技能冠军之梦。

- 技术指导专家。技术指导专家由全国知名、在这个项目上资深的专业技术人员担任，一般要求从事项目技术工作 15 年以上，有高级技师职业资格或副高级以上专业技术职务，专业技能高超，得到行业普遍认同。技术指导专家负责对选手训练的设计和把控。一般情况下，技术指导专家组的组长作为我国的专家，可以通过网络论坛与其他各国或地区的专家保持互动，研讨题目及评分细则，世界技能大赛比赛期间作为现场裁判之一履行考评职责。本国专家在比赛期间是不能与选手进行交流的，只能在非比赛时间才可与选手进行沟通。

- 翻译。世界技能大赛使用的试题、各阶段发布的各种信息均为英文版，非英语成员国家或地区可以配置翻译。翻译负责收集大赛信息并将其翻译给选手，协助选手阅读大赛试题。世界技能大赛比赛期间，选手能够近距离接触到并在允许的情况下相互交流的人只有翻译。
- 教练。教练是负责对选手实施日常训练、陪伴选手成长的老师，在技术指导专家组组长和选手之间起承上启下的作用，具体落实专家组组长的训练意图。世界技能大赛比赛期间，教练是不能与选手进行交流的。

学习任务四　工业机器人打磨工作站仿真设计

1. 能独立阅读工业机器人打磨工作站仿真设计任务单，明确任务要求。

2. 能查阅打磨工作站项目方案书，明确打磨工作站仿真设计的工作内容、技术标准和工期要求。

3. 能以独立工作的方式制定打磨工作站仿真设计作业流程。

4. 能正确填写领料单，从机械工程师处领取搬运夹具、料架、砂带打磨机等设备和水龙头的 3D 模型图。

5. 能根据打磨工作站的布局要求和仿真设计规范，以独立工作的方式，使用工业机器人仿真软件导入工业机器人本体及周边设备的 3D 模型，完成打磨工作站 3D 模型的搭建。

6. 能编写工业机器人打磨程序，根据打磨角度要求调整工业机器人的动作。

7. 能通过仿真功能对工作站进行干涉检测，验证工业机器人的可达范围、工作节拍、生产布局和电气连接等是否符合要求，生成仿真动画视频，并做好工作记录。

8. 能生成包含工作站的干涉位置、工作节拍和不可到达位置等信息的仿真报告，将仿真报告和仿真动画视频提交项目负责人审核，整理设计文件并存档。

9. 能完成打磨工作站仿真设计工作总结与评价，主动改善技术和提升职业素养。

10. 能在工作过程中严格执行行业、企业仿真设计相关技术标准，保守公司与客户的商业秘密，遵守企业生产管理规范及“6S”管理规定。

11. 能主动获取有效信息，展示工作成果，对学习与工作进行总结和反思，并与他人开展良好合作，进行有效沟通。

24 学时

工作情境描述

某卫浴设备生产企业因产线升级需要搭建一个工业机器人打磨工作站，工件为水龙头。设备供应商根据客户要求对工业机器人打磨工作站进行模拟仿真，验证项目方案的可行性。项目负责人向仿真技术员下达验证任务，要求仿真技术员根据客户要求在 2 天内利用仿真软件完成可行性验证工作。

工作流程与活动

1. 明确仿真设计任务（2 学时）
2. 制定仿真设计作业流程（2 学时）
3. 仿真工作站搭建准备（6 学时）
4. 工作站仿真设计（12 学时）
5. 工作总结与评价（2 学时）

学习任务四
工业机器人打磨
工作站仿真设计

- 学习活动1 明确仿真设计任务
  - 阅读仿真设计任务单
  - 查阅项目方案书
    - 产品信息
    - 工业机器人打磨工作站
    - 设备清单及规格
  - 确认打磨工作站的工作流程
- 学习活动2 制定仿真设计作业流程
  - 规划打磨工作站各运动单元的动作和运行路径
  - 制定仿真设计作业流程
- 学习活动3 仿真工作站搭建准备
  - 填写领料单并领料
  - 加载、设置打磨工业机器人及周边设备模型的方法
    - 新建工作单元
    - 设置工业机器人各关节的旋转角度
    - 加载料架
    - 加载水龙头
    - 加载夹具
    - 调整水龙头在料架上的位置
    - 加载砂带打磨机
    - 调整工业机器人姿态
    - 创建拾取与放置工件程序
    - 设置打磨程序
    - 设置原点程序
    - 综合调试
    - 程序检查
- 学习活动4 工作站仿真设计
  - 仿真设计
  - 交付验收
- 学习活动5 工作总结与评价
  - 个人评价
  - 小组评价
  - 教师评价
  - 工作过程回顾及总结

学习活动 1　明确仿真设计任务

学习目标

1. 能阅读打磨工作站仿真设计任务单，明确任务要求。

2. 能通过阅读打磨工作站项目方案书，明确打磨工作站仿真设计的工作内容、技术标准和工期要求。

3. 能叙述工业机器人打磨工作站的工作流程与技术要点。

建议学时：2 学时

学习过程

一、阅读仿真设计任务单

1．阅读仿真设计任务单（表 4–1–1），与班组长沟通，填写作业要求。

表 4–1–1　仿真设计任务单

需方单位名称		完成日期	年　月　日
紧急程度	□普通　□紧急　□特急	要求程度	□普通　□精细　□特精细
作业基本要求			
需求类型	□搬运　□装配　□焊接　□打磨　□喷涂　□其他______		
作业内容	□建模　□搭建 3D 工作站　□仿真动画　□仿真总结		
项目方案书	布局　□有　□无 工作站组成　□有　□无 图纸　□有　□无 工作流程　□有　□无 技术要求（含指示灯状态要求）□有　□无		
建模资料	有无设备 3D 模型：□有　□无	有无工件 3D 模型：□有　□无	
视频动画	视角：______　分辨率：______		

续表

客户具体要求			
项目描述	工作原理：在制造企业利用工业机器人、砂带打磨机、搬运夹具、料架等实现水龙头的打磨作业 结构特点：1 台 6 轴工业机器人、1 台砂带打磨机、1 个料架、1 套搬运夹具和 1 套 PLC 总控系统 主要功能：实现水龙头工件的打磨 工作节拍：≤ 120 s/ 件 故障率：≤ 1% 应用领域：卫浴行业		
资源分配与节点目标			
批准人		时间	
接单人		时间	
验收人		时间	

2．工业机器人打磨工作站主要由带式打磨机、力传感器、力矩检测传感器等组成，如图 4–1–1 所示。工业机器人打磨工作站的工作内容主要是工件打磨、工件表面抛光、工件修边。写出工业机器人打磨工作站的应用领域。

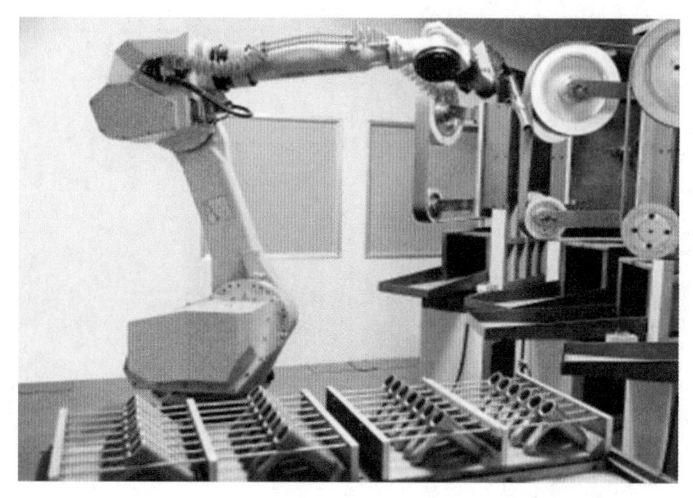

图 4–1–1　工业机器人打磨工作站

二、查阅项目方案书

查阅工业机器人打磨工作站项目方案书，了解项目要求、系统组成和技术参数等信息。

1．产品信息

图 4–1–2 所示为水龙头工件，主体材质为精铜，管径 G1/2，表面后期处理为物理气相沉积（PVD）电镀。

图 4–1–2　水龙头工件

（1）写出精铜材质打磨所采用的砂带参数。

（2）写出打磨过程中需要注意的事项。

2．工业机器人打磨工作站

本工作站由 1 台 6 轴工业机器人、1 台砂带打磨机、1 个料架、1 套搬运夹具、1 套 PLC 总控系统组成，实现水龙头工件的自动打磨，布局图如图 4–1–3 所示。

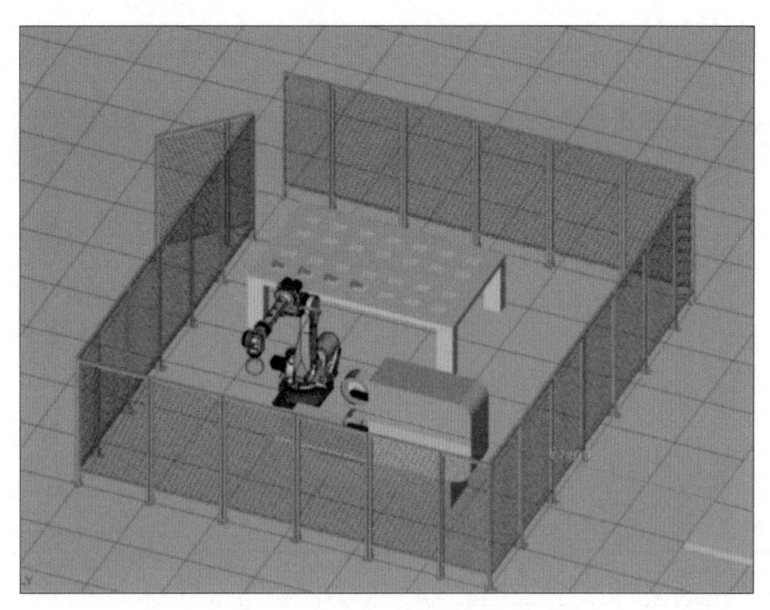

图 4–1–3　打磨工作站布局图

3．设备清单及规格

打磨工作站设备清单及规格见表 4–1–2。

表 4–1–2　打磨工作站设备清单及规格

序号	名称	型号 / 规格	数量	单位
1	工业机器人	FANUC Robot R2000*i*C/165F	1	套
1.1	工业机器人本体	负载：165 kg，工作范围半径：2 655 mm	1	台
1.2	工业机器人控制器	R–30*i*B	1	个
1.3	示教器	带 10 m 电缆管	1	个
1.4	输入、输出信号板	16 进 16 出数字 I/O 板	1	块
1.5	工业机器人控制软件	Handling	1	套
2	砂带打磨机	康权耐	1	台
3	料架	非标	1	个
4	搬运夹具	非标	1	套
5	PLC 总控系统	集成	1	套

（1）工业机器人仿真工作站由非标设备、辅助设备和产品组成，本工作站的非标设备有哪些?

（2）在创建工作单元时，需要导入3D模型，分别写出需通过“工装”“工件”导入的3D模型。

三、确认打磨工作站的工作流程

1．查阅打磨工作站工作流程表（表4–1–3），绘制打磨工作站工作流程图。

表4–1–3　　打磨工作站工作流程表

步骤	工作流程
1	人工将打磨工件放到上料台上
2	工业机器人在上料台拾取工件
3	工件与砂带机接触，开始打磨作业
4	工业机器人变换多个姿态，使得打磨效果符合客户要求
5	工业机器人把成品放置到下料台上

2．根据打磨工作站的工作流程和打磨工艺，配置工业机器人 I/O 功能（表 4–1–4）。

表 4–1–4　　工业机器人 I/O 功能表

输入		输出	
DI101		DO101	
DI102		DO102	
DI103		DO103	
DI104		DO104	
DI105		DO105	

学习活动 2　制定仿真设计作业流程

学习目标

1. 能规划打磨工作站各运动单元的动作和运行路径。

2. 能根据任务要求和班组长提供的设计资源，制定打磨工作站仿真设计作业流程。

建议学时：2 学时

学习过程

一、规划打磨工作站各运动单元的动作和运行路径

1．根据打磨工作站的工作流程，规划工业机器人、砂带打磨机、搬运夹具的动作和运行路径。

（1）工业机器人

（2）砂带打磨机

（3）搬运夹具

2．画出第一件产品的运行路径。

二、制定仿真设计作业流程

1．本工作站包含很多非标模型，简述该工作站非标 3D 模型的导入步骤及注意事项。

2．工业机器人打磨系统加工工件的精度和工件的特征图形有关，因此，在仿真任务中，需要根据工件表面轮廓选择合适的特征图形，这是因为不同的特征图形对工业机器人运动控制、打磨路径规划、力控技术等方面提出了不同的要求。参照操作手册，列举打磨仿真设计中工件特征图形的选取原则和设置注意事项。

3．根据任务要求，查阅相关资料，制定打磨工作站仿真设计作业流程，填写表 4-2-1。

表 4-2-1　　打磨工作站仿真设计作业流程

序号	工作内容	仿真要领	完成时间
1	导入工业机器人 3D 模型和添加外围设备		
2	设计工业机器人动作轨迹		
3	设置打磨程序		
4	调试打磨程序		
5	检测打磨工作站干涉情况及验证工作节拍		
6	录制仿真动画视频并提交		

学习活动 3　仿真工作站搭建准备

学习目标

1. 能根据打磨工作站仿真设计作业流程，正确填写领料单，从机械工程师处领取工作站搬运夹具、料架、砂带打磨机等设备和水龙头的 3D 模型图。

2. 能叙述打磨工业机器人及其周边设备模型的加载和设置方法。

建议学时：6 学时

学习过程

一、填写领料单并领料

1. 根据仿真设计作业流程，填写领料单（表 4–3–1）。

表 4–3–1　　领料单

<table>
<tr><td>领用部门</td><td colspan="2"></td><td>领用人</td><td></td></tr>
<tr><td rowspan="2">名称</td><td rowspan="2">规格及型号</td><td colspan="2">数量</td><td rowspan="2">备注</td></tr>
<tr><td>领用</td><td>实发</td></tr>
<tr><td></td><td></td><td></td><td></td><td></td></tr>
<tr><td></td><td></td><td></td><td></td><td></td></tr>
<tr><td></td><td></td><td></td><td></td><td></td></tr>
<tr><td></td><td></td><td></td><td></td><td></td></tr>
<tr><td>保管人</td><td></td><td>审核人</td><td></td><td></td></tr>
<tr><td>日　期</td><td></td><td>日　期</td><td></td><td></td></tr>
</table>

2．根据领料单领取相关物料。

二、加载、设置打磨工业机器人及周边设备模型的方法

1．新建工作单元

（1）单击启动画面中的“新建工作单元”，弹出“工作单元创建向导”对话框，在“步骤 1- 选择进程”界面选择“HandlingPRO”，单击“下一步”按钮。

（2）进入“步骤 2- 工作单元名称”界面，输入新建工作单元的名称“Polishing001”，单击“下一步”按钮，如图 4-3-1 所示。

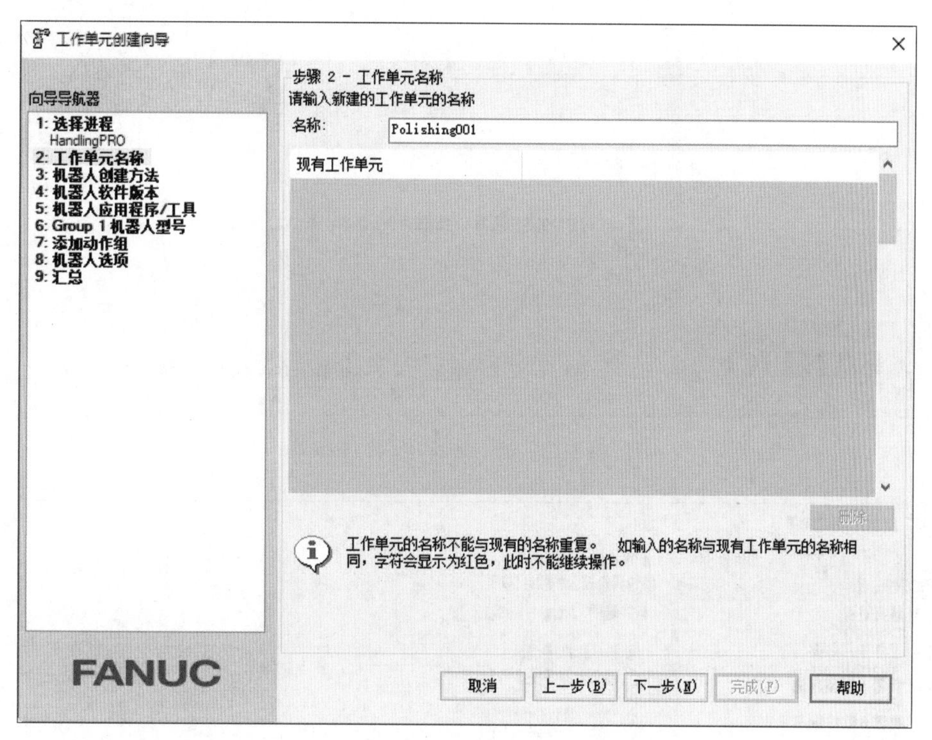

图 4-3-1　输入新建工作单元的名称

（3）进入“步骤 3- 机器人创建方法”界面，选择“新建”，单击“下一步”按钮。

（4）进入“步骤 4- 机器人软件版本”界面，选择机器人软件版本，在该演示样例中选择 V9.30 版本，单击“下一步”按钮，如图 4-3-2 所示。

（5）进入“步骤 5- 机器人应用程序 / 工具”，选择机器人应用程序或工具，选择“HandlingTool（H552）”，选择“稍后设置手爪”，单击“下一步”按钮。

（6）进入“步骤 6-Group 1 机器人型号”界面，选择机器人型号“R-2000iC/165F”，单击“下一步”按钮。

（7）进入“步骤 7- 添加动作组”界面，此处无须设置，单击“下一步”按钮。

（8）进入“步骤 8- 机器人选项”界面，根据任务单要求此处不勾选任何机器人选项，单击“下一步”按钮，如图 4-3-3 所示。

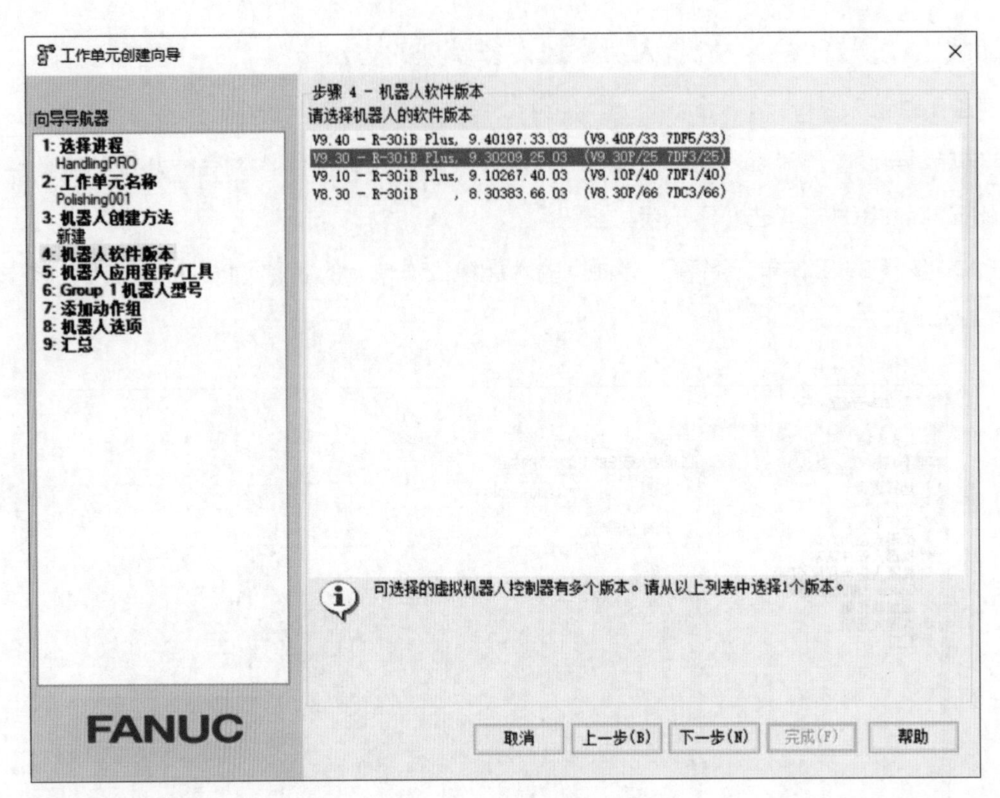

图 4-3-2　选择机器人软件版本

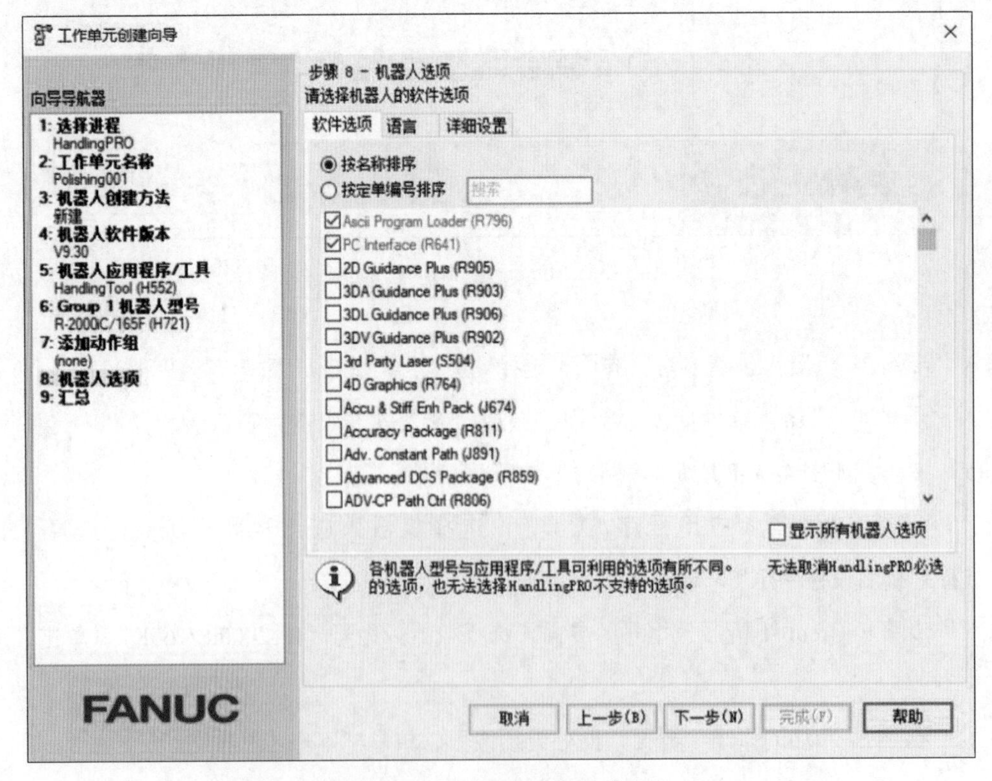

图 4-3-3　机器人选项界面

（9）进入“步骤 9- 汇总”界面，单击“完成”按钮，完成设置，如图 4-3-4 所示。

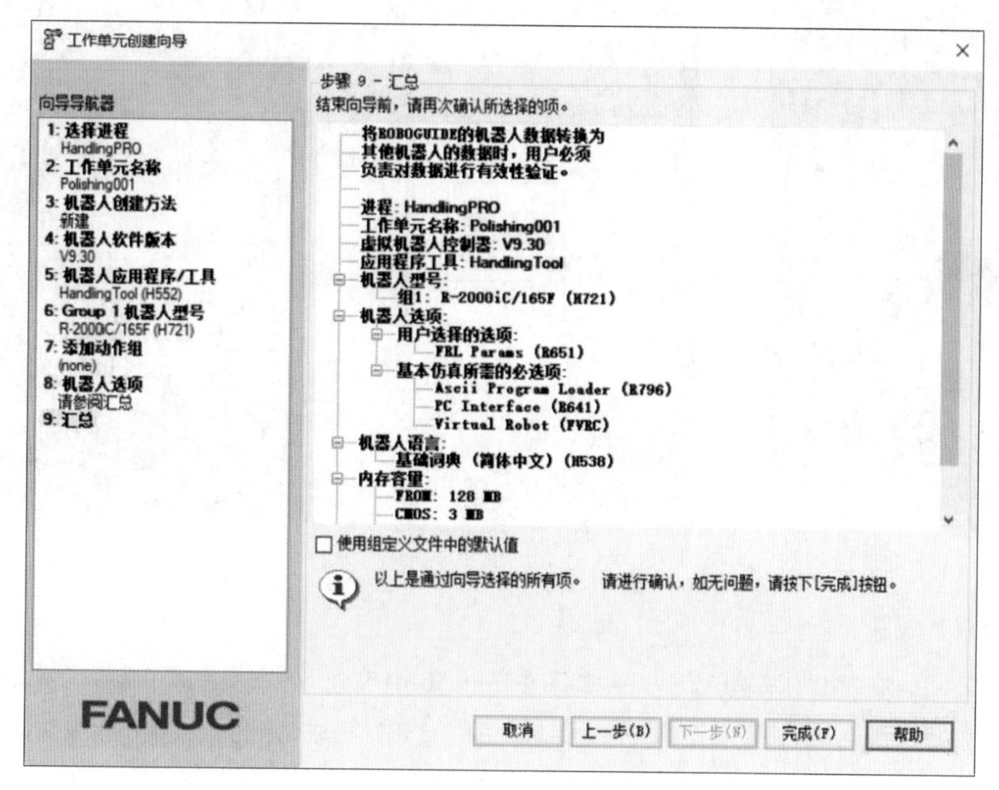

图 4-3-4　完成设置

2．设置工业机器人各关节的旋转角度

在仿真工作单元中创建虚拟工业机器人时，需要设置工业机器人各关节的旋转角度，写出 R-2000*i*C/165F 工业机器人 J1 ~ J6 轴的旋转角度范围。

3．加载料架

右击“工装”，在弹出的菜单中选择“添加工装”→“CAD 文件”，在文件夹中选择“料架”，单击“打开”按钮加载料架（图 4-3-5），并修改位置。可在料架属性对话框“常规”选项卡中的“位置”栏输入相应的参数，或使用鼠标拖动绿色坐标系，以修改位置。如果料架大小不符合要求，可在“比例”栏更改料架的比例，如图 4-3-6 所示。

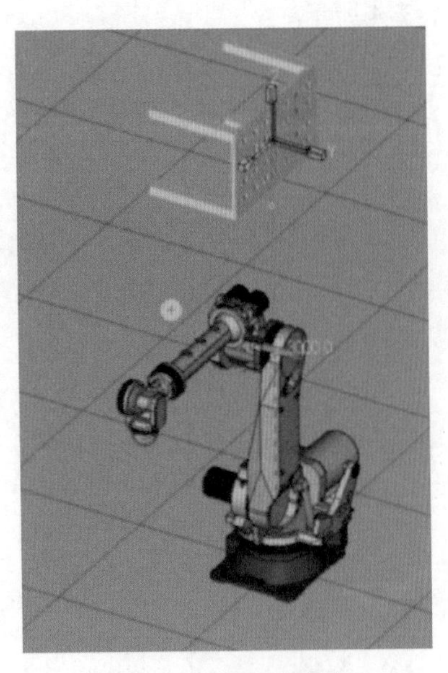

图 4-3-5　加载料架

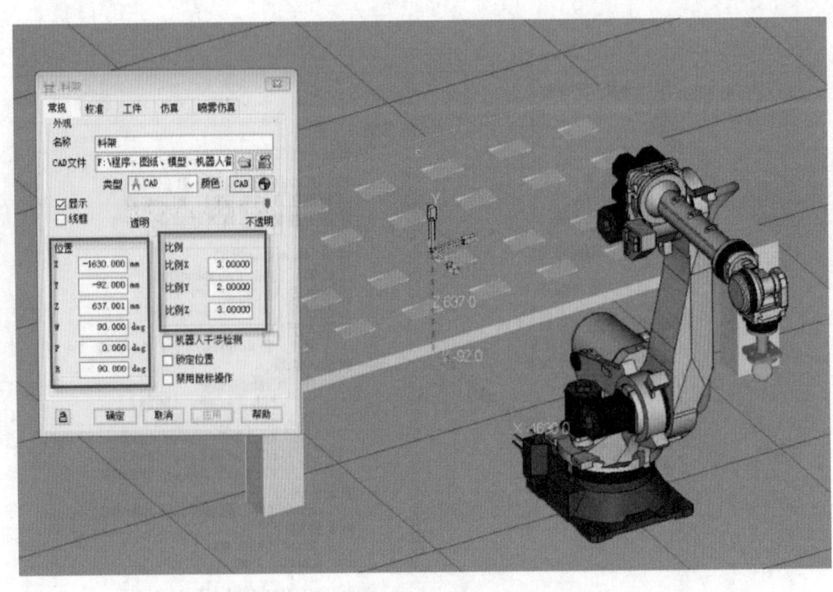

图 4-3-6　修改料架的位置和比例

4．加载水龙头

右击“工件”，在弹出的菜单中选择“添加工件”→“CAD 文件”，在文件夹中选择“水龙头”，单击“打开”按钮加载水龙头。可通过水龙头属性对话框中的“比例”栏成比例放大或缩小水龙头，如图 4-3-7 所示。

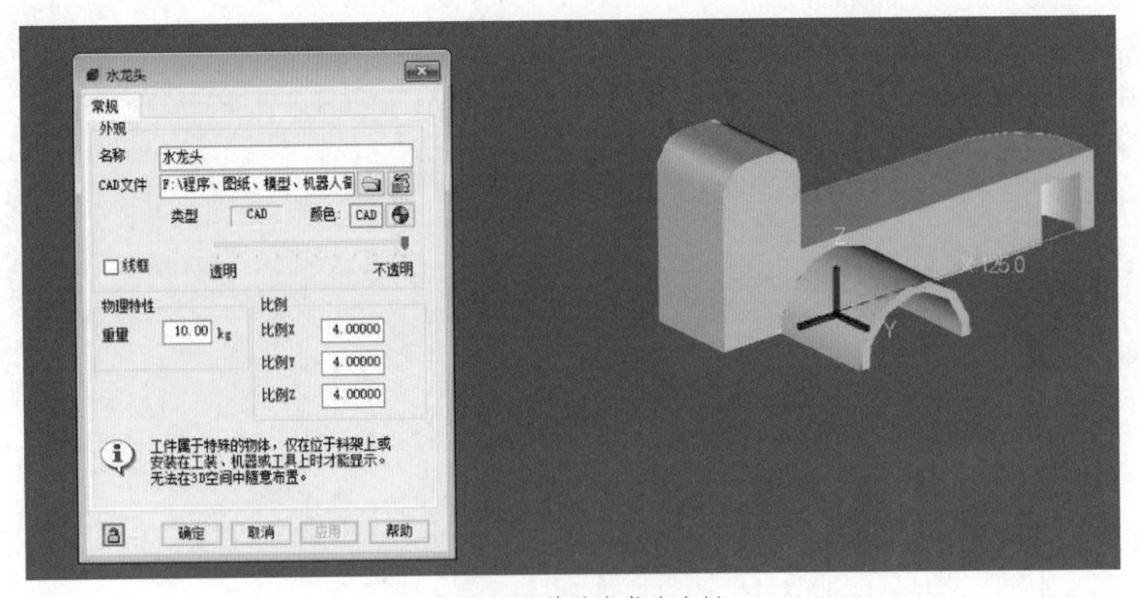

图 4-3-7　修改水龙头比例

右击“工件”→“水龙头属性”，在属性对话框中“颜色”栏可以修改水龙头的颜色，如图 4-3-8 所示。

在目录树中右击“料架”，在弹出的菜单中选择“料架属性”，在其属性对话框中选择“工件”选项卡，勾选“水龙头”，表示在料架上显示水龙头，如图 4-3-9 所示。

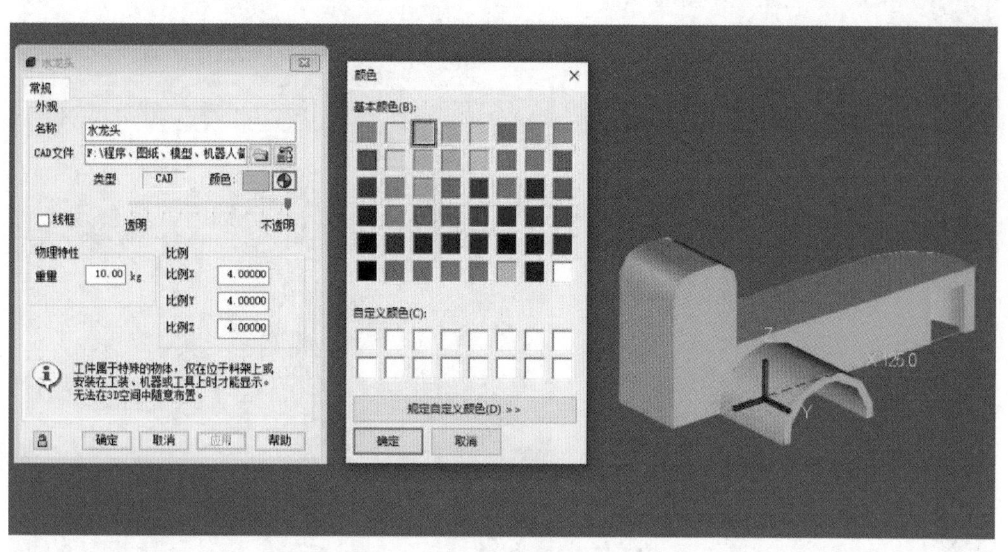

图 4-3-8　修改水龙头的颜色

图 4-3-9　在料架上显示水龙头

在“工件”选项卡中勾选“编辑工件偏移”，可以拖动绿色坐标系或直接输入数据修改水龙头在料架上的位置，如图 4-3-10 所示。

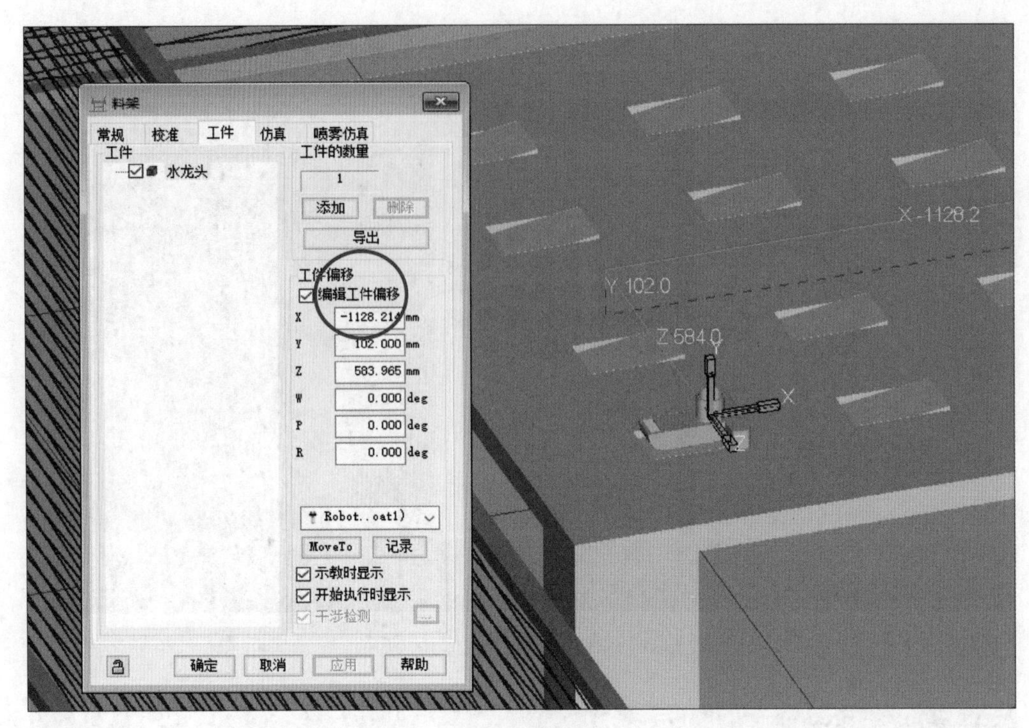

图 4-3-10　修改水龙头在料架上的位置

5．加载夹具

选择“工具”，双击“UT：1”，在弹出对话框的“常规”选项卡中单击“CAD 文件”后的 ，选择“手爪 .CSB”文件，如图 4-3-11 所示。

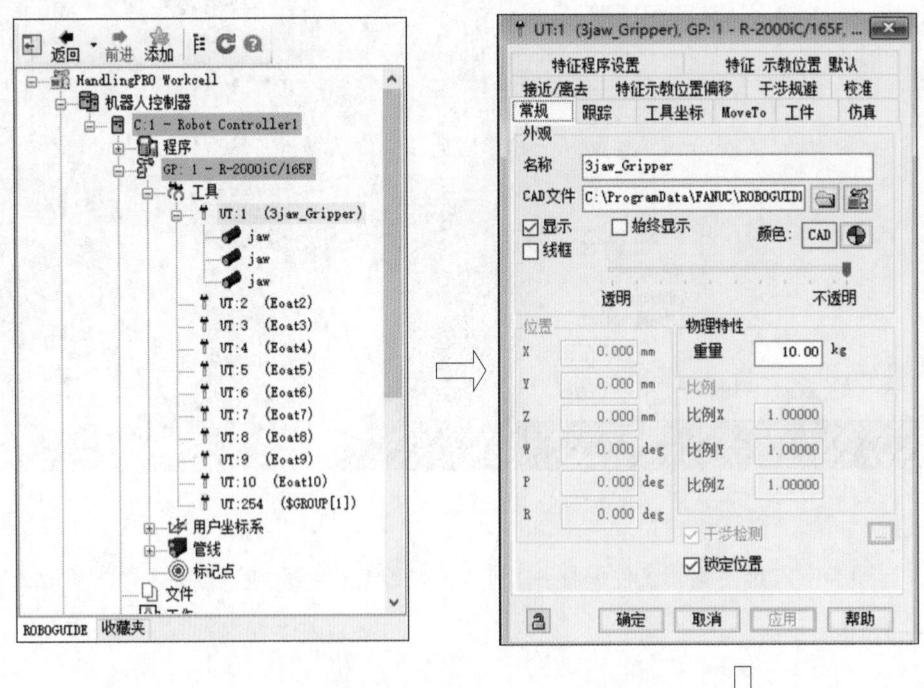

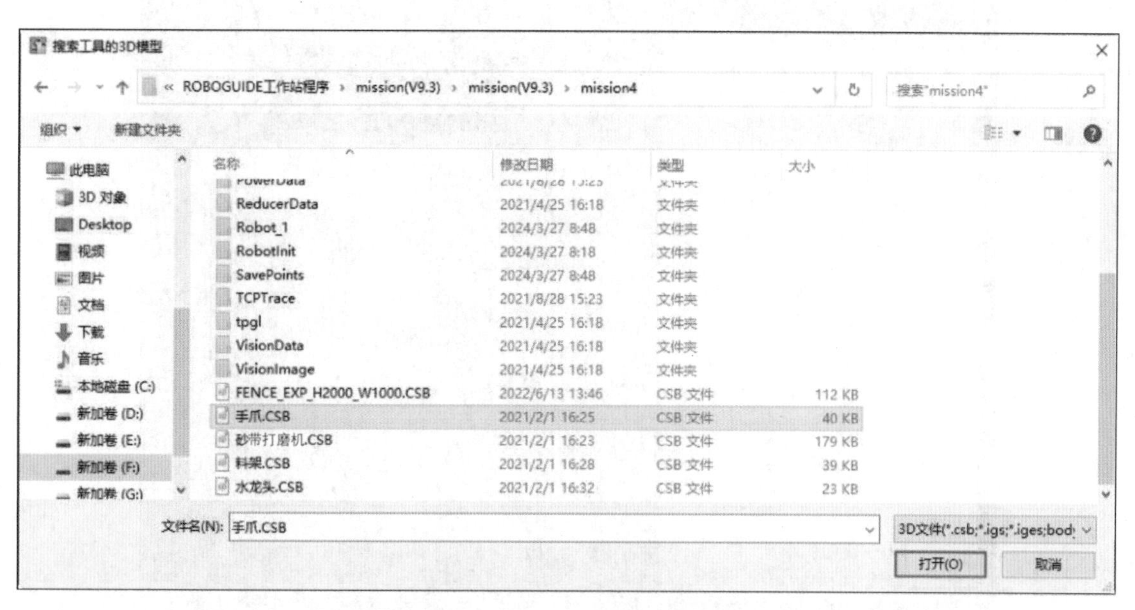

图 4-3-11　选择模型文件

在其属性对话框的“常规”选项卡中设置夹具的比例，设置夹具比例后如图 4-3-12 所示。

设置夹具旋转角度，在“位置”栏的“W”项输入“-90”角度数据，单击“应用”按钮，夹具旋转为如图 4-3-13 所示位置。

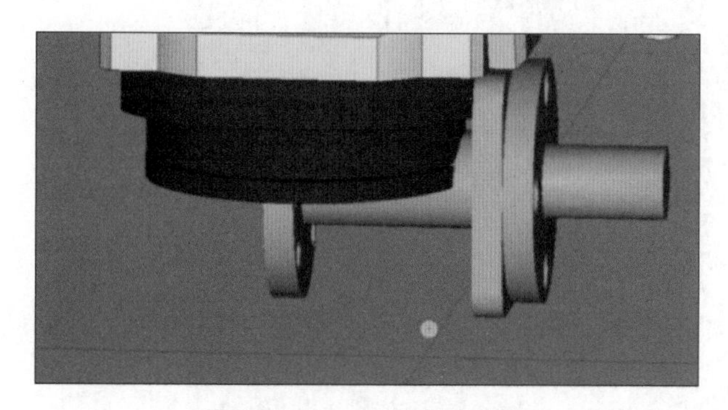

图 4-3-12　设置夹具比例

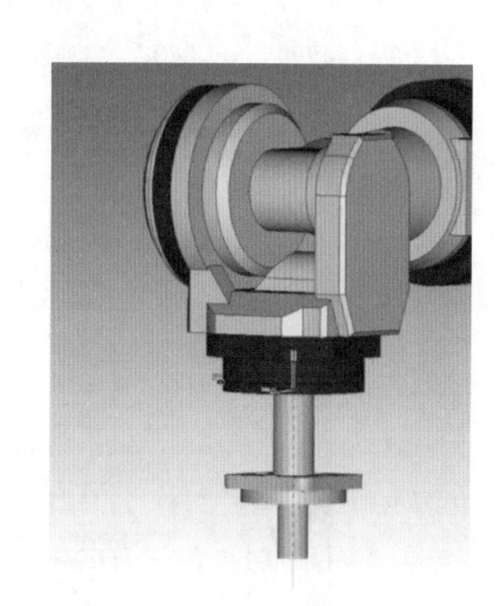

图 4-3-13　调整旋转角度后的夹具

单击“工件”选项卡，勾选“水龙头”，工业机器人移动过程中水龙头会显示在第 6 轴末端，符合实际工作状态，如图 4-3-14 所示。

勾选“编辑工件偏移”，然后移动水龙头，使水龙头位于夹具末端的拾取位置，如图 4-3-15 所示。

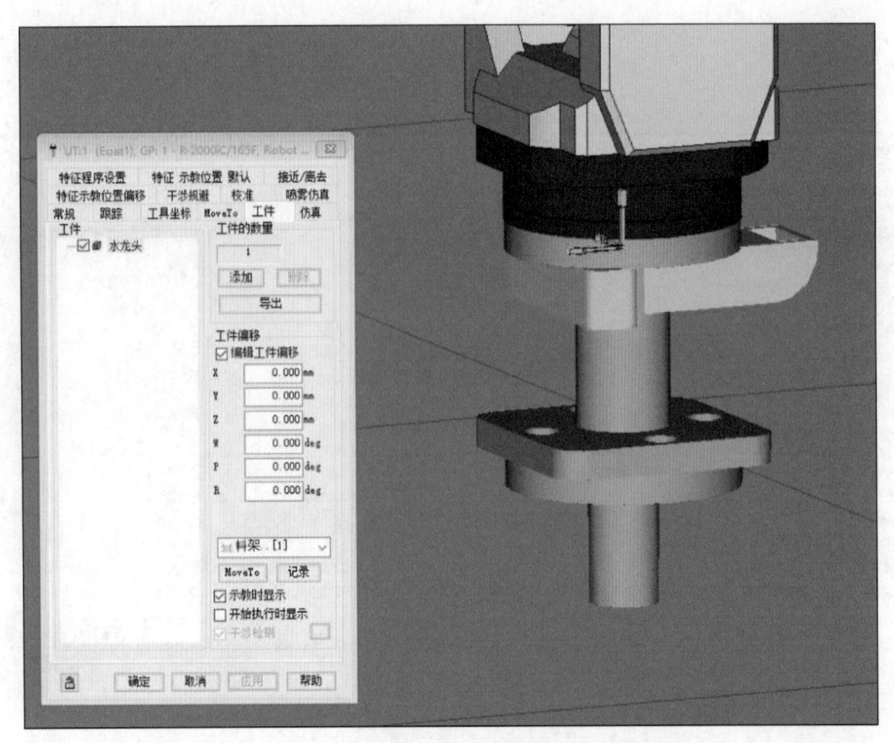

图 4-3-14　添加第 6 轴末端的工件（水龙头）

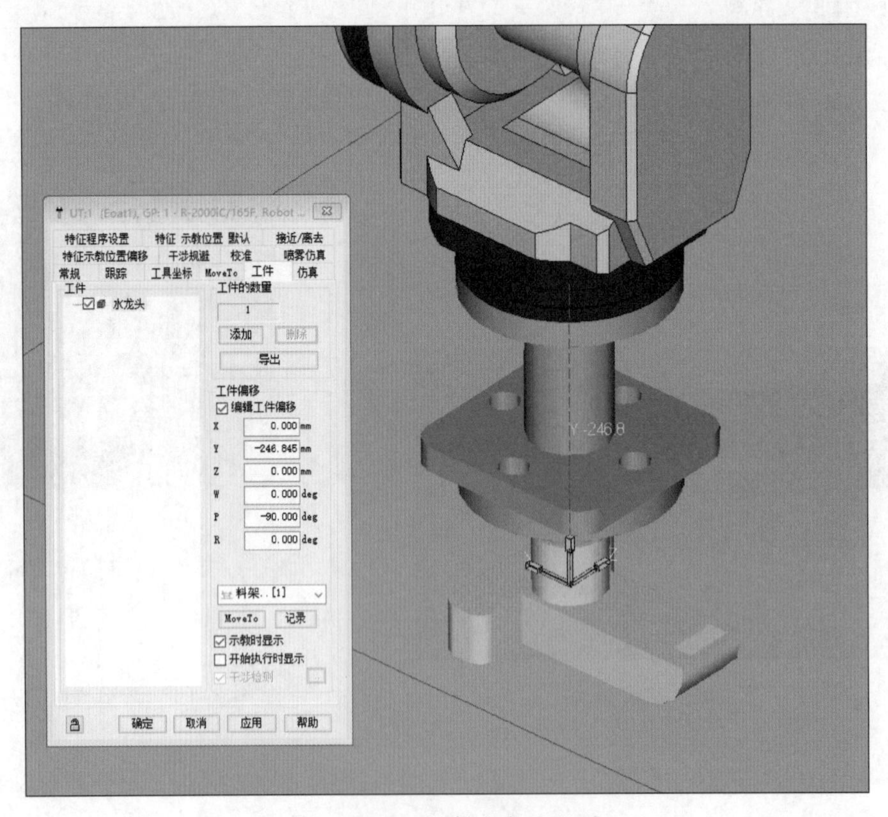

图 4-3-15　调整水龙头位置

6．调整水龙头在料架上的位置

调整水龙头在料架上的位置，把水龙头放置到料架的第 1 列，如图 4-3-16 所示。

单击“添加”按钮，弹出“工件的布置”对话框，如图4-3-17所示。设置工件数“X”的数值为4，单击“确定”按钮。

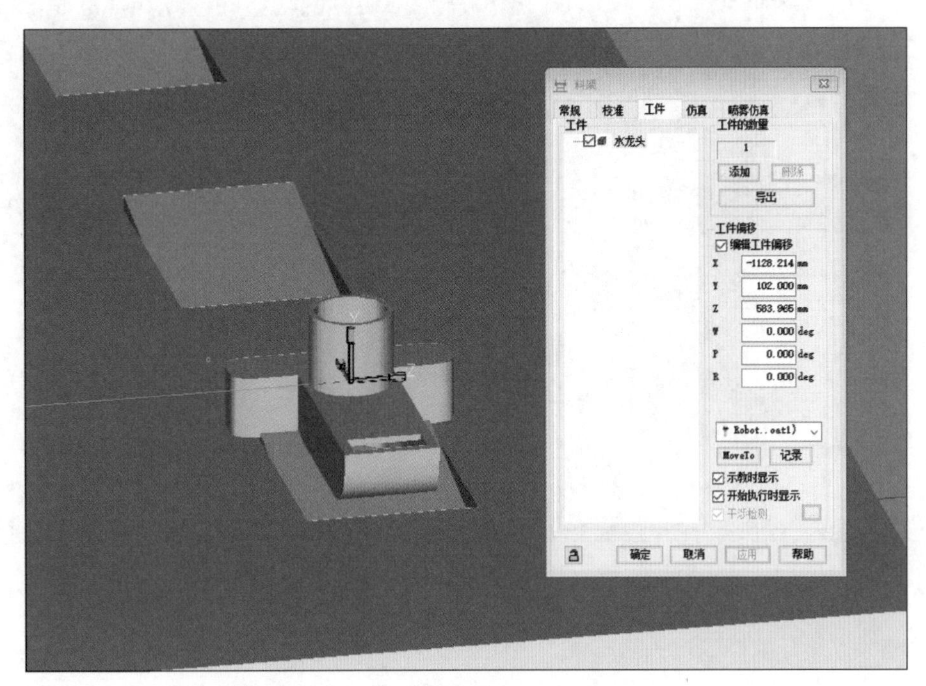

图 4-3-16　把水龙头放置到料架的第 1 列

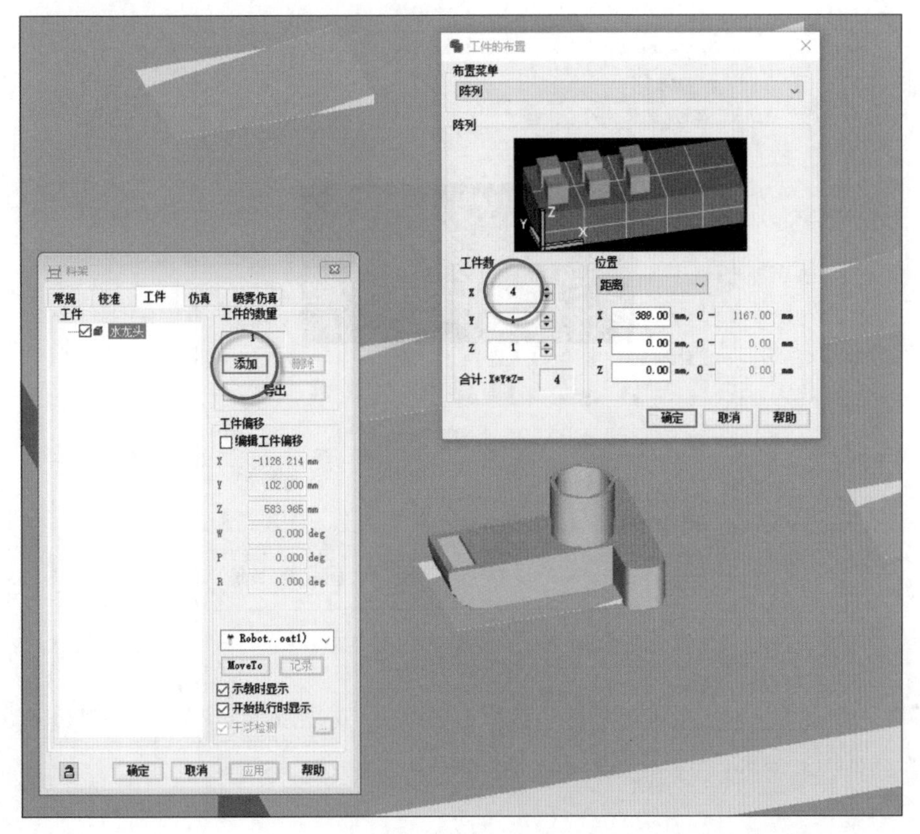

图 4-3-17　布置工件

软件复制生成 3 个水龙头工件，如图 4-3-18 所示。

图 4-3-18　软件复制生成 3 个水龙头工件

仿真需要严格按照现场实际情况进行布置，不然工业机器人无法正常拾取与放置工件，甚至工业机器人与工件会发生碰撞等情况。根据实际需要，此处修改位置“X”的数值为 389，如图 4-3-19 所示。

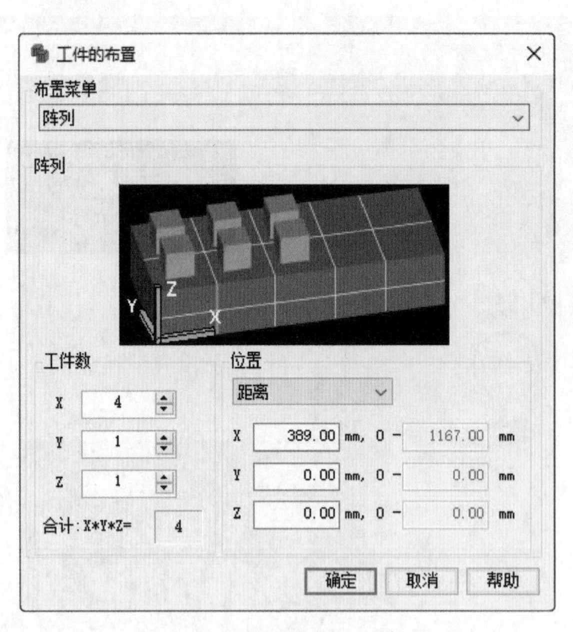

图 4-3-19　修改位置参数

双击“料架”，在其属性对话框的“工件”选项卡中选中“水龙头［1］”，单击“MoveTo”按钮，工业机器人的 TCP 自动到达水龙头 1 位置，如图 4-3-20 所示。

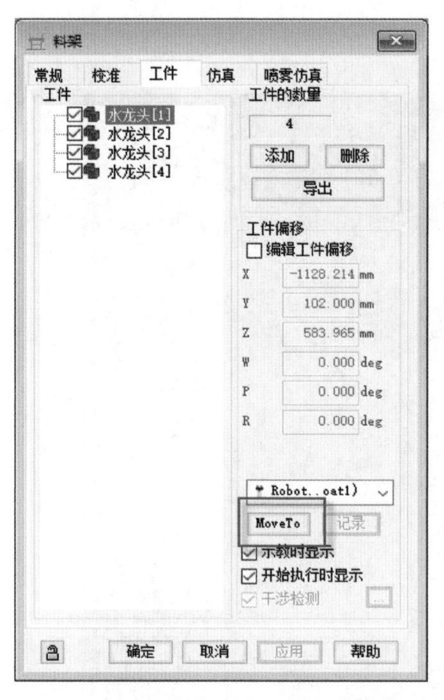

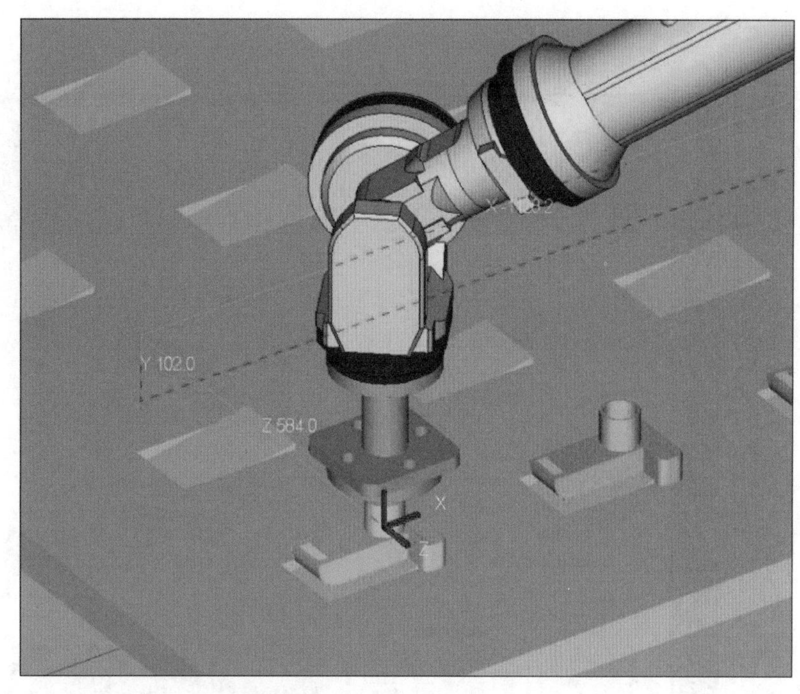

图 4-3-20　工业机器人的 TCP 自动到达水龙头 1 位置

7．加载砂带打磨机

单击目录树中的“工装”，导入砂带打磨机。

使用鼠标控制砂带打磨机中间的绿色坐标系，调整砂带打磨机到合适的位置，如图 4-3-21 所示。

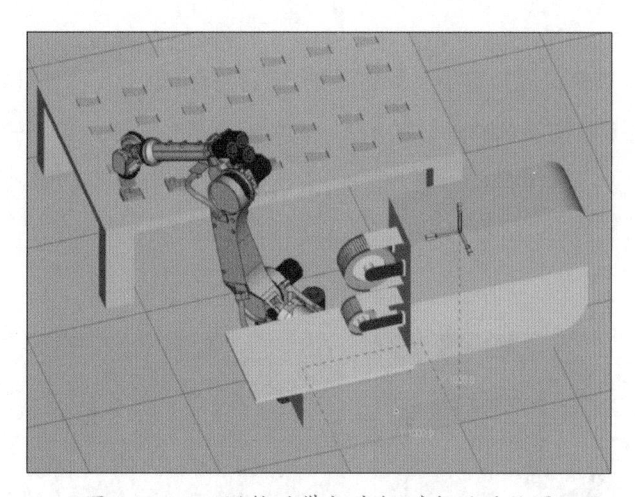

图 4-3-21　调整砂带打磨机到合适的位置

通过鼠标移动砂带打磨机只能大概达到相应的位置，为了能精准调整到位，需要在砂带打磨机属性对话框“常规”选项卡中的“位置”栏输入坐标数据，如图 4-3-22 所示。

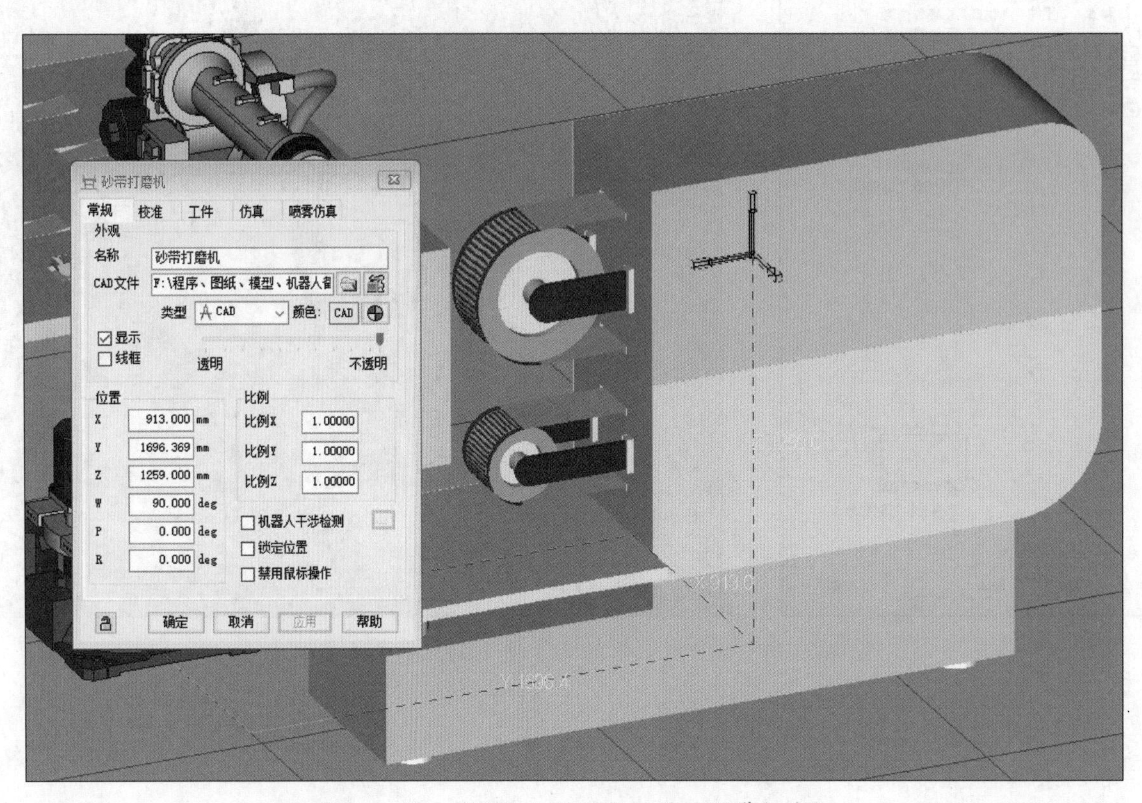

图 4-3-22　通过输入位置数据移动砂带打磨机

8．调整工业机器人姿态

单击工业机器人第 6 轴 TCP 位置或选中目录树中的工业机器人型号，出现红绿蓝颜色的工具坐标系，用鼠标拖动坐标系可以控制工业机器人的移动，如图 4-3-23 所示。

单击目录树中的工业机器人型号→“工具”，双击“UT : 1”，在弹出的属性对话框中选择“工具坐标”选项卡，勾选“编辑工具坐标系”，如图 4-3-24 所示。

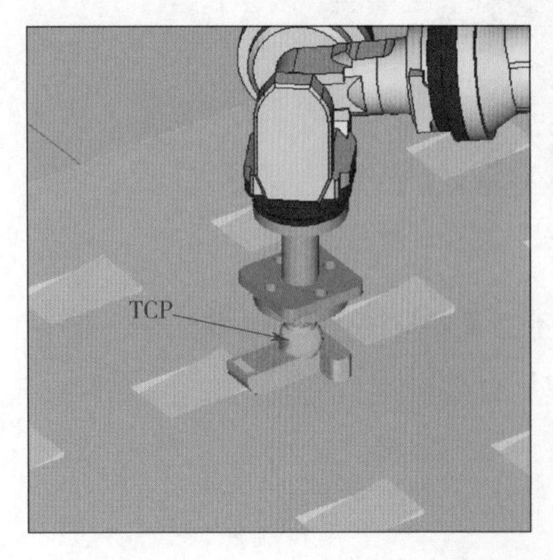

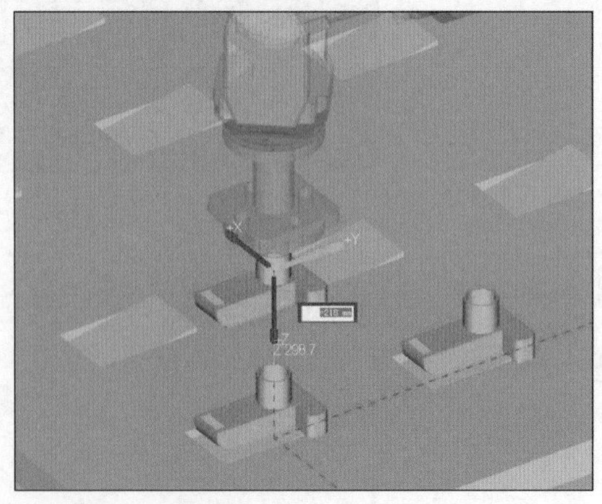

图 4-3-23　工业机器人移动符号

此时工业机器人 TCP 的绿色坐标为工具坐标系。用鼠标拖动工具坐标系到达工业机器人夹具末端位置，单击“应用坐标系的位置”按钮，左侧的工具坐标数据将自动保存，单击“确定”按钮即可，如图 4–3–25 所示。如果需要修改，再次勾选“编辑工具坐标系”即可。

此时工具坐标系（红绿蓝色）处于灰色夹具的末端，使用鼠标拖动工具坐标系即可调整工业机器人的姿态。

9. 创建拾取与放置工件程序

单击“示教器”图标，出现示教器操作界面，单击示教器按键部分的“SELECT”→“创建”按钮，新建程序，如图 4–3–26 所示。

创建 M1_PICK 程序，按【SHIFT+F5】键记录工业机器人当前抓取点位 P［1］，如图 4–3–27 所示。

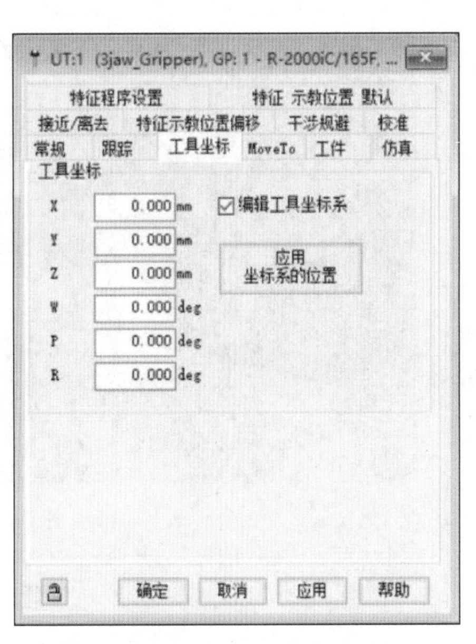

图 4–3–24　编辑工具坐标系 1

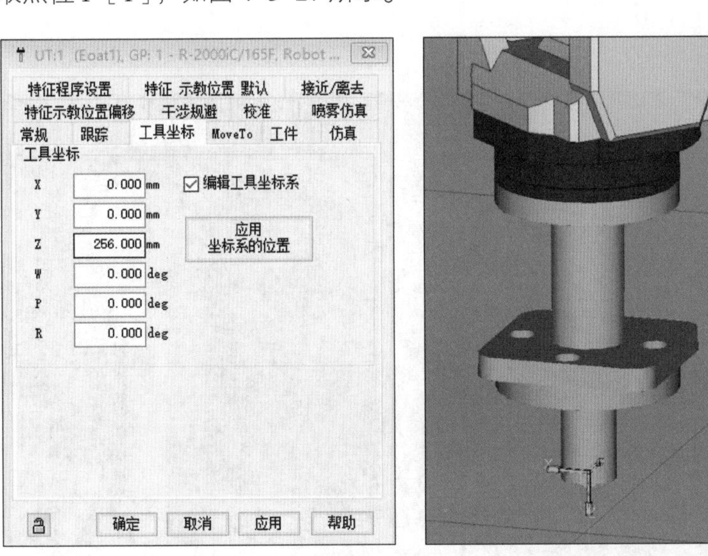

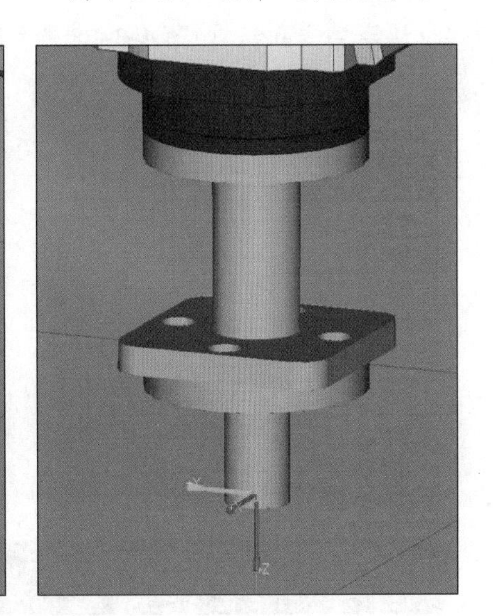

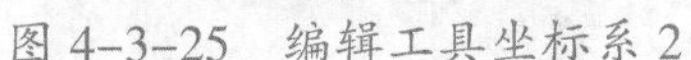

图 4–3–25　编辑工具坐标系 2

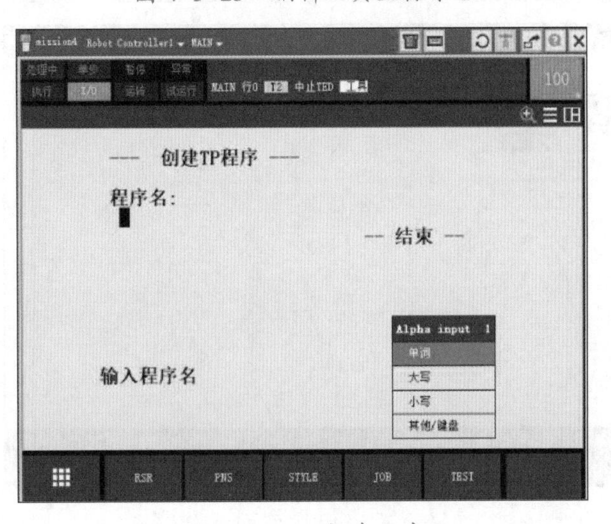

图 4–3–26　新建程序

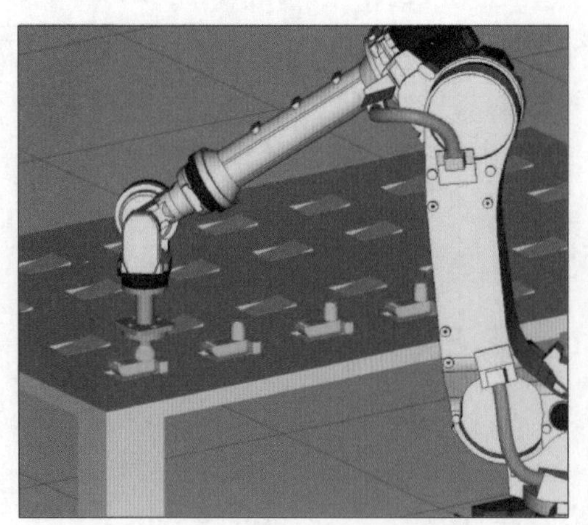

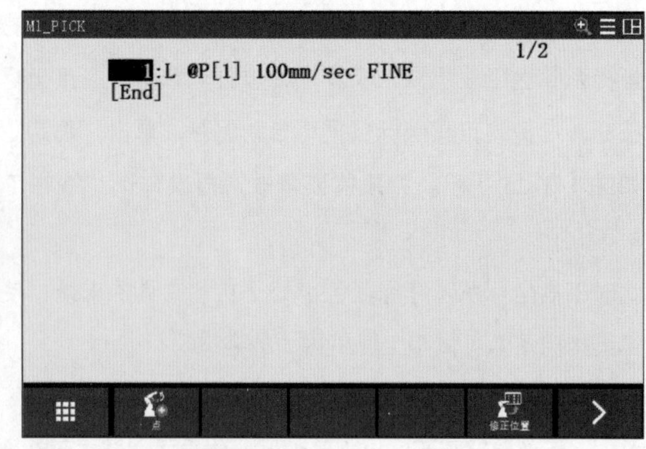

图 4-3-27　记录工业机器人当前抓取点位

用鼠标拖动 TCP 坐标系 *Z* 轴（蓝色）方向，使工业机器人 TCP 垂直提升一段合适的距离后，示教器插入一行空行指令（按【F6】键或单击示教器“>”→“编辑”按钮，选择“1 插入”），然后记录 P［2］（接近点 / 逃离点位置），如图 4-3-28 所示。

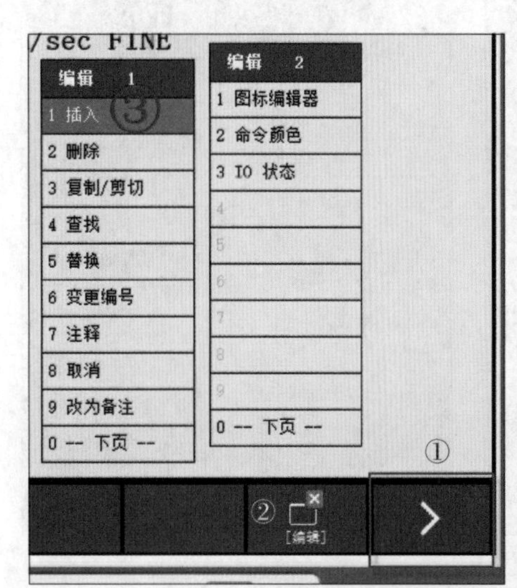

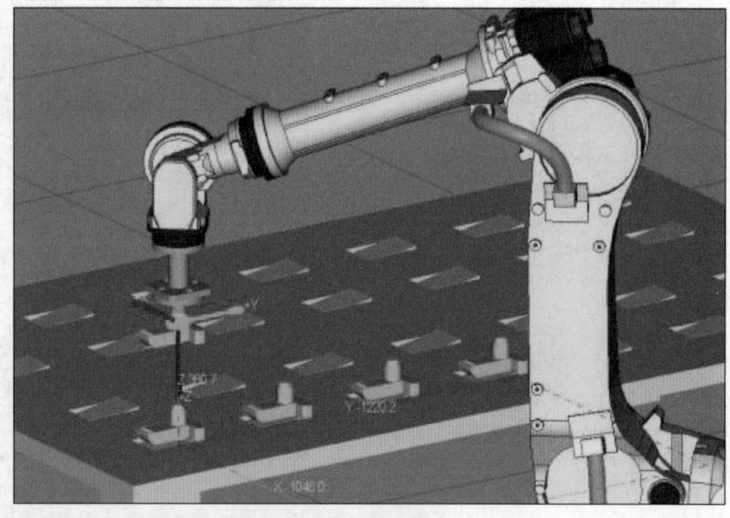

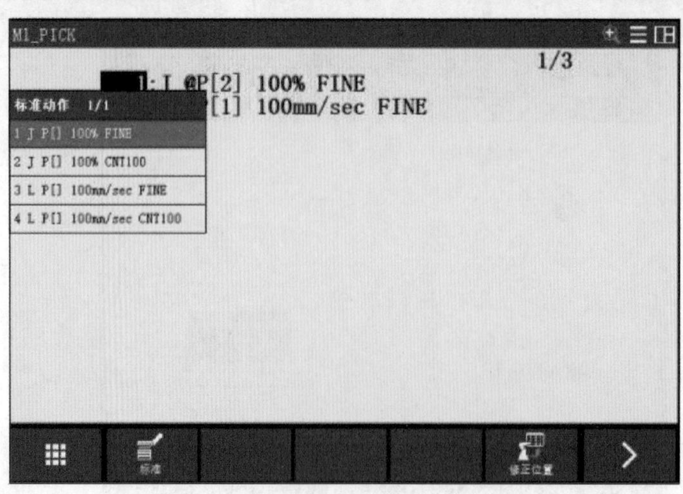

图 4-3-28　记录空间点 P［2］

在程序第三行记录 P［3］，然后将光标移动到 P［3］位置，修改为 P［2］(接近点和逃离点使用 1 个点位即可)，如图 4-3-29 所示。

按【F6】键切换页，单击示教器“F5”按钮，选择“1 插入”，输入数值“2”。单击示教器“ENTER”按钮，插入两行空行指令。单击示教器“F1”按钮，添加等待指令，如图 4-3-30 所示。

创建仿真程序。单击软件上方的“示教”菜单，选择“创建仿真程序”选项，如图 4-3-31 所示。

弹出“创建程序”对话框，输入程序名称“pick”，单击“确定”按钮，如图 4-3-32 所示。

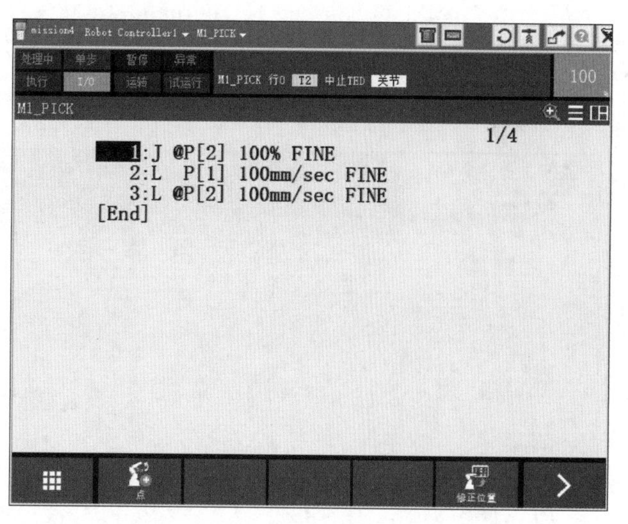

图 4-3-29　记录空间点 P［3］并修改为 P［2］

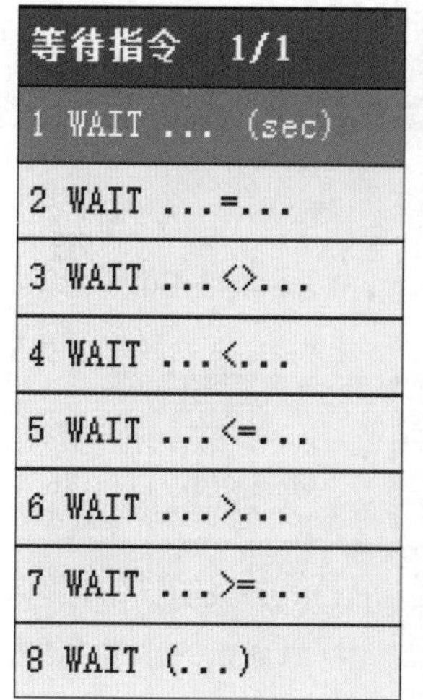

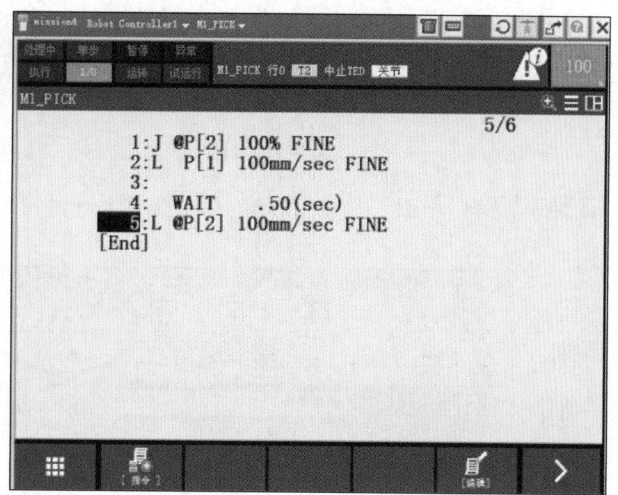

图 4-3-30　添加等待指令

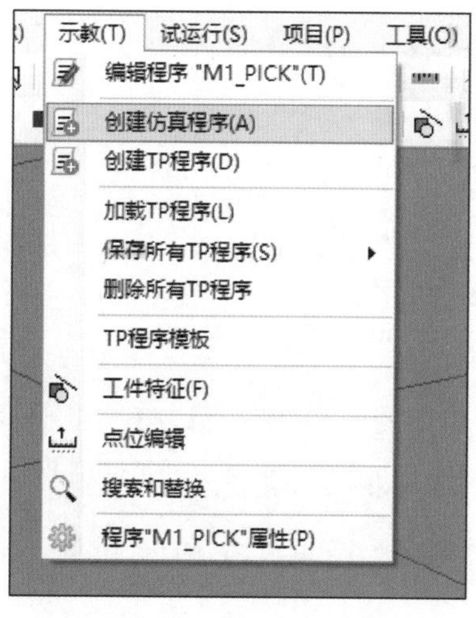

图 4-3-31　创建仿真程序 1

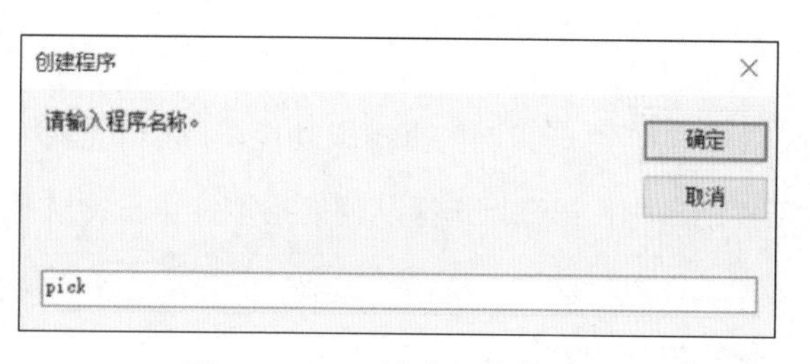

图 4-3-32　创建仿真程序 2

程序创建完毕，在左侧目录树中可见 pick 程序，示教器显示 pick 程序，弹出“编辑仿真程序”窗口，如图 4-3-33 所示。

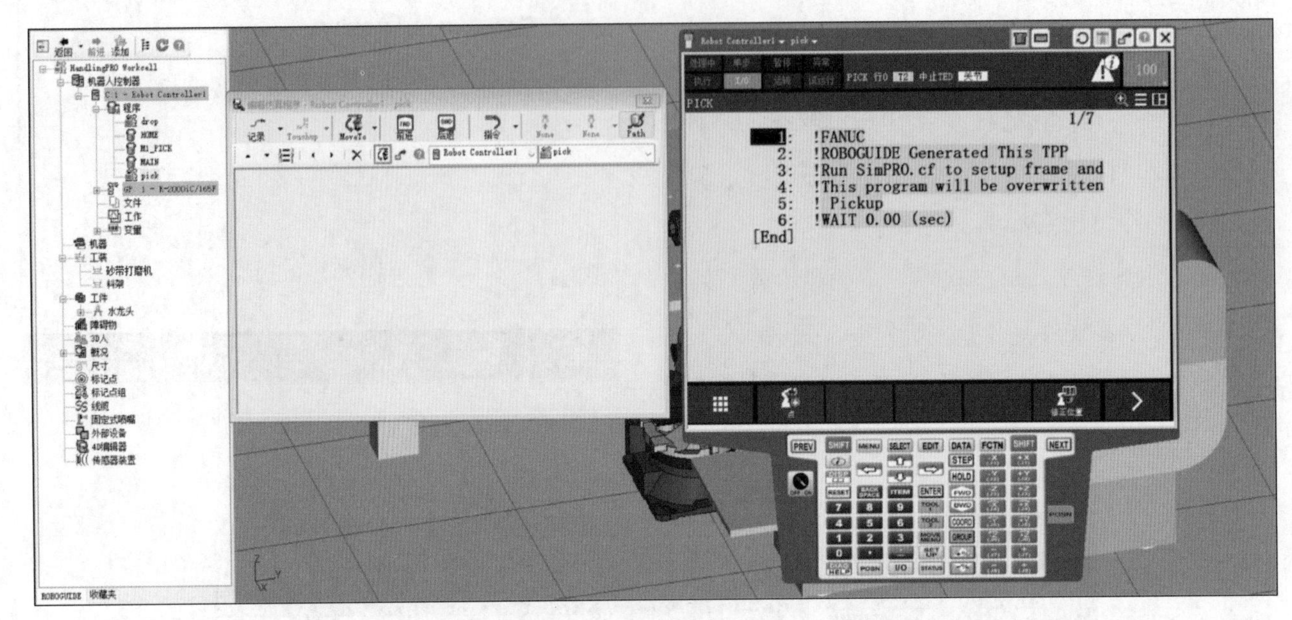

图 4-3-33　程序建立

在“编辑仿真程序”窗口单击“指令”菜单，选择“Pickup”指令，如图 4-3-34 所示。

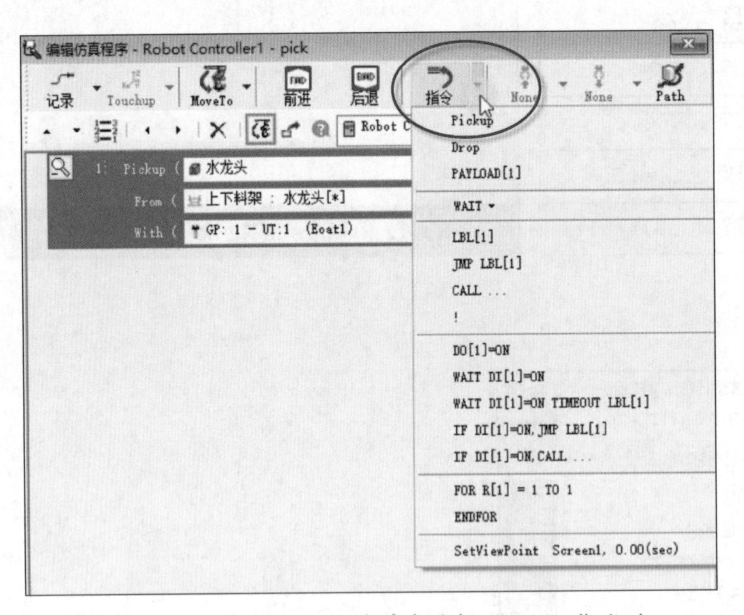

图 4-3-34　在“指令”菜单中选择“Pickup”指令

Pickup 指令的作用是实现仿真拾取功能。Pickup 指令设置窗口如图 4-3-35 所示。第一行通过下拉菜单选择拾取工件的名称，第二行选择从何处拾取，第三行选择夹取工具坐标系的名称。

本例选择工件为水龙头，从料架拾取，夹取工具坐标系为 UT：1，如图 4-3-36 所示。

重复上述步骤，创建 drop 程序。

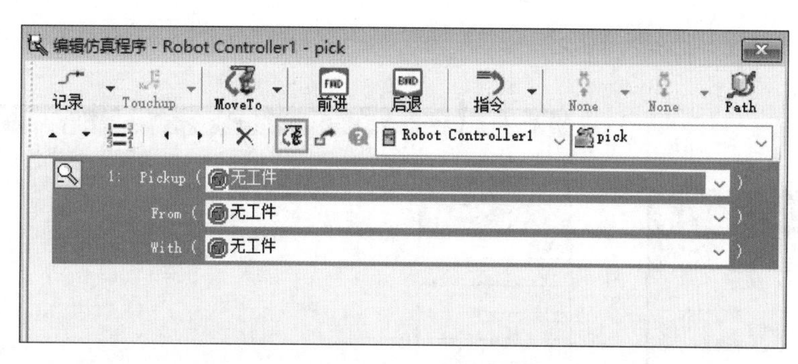

图 4-3-35　Pickup 指令设置窗口

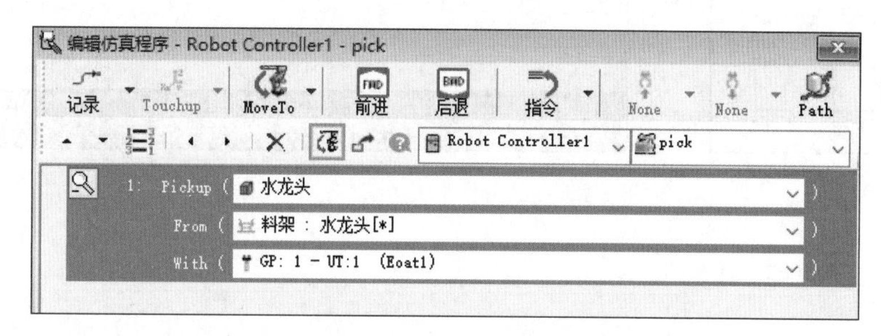

图 4-3-36　Pickup 指令设置

参考 Pickup 指令的设置步骤设置 Drop 指令，指令第一行选择放置工件的名称，第二行选择采用的工具坐标系的名称，第三行选择放置的位置，如图 4-3-37 所示。

通过示教器进行 M1_PICK 程序的编程，如图 4-3-38 所示。

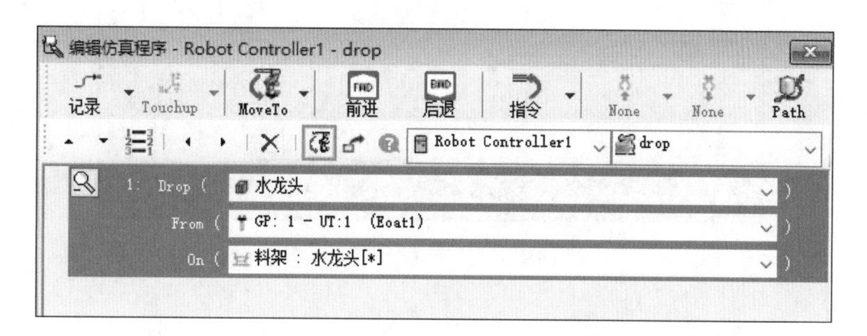

图 4-3-37　Drop 指令设置

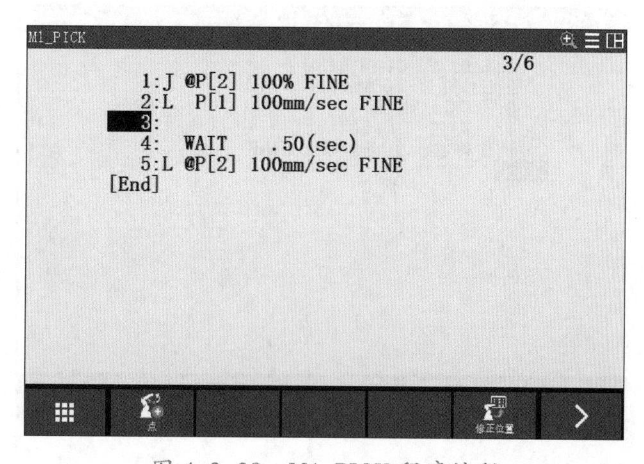

图 4-3-38　M1_PICK 程序编程

单击示教器“F1”按钮，选择“指令”→“6 调用”→“1 调用程序”，如图 4-3-39 所示。

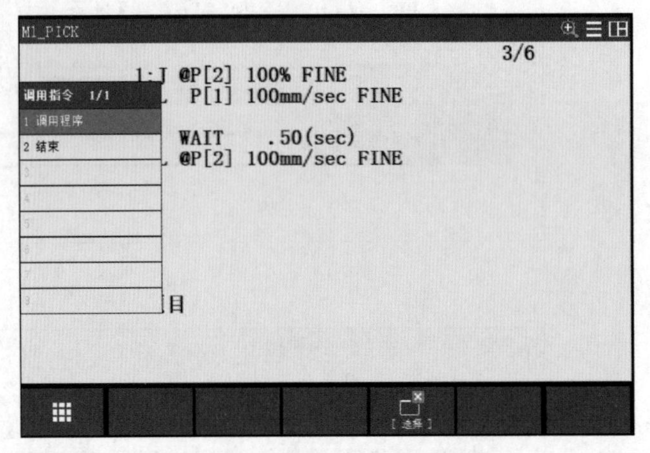

图 4-3-39 调用程序 1

选择调用程序，如图 4-3-40 所示。

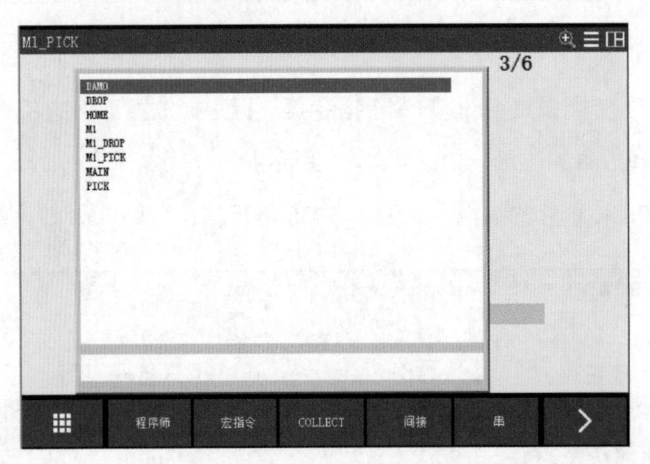

图 4-3-40 调用程序 2

在第 3 行调用前面创建的仿真程序 pick，如图 4-3-41 所示。

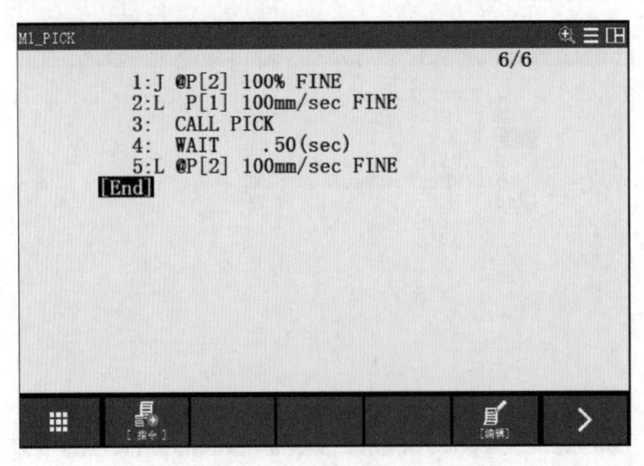

图 4-3-41 调用仿真程序 pick

单击示教器下方的“POSN”按钮，示教器显示工业机器人当前关节位置，如图 4-3-42 所示。

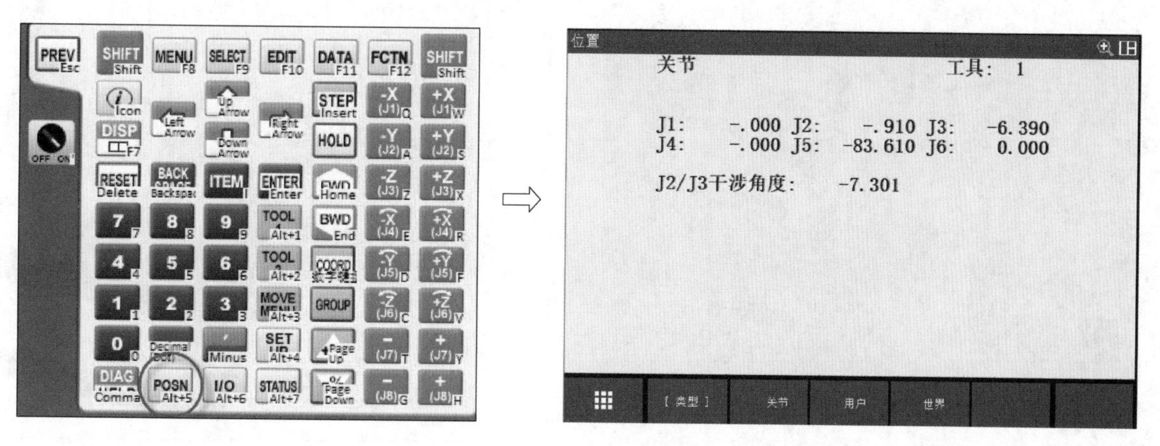

图 4-3-42 示教器显示工业机器人当前关节位置

在仿真软件左下角可修改工业机器人各轴的角度，修改 J5 的角度为 -90°，其他轴的角度均修改为 0°，按【ENTER】键，工业机器人按照设定角度到位，如图 4-3-43 所示。

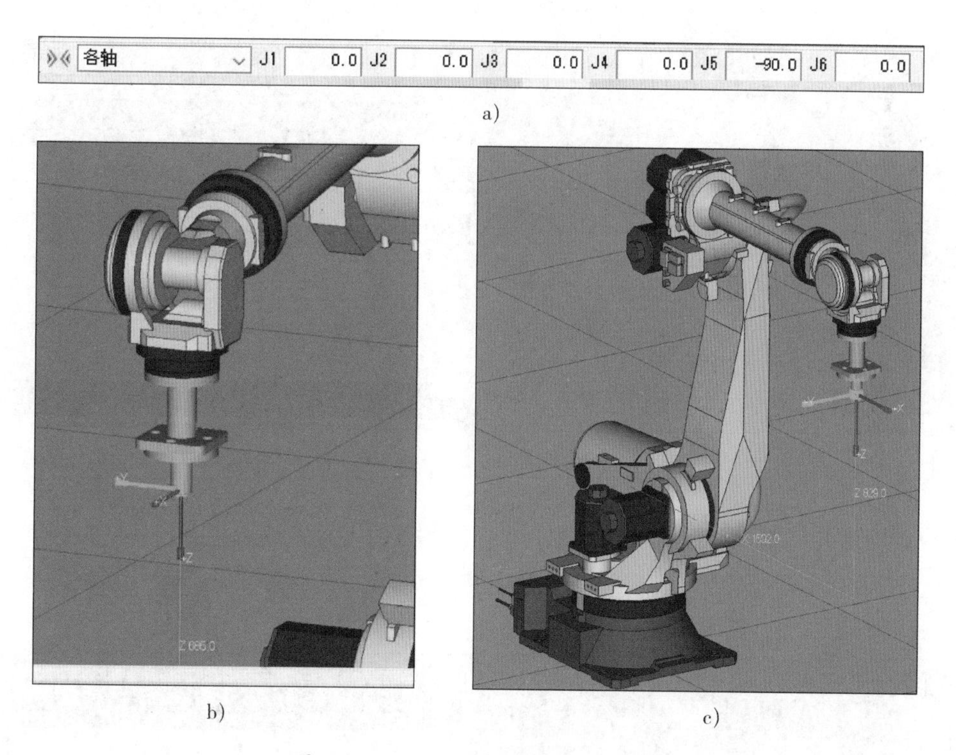

图 4-3-43 工业机器人姿势调整

a）修改工业机器人各轴的角度 b）工业机器人原始姿势 c）调整后的工业机器人姿势

10．设置打磨程序

用鼠标拖动工业机器人 TCP 靠近砂带打磨机作业位置，如图 4-3-44 所示。

软件支持使用鼠标调整工业机器人加工姿势和观看视角。在某些观看角度工业机器人会呈现半透明状态，以方便仿真设计人员查看相应的位置，如图 4-3-45 所示。

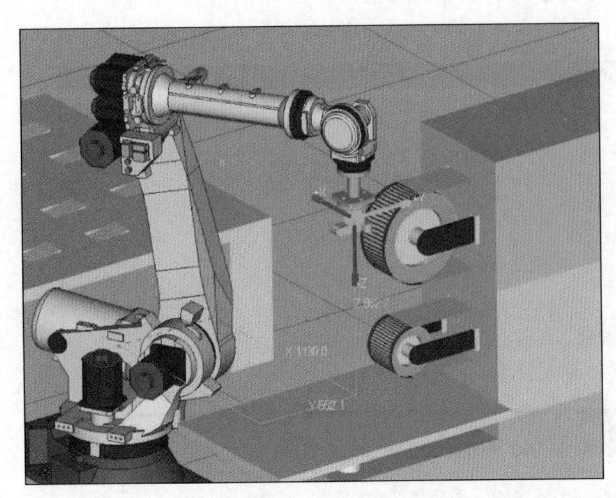

图 4-3-44　使工业机器人 TCP 靠近砂带打磨机作业位置

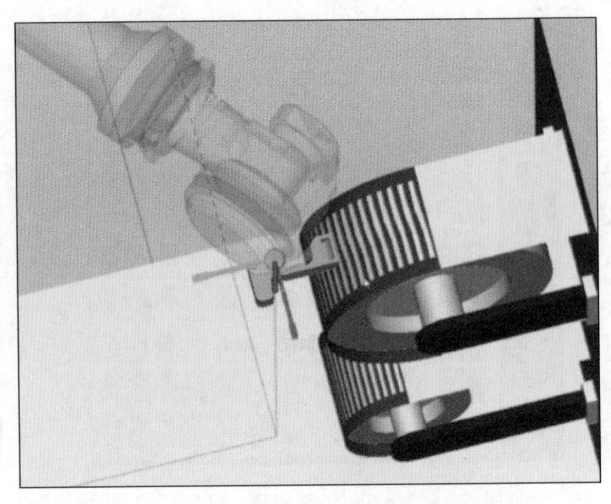

图 4-3-45　工业机器人呈现半透明状态

通过拖动工具坐标系调整工业机器人的位置，当确认该位置为合适的打磨作业点时，使用示教器记录该点，如图 4-3-46 所示。

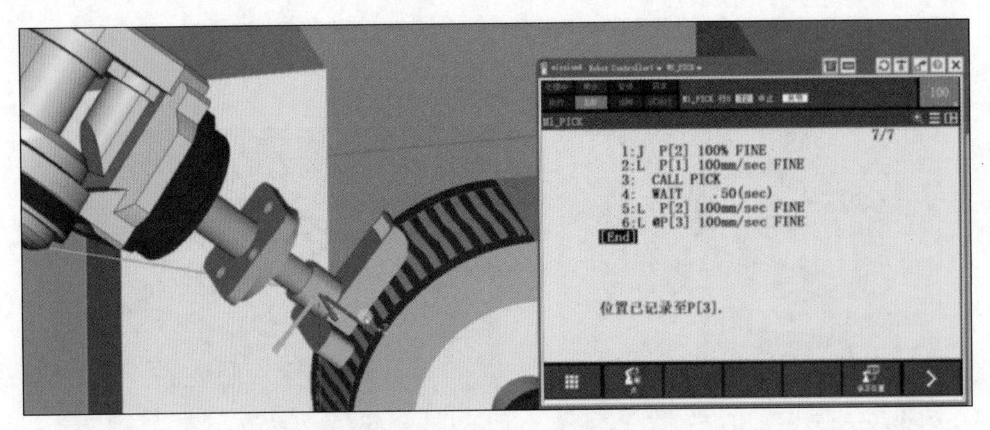

图 4-3-46　记录打磨作业点

工业机器人直线离开打磨作业点，示教器在上一行（第 6 行）插入动作指令，记录中途点，如图 4-3-47 所示。

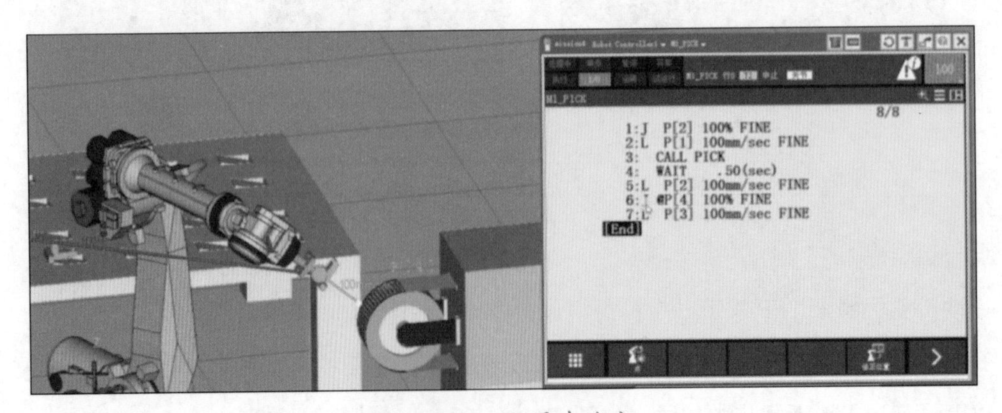

图 4-3-47　记录中途点

将光标移到第 7 行指令，单击示教器的“STEP（单步测试）”按钮，单击“SHIFT”+“FWD”按钮测试工业机器人从中途点到打磨作业点的轨迹是否流畅、合理，如图 4-3-48 所示。

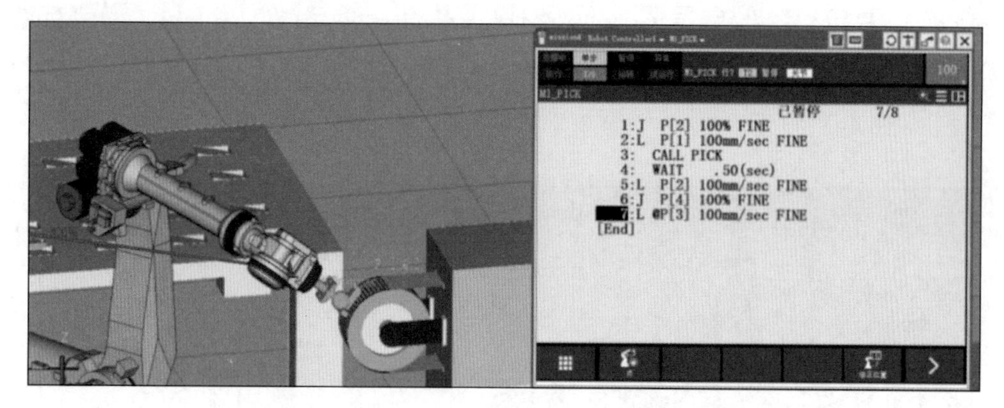

图 4-3-48　测试工业机器人的轨迹是否流畅、合理（中途点到打磨作业点）

拖动工具坐标系，调整工业机器人的偏转角度，打磨其他平面，如图 4-3-49 所示。

把新的打磨作业点 P［5］记录到示教器程序的第 8 行，如图 4-3-50 所示。

图 4-3-49　打磨其他平面

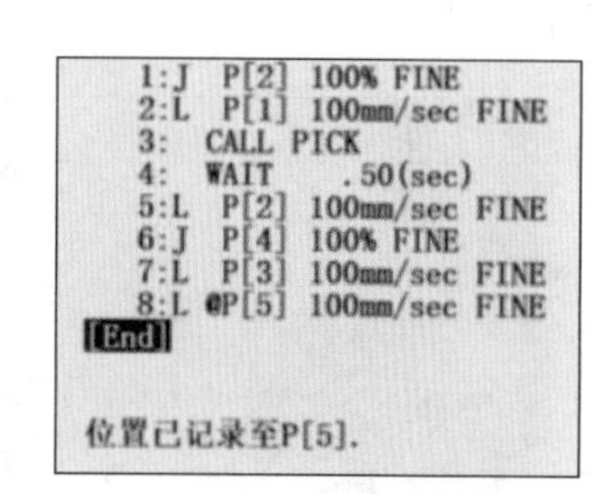

图 4-3-50　记录打磨作业点 P［5］

再次调整工业机器人的偏转角度，把新的打磨作业点 P［6］记录到示教器程序的第 9 行，如图 4-3-51 所示。

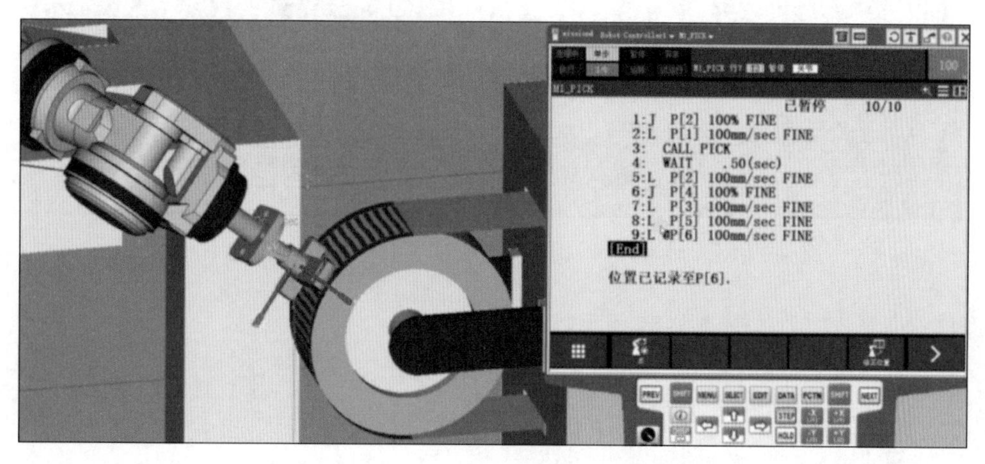

图 4-3-51　记录打磨作业点 P［6］

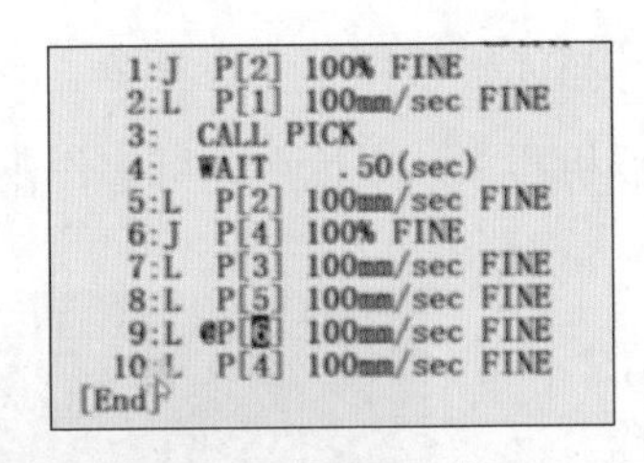

图 4-3-52 重新写入中途点数据

在第 10 行重新写入第 6 行的中途点数据，表示工业机器人打磨完成，工业机器人离开打磨作业区，如图 4-3-52 所示。

将光标移动到第 10 行，单击示教器的“STEP”按钮，单击“SHIFT” + “FWD”按钮测试工业机器人从打磨作业点到中途点的轨迹是否流畅、合理，如图 4-3-53 所示。

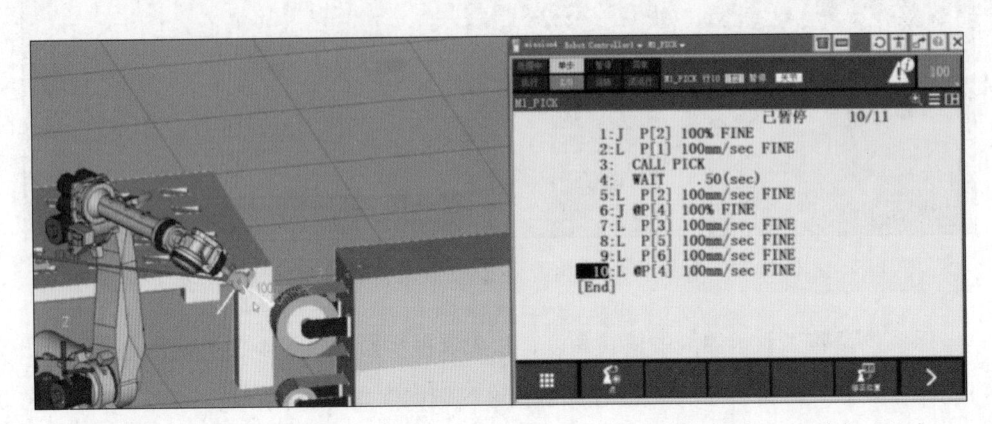

图 4-3-53 测试工业机器人的轨迹是否流畅、合理（打磨作业点到中途点）

在工具坐标系的直线部分长按鼠标左键，沿着对应方向直线移动工业机器人到达砂带打磨机精磨作业位置，如图 4-3-54 所示。

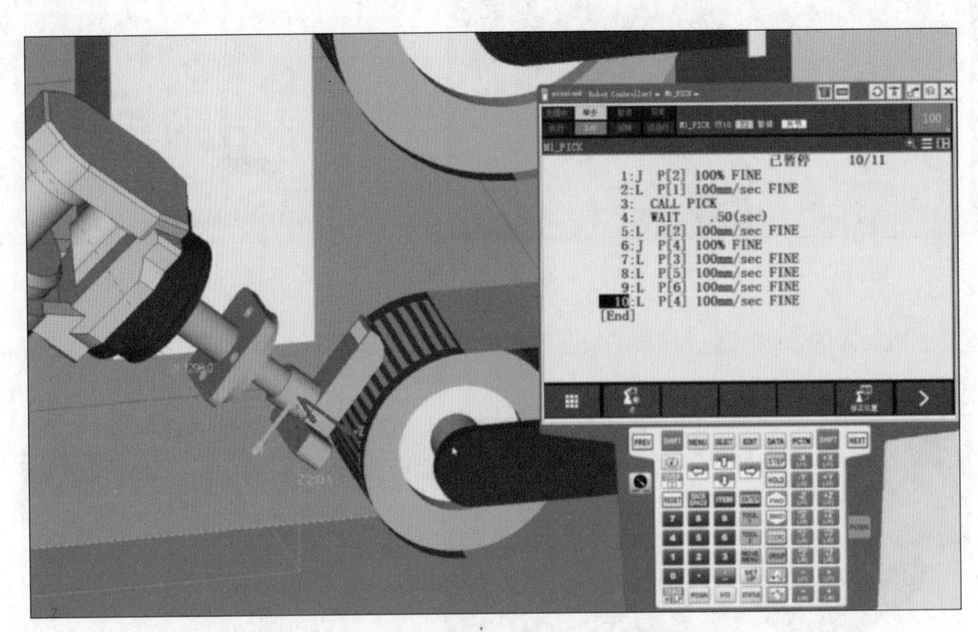

图 4-3-54 移动工业机器人到达砂带打磨机精磨作业位置

记录精磨作业点 P［7］，如图 4-3-55 所示。

插入空行，记录精磨中途点 P［8］，如图 4-3-56 所示。

将光标移动到最后的位置，重复记录 P［8］。指令第 11 ~ 13 行表示工业机器人精磨行走轨迹，如图 4-3-57 所示。

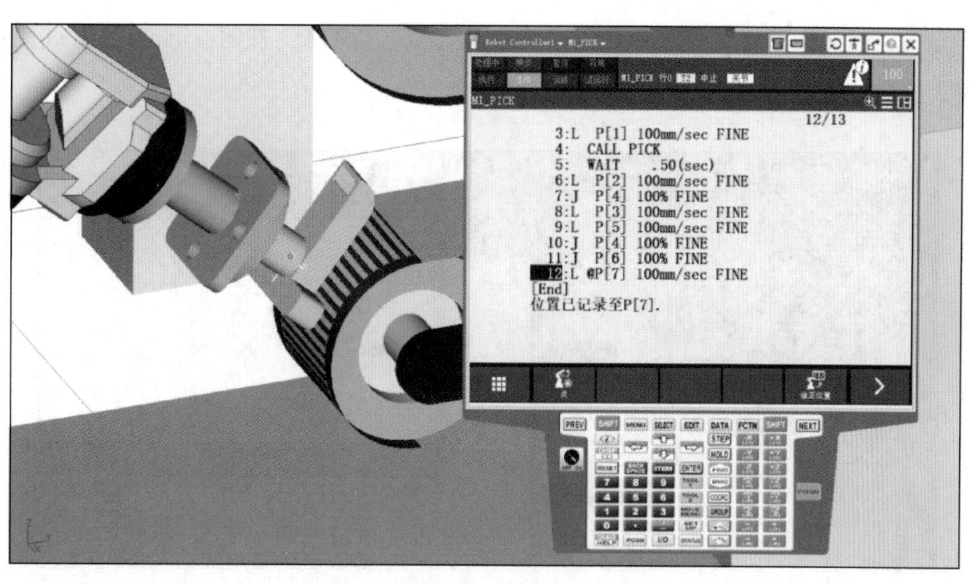

图 4-3-55　记录精磨作业点 P［7］

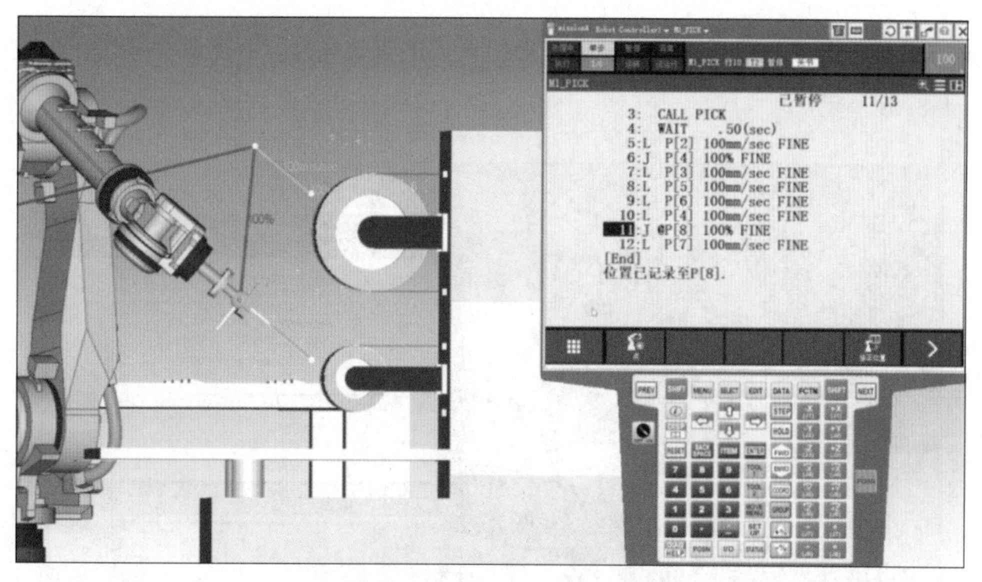

图 4-3-56　记录精磨中途点 P［8］

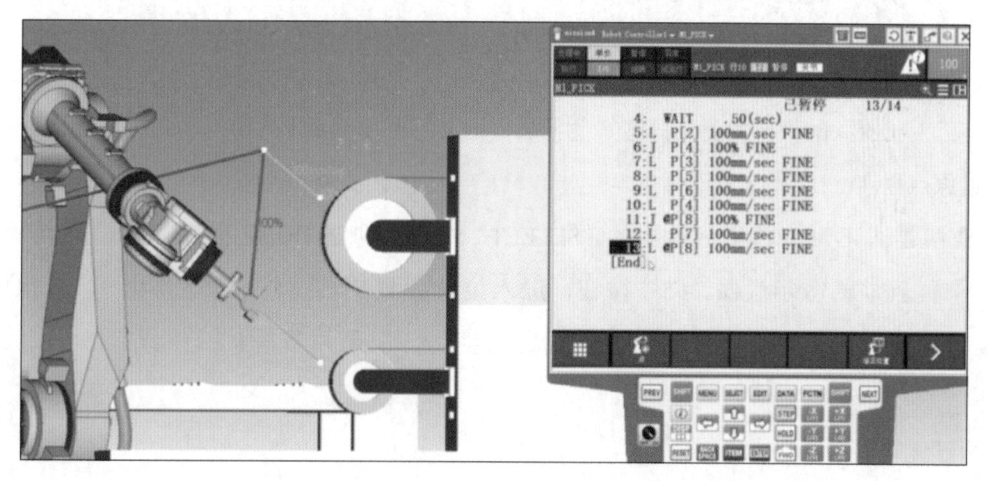

图 4-3-57　记录工业机器人精磨行走轨迹

插入两行空行。将光标移到 P［7］指令行，单击示教器的 “STEP” 按钮，单击 “SHIFT” + “FWD” 按钮使工业机器人回到打磨作业点，如图 4–3–58 所示。

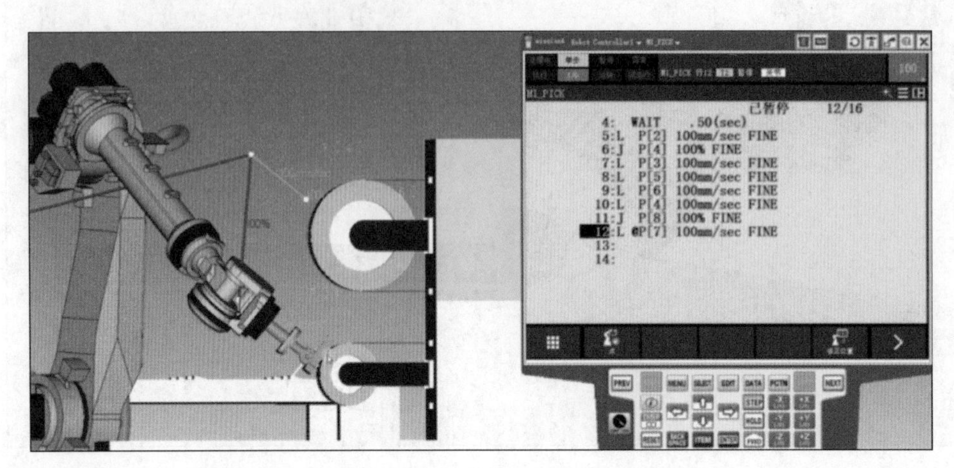

图 4–3–58　工业机器人回到打磨作业点

在工具坐标系的末端长按鼠标左键，调整工业机器人的偏转角度，打磨其他平面，记录打磨作业点 P［9］，如图 4–3–59 所示。

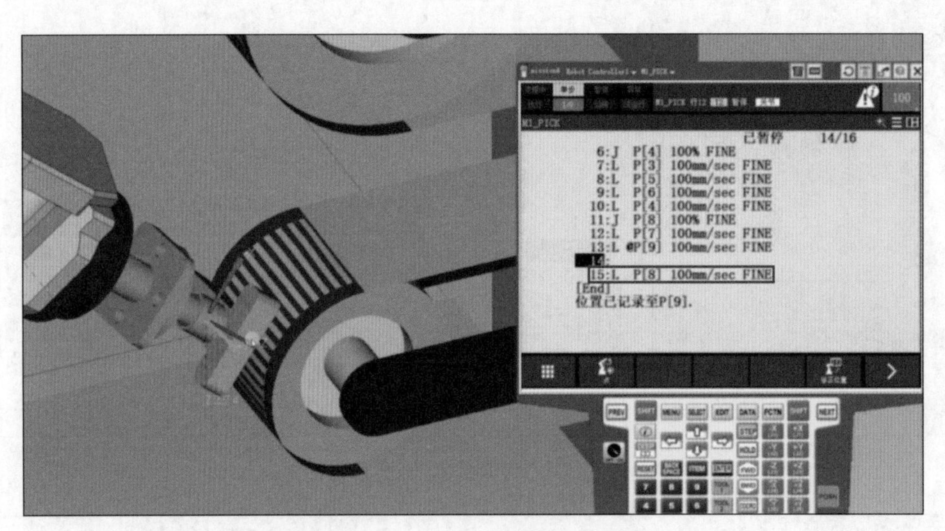

图 4–3–59　记录打磨作业点 P［9］

继续调整工业机器人的偏转角度，打磨其他平面，记录打磨作业点 P［10］，如图 4–3–60 所示。

11．设置原点程序

保持工业机器人不动，单击示教器的 “SELECT” 按钮，创建 HOME 程序，记录原点 P［1］。将光标移到 P［1］位置，单击示教器 “F5” 按钮，进入位置设置界面，修改 J5 为 –90°，其他轴均为 0°，单击 “完成” 按钮，工业机器人呈现数据所规定的姿势，记录并覆盖 P［1］原有数据，如图 4–3–61 所示。

12．综合调试

在示教器中打开 M1_PICK 程序，在工业机器人拾取工件后，插入 1 行空行，如图 4–3–62 所示。

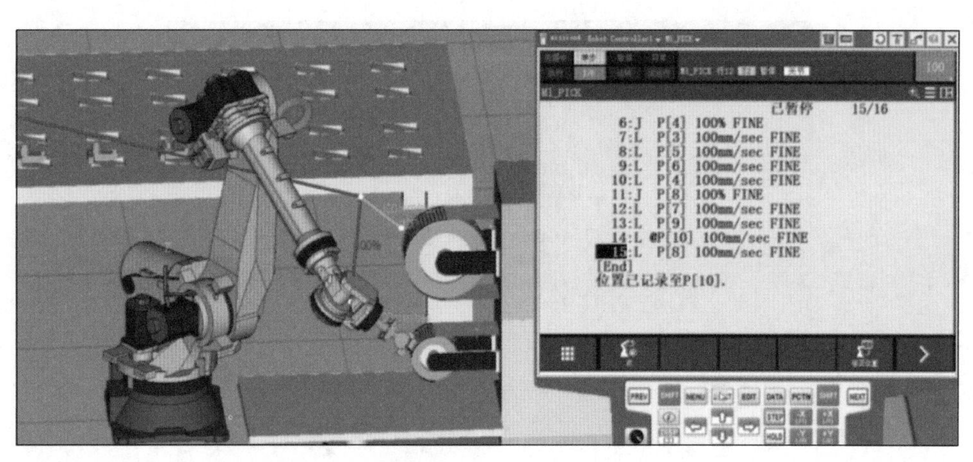

图 4-3-60　记录打磨作业点 P［10］

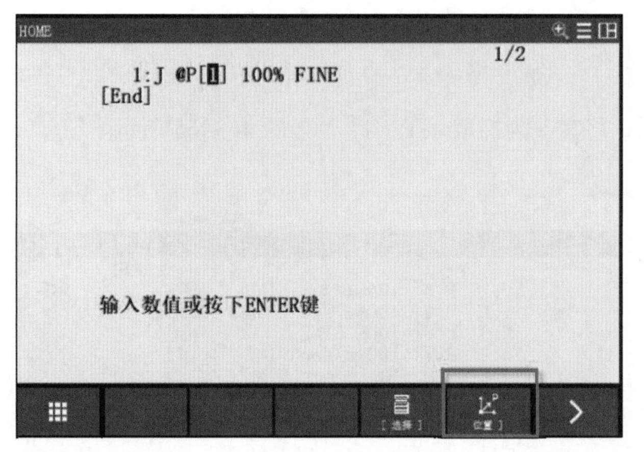

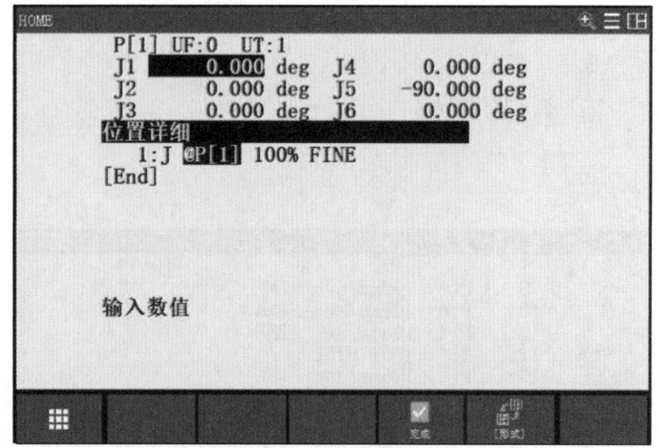

图 4-3-61　原点设置

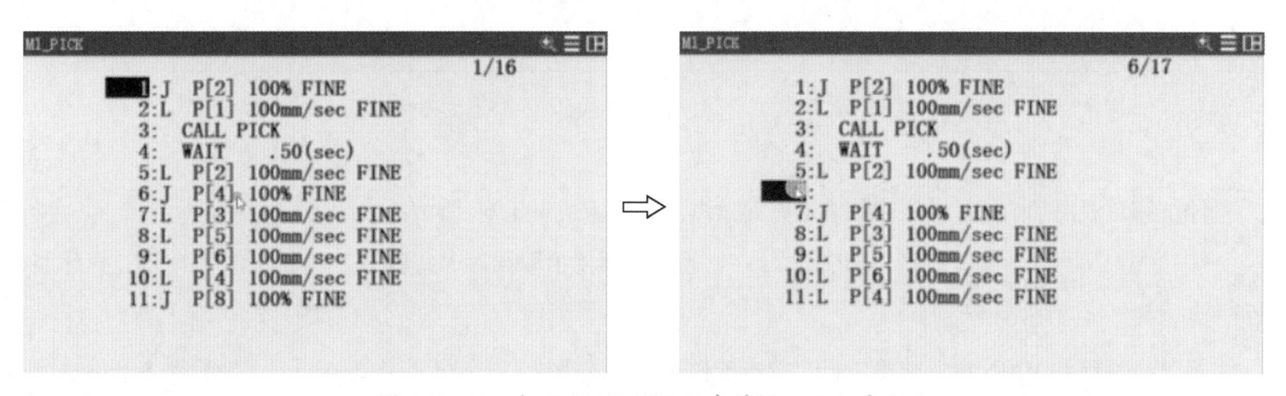

图 4-3-62　打开 M1_PICK 程序并插入 1 行空行

添加程序调用指令，调用 HOME 程序，如图 4-3-63 所示，表示工业机器人完成一个阶段的任务后回到原点，再执行下一阶段的任务。

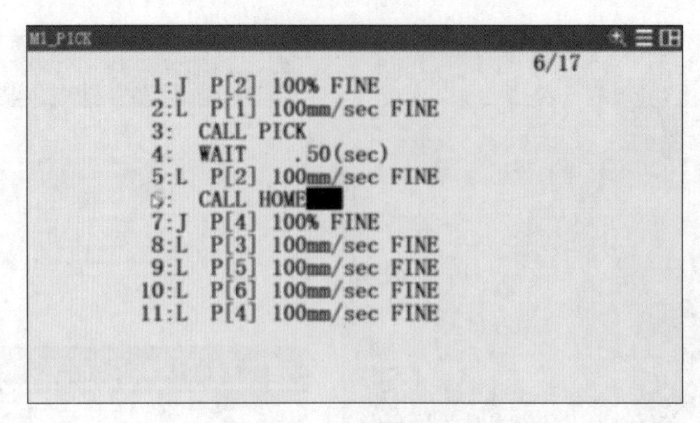

图 4-3-63　调用 HOME 程序

完成打磨工序后需要重新回到料架放置水龙头工件，因为抓取和放置的点位一致，因此可以直接使用同个点位进行放置。将光标移到程序的最后 1 行，记录新的点位数据，将其改为过渡点 P［2］，如图 4-3-64 所示。

再将光标移到程序的最后 1 行，记录新的点位数据，将其改为抓取点 P［1］，如图 4-3-65 所示。

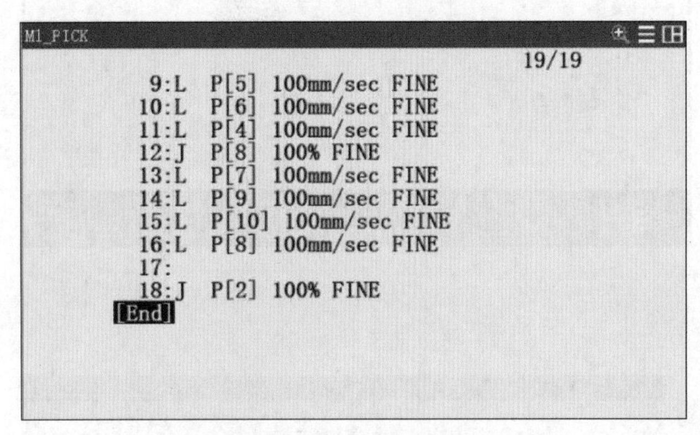

图 4-3-64　记录过渡点 P［2］

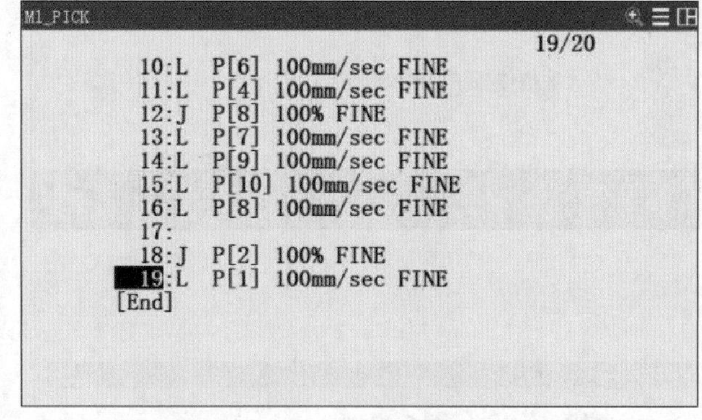

图 4-3-65　记录抓取点 P［1］

添加完过渡点和抓取点，还需要添加回起始点指令，如图 4-3-66 所示。

编辑 MAIN 程序，第 1 行调用 HOME 程序，第 2 行调用拾取程序 M1_PICK，第 3 行调用 HOME 程序回到原点，如图 4-3-67 所示。

将光标移动到 MAIN 程序的第 1 行，单击软件上方的“播放”按钮（图 4-3-68），工业机器人开始执行相应的程序。

测试过程中单击鼠标中键或右键拖曳，进行视角切换，查看工业机器人的运动轨迹是否符合要求，如图 4-3-69 所示。

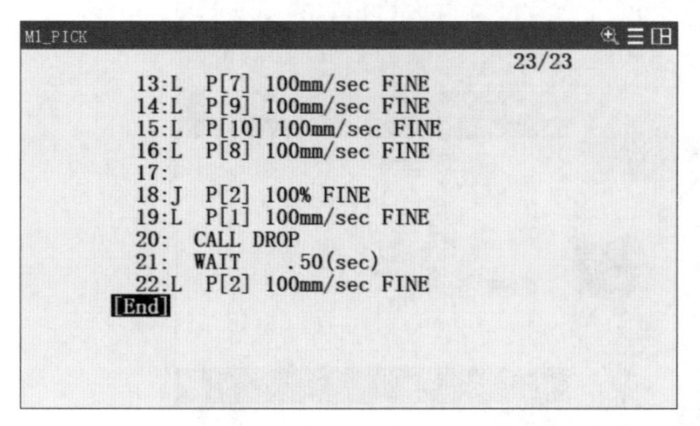

图 4-3-66　添加回起始点指令

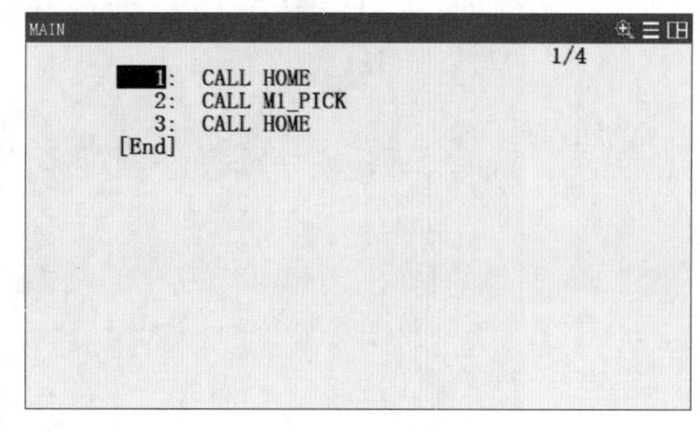

图 4-3-67　编辑 MAIN 程序

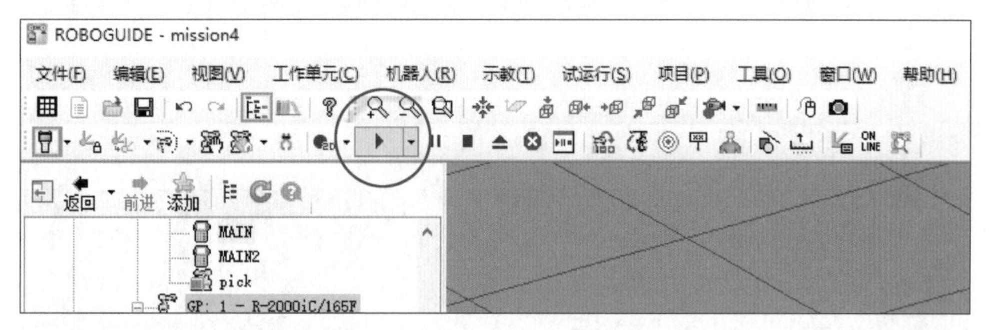

图 4-3-68　单击“播放”按钮

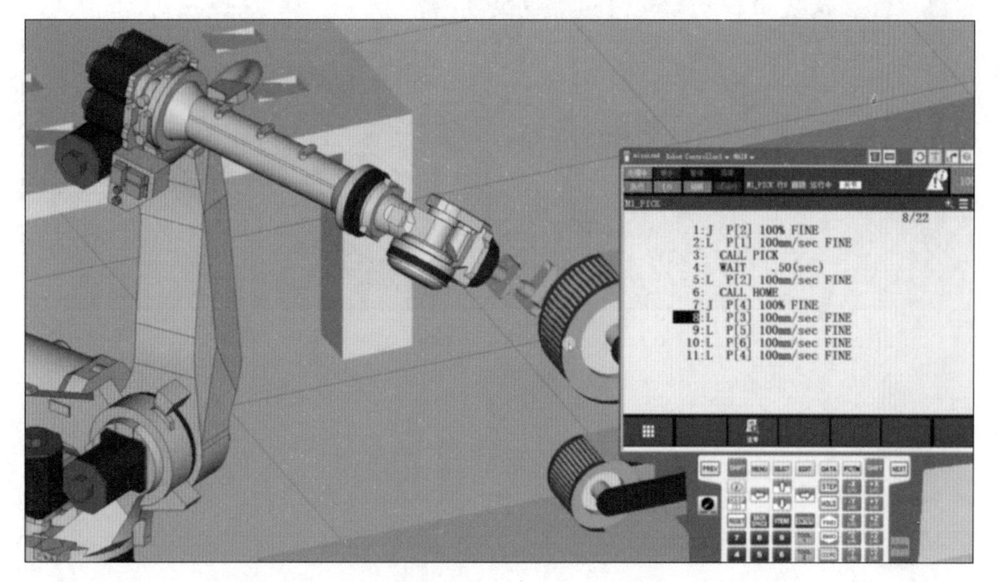

图 4-3-69　查看工业机器人的运动轨迹是否符合要求

13．程序检查

查看示教器程序执行情况，检查程序有无错误，工业机器人的姿态是否能够实现，如图 4-3-70 所示。

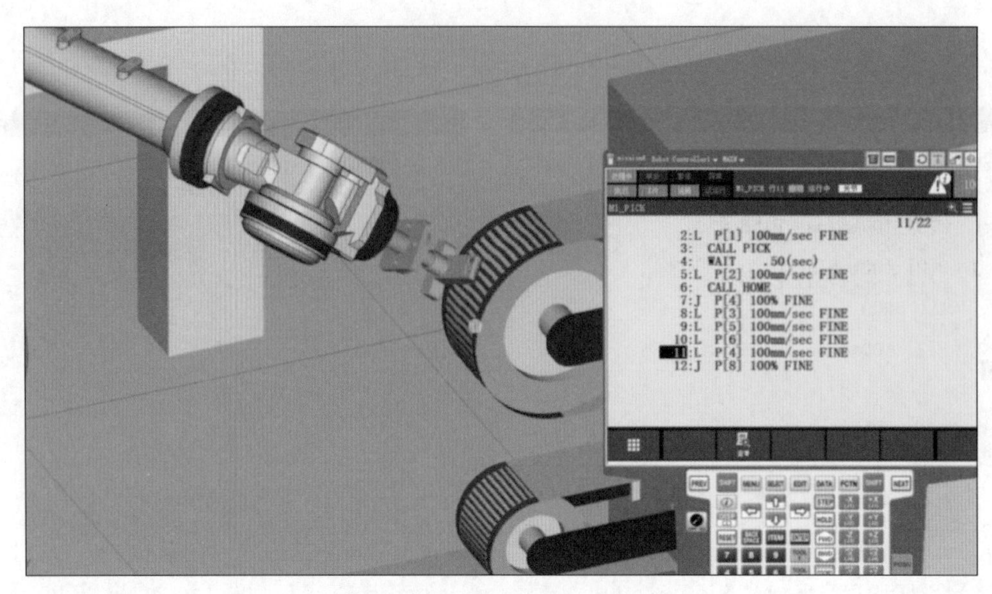

图 4-3-70 检查程序执行情况

查看精磨作业程序，如图 4-3-71 所示。

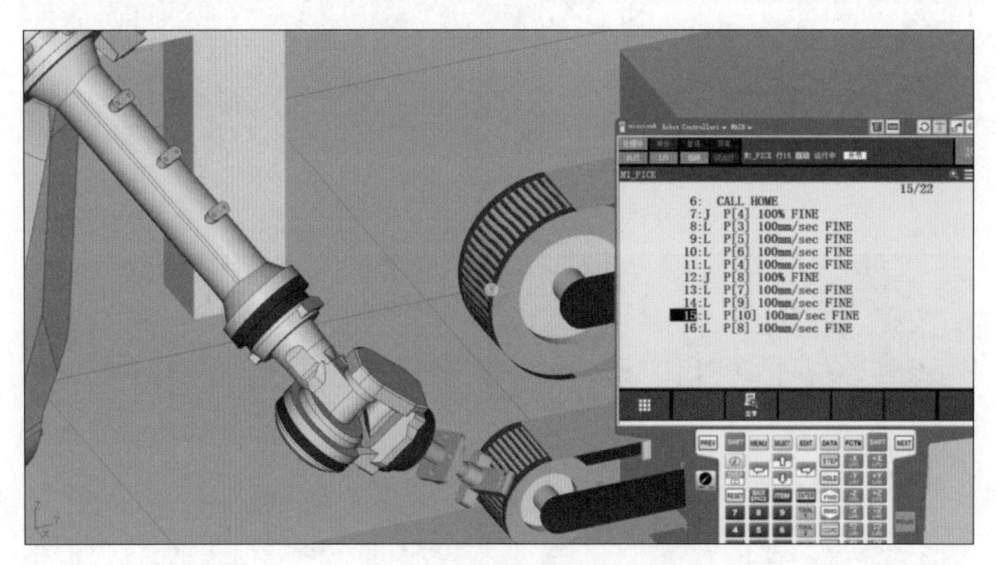

图 4-3-71 查看精磨作业程序

学习活动 4　工作站仿真设计

学习目标

1. 能根据打磨工作站的布局要求和仿真设计规范，以独立工作的方式，使用工业机器人仿真软件导入工业机器人及周边设备的 3D 模型，完成打磨工作站 3D 模型的搭建。

2. 能编写工业机器人打磨程序，根据工艺要求调整工业机器人的动作。

3. 能通过仿真功能对工作站进行干涉检测，验证工业机器人的可达范围、工作节拍、生产布局和电气连接等是否符合要求，生成仿真动画视频，并做好工作记录。

4. 能生成包含工作站的干涉位置、工作节拍和不可到达位置等信息的仿真报告，将仿真报告和仿真动画视频提交项目负责人审核，整理设计文件并存档。

5. 能在工作过程中严格执行行业、企业仿真设计相关技术标准，保守公司与客户的商业秘密，遵守企业生产管理规范及“6S”管理规定。

建议学时：12 学时

学习过程

一、仿真设计

1．在仿真设计室内按照表 4–4–1 中的操作提示完成打磨工作站仿真设计。

表 4-4-1　　打磨工作站仿真设计过程

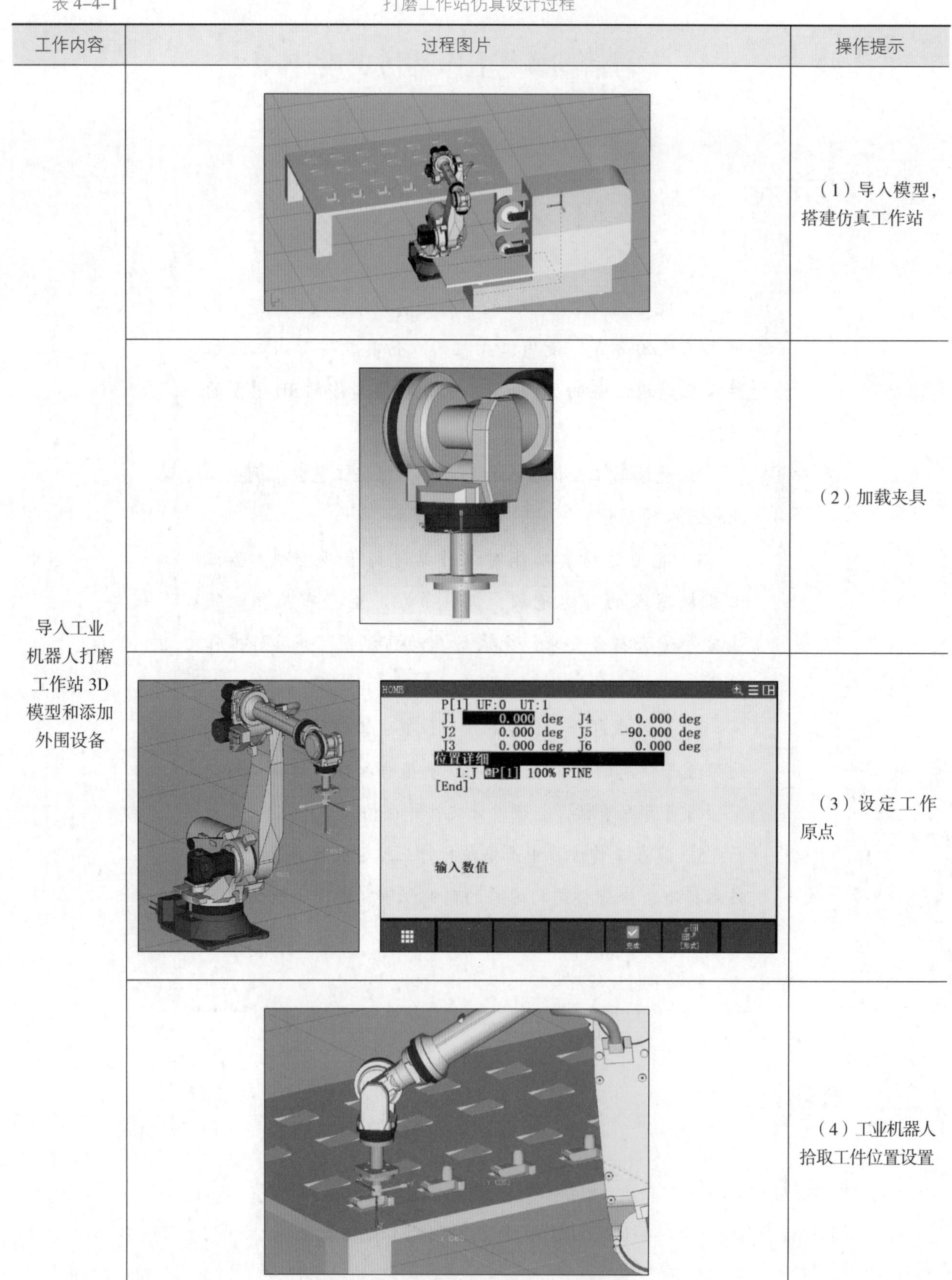

工作内容	过程图片	操作提示
导入工业机器人打磨工作站 3D 模型和添加外围设备		（1）导入模型，搭建仿真工作站
		（2）加载夹具
		（3）设定工作原点
		（4）工业机器人拾取工件位置设置

续表

<table>
<tr><th>工作内容</th><th>过程图片</th><th>操作提示</th></tr>
<tr><td rowspan="3">设置打磨程序</td><td>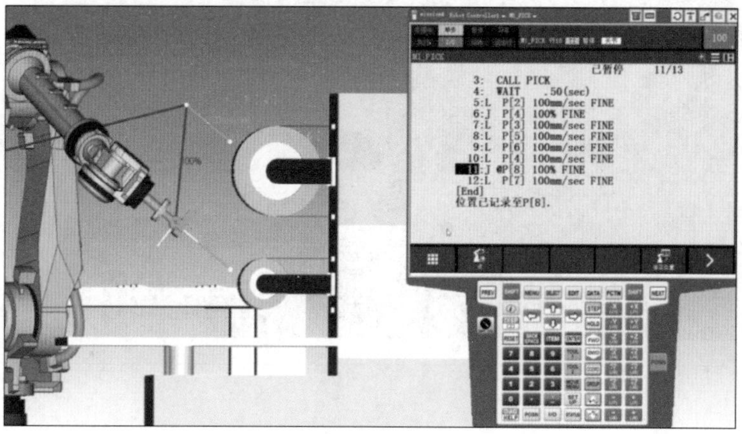
</td><td>（1）打磨程序编程</td></tr>
<tr><td></td><td>（2）工业机器人定点放置元件</td></tr>
<tr><td>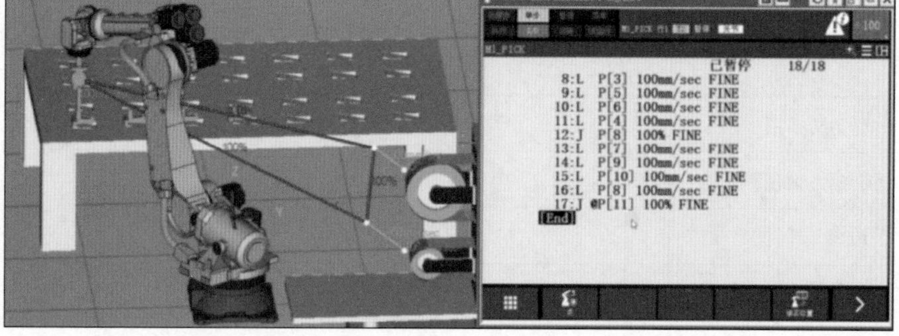
</td><td>（3）工作任务完成，工业机器人返回原点</td></tr>
</table>

续表

工作内容	过程图片	操作提示
检测干涉情况	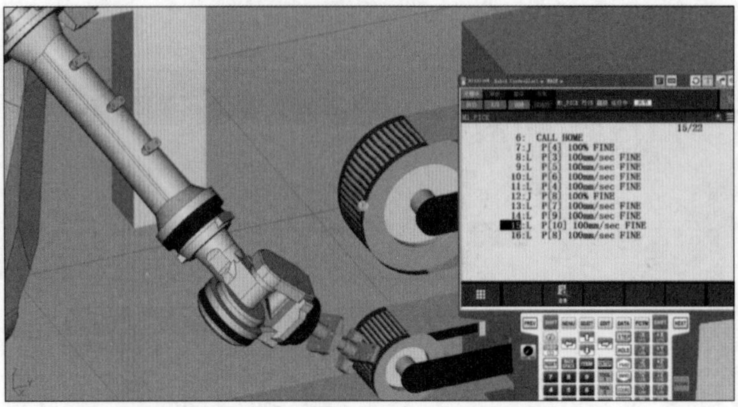	进行干涉检测，验证工业机器人的可达范围、工作节拍和生产布局等
提交仿真动画视频	—	生成并提交仿真动画视频，做好工作记录

2．分别写出打磨工作站工业机器人主程序，工业机器人取、放料程序。

二、交付验收

1．按表 4-4-2 对打磨工作站仿真设计结果进行验收。

表 4-4-2　　打磨工作站仿真设计验收表

序号	验收项目	文件格式 / 版本要求	完成情况
1	仿真动画视频	MP4	
2	设备布局图	DWG/2024	
3	工具安装文件	PPT、xls	
4	工业机器人离线程序	TP、LS	
5	仿真数据	rgx	

2. 参照世界技能大赛工业机器人系统集成项目对工业机器人工作站仿真的评价标准和理念，设计表 4–4–3 的评分表，对打磨工作站仿真设计进行评分。

表 4–4–3　　打磨工作站仿真设计评分表

序号	评价项目	M– 测量 J– 评价	配分 / 分	评分标准	得分
1	仿真工作站布局	M	10	仿真工作站按照设备布局样式布局，模块（搬运夹具、料架、砂带打磨机）数量完整，缺一个模块扣 2 分	
2	工业机器人初始位置	M	5	工业机器人初始位置处于零点位置（1～6 轴均为 0°），未处于零点位置不得分	
3	工业机器人位置与工作原点的关系	M	5	工业机器人运行到工作原点（1～6 轴分别为 0°、0°、0°、0°、–90°、0°），未处于工作原点不得分	
4	工业机器人工具取放	M	5	工业机器人正确取放工具，未取到或取放过程中发生干涉不得分	
5	工业机器人上料	M	10	工业机器人将水龙头从料架拾取到夹具上，未能拾取或过程中发生干涉不得分	
6	工业机器人工件打磨	M	10	工业机器人抓取水龙头靠近打磨机进行打磨作业，过程中工业机器人姿态不合理不得分	
7	工业机器人下料	M	10	工业机器人将打磨完毕的水龙头放置到料架上，过程中发生干涉不得分	
8	多个工件打磨	M	30	工业机器人能依次完成 4 个水龙头的拾取 / 放置和打磨作业，缺一个扣 10 分	
9	任务结束	M	5	工业机器人回到工作原点位置，过程中发生干涉不得分	
10	仿真视频录制	J	10	0—没有录制；1—基础视频，只有一个视角；2—高级视频，多视角或者 3D；3—高级视频，多视角和 3D	
合计			100	总得分	

学习活动 5　工作总结与评价

1. 能展示工作成果，说明本次任务的完成情况，并进行分析总结。

2. 能结合自身任务完成情况，正确、规范地撰写工作总结。

3. 能就本次任务中出现的问题提出改进措施。

4. 能主动获取有效信息，展示工作成果，对学习与工作进行总结和反思，并与他人开展良好合作，进行有效沟通。

建议学时：2 学时

学习过程

一、个人评价

按表 4–5–1 所列评分标准进行个人评价。

表 4–5–1　个人评价表

项目	序号	技术要求	配分 / 分	评分标准	得分
工作组织与管理（15%）	1	任务单的填写	3	每处错误扣 1 分，扣完为止	
	2	有效沟通	2	不符合要求不得分	
	3	按时完成工作页的填写	4	未完成不得分	
	4	安全操作	4	违反安全操作不得分	
	5	绿色、环保	2	不符合要求，每次扣 1 分，扣完为止	
工具使用（5%）	6	正确使用卷尺	2	不正确、不合理不得分	
	7	正确使用游标卡尺	2	不正确、不合理不得分	
	8	正确使用钢直尺	1	不正确、不合理不得分	

续表

项目	序号	技术要求	配分 / 分	评分标准	得分
软件和资料的使用（10%）	9	SolidWorks 或 Autodesk Inventor 软件的操作	2	每处错误扣 1 分，扣完为止	
	10	ROBOGUIDE 软件的操作	4	每处错误扣 1 分，扣完为止	
	11	3D 模型图的分析与处理	4	每处错误扣 1 分，扣完为止	
仿真设计质量（70%）	12	工业机器人 3D 模型的导入	5	不正确不得分	
	13	非标设备 3D 模型的导入	5	每缺一个扣 2 分，扣完为止	
	14	辅助设备 3D 模型的导入	5	每缺一个扣 2 分，扣完为止	
	15	产品 3D 模型的导入	5	不正确不得分	
	16	夹具的加载	5	不正确不得分	
	17	工具坐标系、工件坐标系的建立	5	每缺一个扣 2 分，扣完为止	
	18	打磨工作站布局	6	不合理不得分	
	19	工业机器人及产品的动作流程和运行路径	5	不合理每处扣 1 分，扣完为止	
	20	打磨工作站工业机器人程序	5	每缺一个扣 2 分，扣完为止	
	21	工业机器人干涉检测	6	每处干涉扣 2 分，扣完为止	
	22	仿真动画视频录制	6	像素不符合要求不得分	
	23	仿真总结	12	未完成不得分	
合计			100	总得分	

二、小组评价

以小组为单位，选择演示文稿、展板、海报、视频等形式中的一种或几种，向全班展示、汇报仿真设计成果。在展示的过程中，以小组为单位进行评价；评价完成后，根据其他小组成员对本组展示成果的评价意见进行归纳总结。

三、教师评价

认真听取教师对本小组展示成果优缺点以及在完成任务过程中出现的亮点和不足的评价意见，并做好记录。

1．教师对本小组展示成果优点的点评。

2．教师对本小组展示成果缺点及改进方法的点评。

3．教师对本小组在整个任务完成过程中出现的亮点和不足的点评。

四、工作过程回顾及总结

1．在本次学习过程中，你完成了哪些工作任务？你是如何做的？还有哪些需要改进的地方？

2．总结在完成打磨工作站仿真设计任务过程中遇到的问题和困难，列举 2~3 点你认为比较值得和其他同学分享的工作经验。

3．回顾本学习任务的工作过程，对新学专业知识和技能进行归纳和整理，撰写工作总结。

工作总结

评价与分析

学习任务四综合评价表

班级：______　　姓名：______　　学号：______

项目	自我评价（占总评 10%）	小组评价（占总评 30%）	教师评价（占总评 60%）
学习活动 1			
学习活动 2			
学习活动 3			
学习活动 4			
学习活动 5			
协作精神			
纪律观念			
表达能力			
工作态度			
安全意识			
任务总体表现			
小计			
总评			

任课教师：　　　年　　月　　日

世赛知识

世界技能大赛开、闭幕式

- **开幕式**

与奥林匹克运动会相似，每一届世界技能大赛都会在比赛开始之前举行隆重的开幕式，在全部项目竞赛结束后举行闭幕式。开幕式的主要议程包括各个国家（地区）代表团入场、文艺表演、选手代表宣誓、主办方和世界技能组织官员致辞等环节。

- **闭幕式**

闭幕式则更为激动人心，所有项目的金、银、铜牌获得者将在闭幕式现场登台领奖，接受来自各代表团和观众的祝福，在一片震耳的欢呼声中体验成功的喜悦。此外，闭幕式上还有文艺演出、授旗（将赛旗授予下届大赛主办方）等活动。

学习任务五　工业机器人喷涂工作站仿真设计

学习目标

1. 能独立阅读工业机器人喷涂工作站仿真设计任务单，明确任务要求。

2. 能查阅喷涂工作站项目方案书，明确喷涂工作站仿真设计的工作内容、技术标准和工期要求。

3. 能规划喷涂工作站各运动单元的动作和运行路径，以独立工作的方式制定喷涂工作站仿真设计作业流程。

4. 能正确填写领料单，从机械工程师处领取喷涂工作台、喷涂枪、喷涂控制泵、隔离间等设备和浴缸的 3D 模型图。

5. 能根据喷涂工作站的布局要求和仿真设计规范，以独立工作的方式，使用工业机器人仿真软件导入工业机器人本体及周边设备的 3D 模型，完成喷涂工作站 3D 模型的搭建。

6. 能编写工业机器人喷涂程序，对工作站进行干涉检测，验证工业机器人的可达范围、工作节拍、生产布局和电气连接是否符合要求，生成仿真动画视频，并做好工作记录。

7. 能生成包含工作站的干涉位置、工作节拍和不可到达位置等信息的仿真报告，将仿真报告和仿真动画视频提交项目负责人审核，整理设计文件并存档。

8. 能完成喷涂工作站仿真设计工作总结与评价，主动改善技术和提升职业素养。

9. 能在工作过程中严格执行行业、企业仿真设计相关技术标准，保守公司与客户的商业秘密，遵守企业生产管理规范及“6S”管理规定。

10. 能主动获取有效信息，展示工作成果，对学习与工作进行总结和反思，并与他人开展良好合作，进行有效沟通。

建议学时

24 学时

工作情境描述

某卫浴生产企业因产线升级，需要搭建一个工业机器人喷涂工作站，现需对项目方案的可行性进行验证。项目负责人向仿真技术员下达验证任务，要求仿真技术员根据客户要求在 2 天内利用仿真软件完成可行性验证工作。

工作流程与活动

1．明确仿真设计任务（2 学时）

2．制定仿真设计作业流程（2 学时）

3．仿真工作站搭建准备（6 学时）

4．工作站仿真设计（12 学时）

5．工作总结与评价（2 学时）

- 学习任务五 工业机器人喷涂工作站仿真设计
  - 学习活动1 明确仿真设计任务
    - 阅读仿真设计任务单
    - 查阅项目方案书
      - 产品信息
      - 工业机器人喷涂工作站
      - 设备清单及规格
    - 确认喷涂工作站的工作流程
  - 学习活动2 制定仿真设计作业流程
    - 规划喷涂工作站各运动单元的动作和运行路径
    - 制定仿真设计作业流程
  - 学习活动3 仿真工作站搭建准备
    - 填写领料单并领料
    - 加载、设置喷涂工业机器人及周边设备模型的方法
      - 新建工作单元
      - 设置工业机器人各关节的旋转角度
      - 加载喷涂枪
      - 加载喷嘴组
      - 设置工具坐标系
      - 加载喷涂工作台和隔离间
      - 加载浴缸
      - 将浴缸放置到喷涂工作台上
      - 加载围栏
      - 复制出围栏
      - 隐藏隔离间
      - 开启干涉检测
      - 启用喷雾仿真
      - 设置工件特征图形
      - 生成TP程序
      - 完善TP程序
      - 实现仿真喷涂效果
  - 学习活动4 工作站仿真设计
    - 仿真设计
    - 交付验收
  - 学习活动5 工作总结与评价
    - 个人评价
    - 小组评价
    - 教师评价
    - 工作过程回顾及总结

学习活动 1　明确仿真设计任务

学习目标

1. 能阅读喷涂工作站仿真设计任务单，明确任务要求。

2. 能通过阅读喷涂工作站项目方案书，明确喷涂工作站仿真设计的工作内容、技术标准和工期要求。

3. 能叙述工业机器人喷涂工作站的工作流程与技术要点。

建议学时：2 学时

学习过程

一、阅读仿真设计任务单

1．阅读仿真设计任务单（表 5–1–1），与班组长沟通，填写作业要求。

表 5–1–1　　仿真设计任务单

需方单位名称		完成日期	年　月　日
紧急程度	□普通　□紧急　□特急	要求程度	□普通　□精细　□特精细
作业基本要求			
需求类型	□搬运　□装配　□焊接　□打磨　□喷涂　□其他____		
作业内容	□建模　□搭建 3D 工作站　□仿真动画　□仿真总结		
项目方案书	布局　□有　□无 工作站组成　□有　□无 图纸　□有　□无 工作流程　□有　□无 技术要求（含指示灯状态要求）□有　□无		
建模资料	有无设备 3D 模型　□有　□无	有无工件 3D 模型　□有　□无	
视频动画	视角：____________　分辨率：____________		

续表

客户具体要求			
项目描述	工作原理：在卫浴生产企业利用工业机器人、喷涂枪、喷涂控制泵、喷涂工作台等实现浴缸的喷涂 结构特点：1 台 6 轴工业机器人、1 个喷涂工作台、1 把喷涂枪、1 台喷涂控制泵、1 个隔离间和 1 套 PLC 总控系统 主要功能：实现浴缸的喷涂 工作节拍：≤ 9 s/ 件 故障率：≤ 1% 应用领域：卫浴生产行业		
资源分配与节点目标			
批准人		时间	
接单人		时间	
验收人		时间	

2．喷涂系统主要由喷涂机、吹扫装置、控制器等组成，典型的喷涂系统结构如图 5-1-1 所示。写出工业机器人喷涂系统的应用领域。

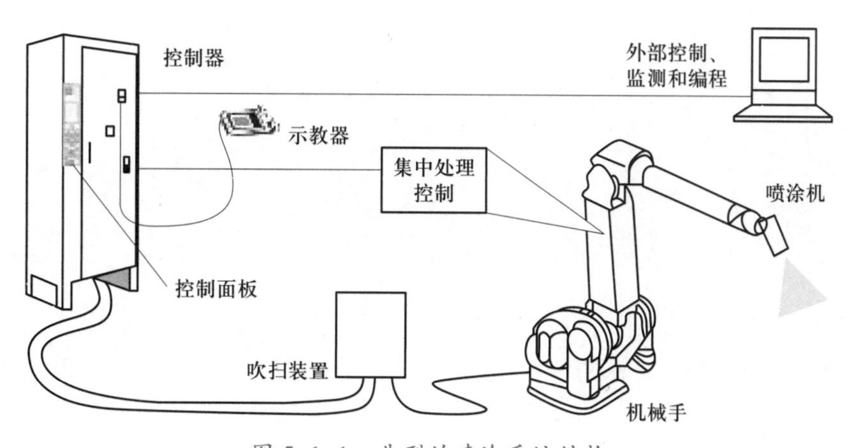

图 5-1-1　典型的喷涂系统结构

二、查阅项目方案书

查阅工业机器人喷涂工作站项目方案书，了解项目要求、系统组成和技术参数等信息。

1．产品信息

图 5-1-2 所示为某企业生产的浴缸。本任务需要完成浴缸的喷涂。

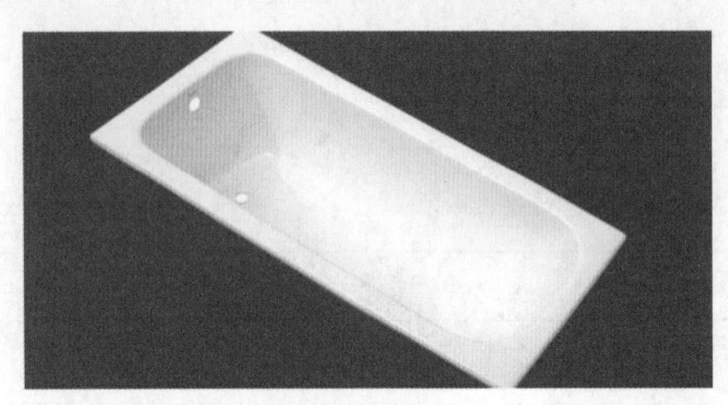

图 5-1-2 浴缸

（1）写出常用的陶瓷喷涂材料和喷涂方式。

（2）写出浴缸喷涂过程中需要注意的事项。

2．工业机器人喷涂工作站

本工作站由 1 台 6 轴工业机器人、1 个喷涂工作台、1 把喷涂枪、1 台喷涂控制泵、1 个隔离间和 1 套 PLC 总控系统组成，实现浴缸的喷涂，布局图如图 5-1-3 所示。

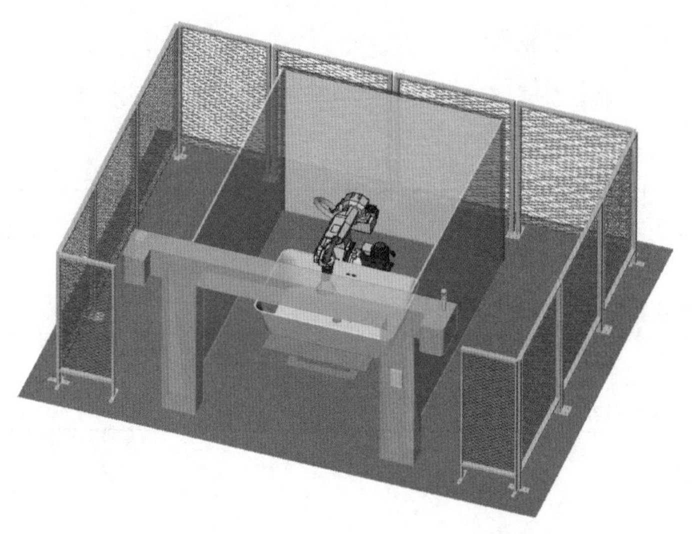

图 5-1-3　喷涂工作站布局图

3．设备清单及规格

喷涂工作站设备清单及规格见表 5-1-2。

表 5-1-2　喷涂工作站设备清单及规格

序号	名称	型号 / 规格	数量	单位
1	工业机器人	FANUC Robot M20-*i*A	1	套
1.1	工业机器人本体	负载：20 kg，工作范围半径：1 811 mm	1	台
1.2	工业机器人控制器	R-30*i*A	1	个
1.3	示教器	带 10 m 电缆管	1	个
1.4	输入、输出信号板	16 进 16 出数字 I/O 板	1	块
1.5	工业机器人控制软件	Handling	1	套
2	喷涂工作台	非标	1	个
3	喷涂枪	非标	1	把
4	喷涂控制泵	非标	1	台
5	隔离间	非标	1	个
6	PLC 总控系统	集成	1	套

（1）工业机器人仿真工作站由非标设备、辅助设备和产品组成，本工作站的非标设备有哪些？

（2）在创建工作单元时，需要导入 3D 模型，分别写出需通过“工装”“工件”导入的 3D 模型。

三、确认喷涂工作站的工作流程

1．查阅喷涂工作站工作流程表（表 5-1-3），绘制喷涂工作站工作流程图。

表 5-1-3 喷涂工作站工作流程表

步骤	工作流程
1	人工将浴缸放到喷涂工作台上
2	启动喷涂程序，关闭隔离间
3	工业机器人执行浴缸喷涂程序
4	喷涂完成，打开隔离间

2．根据喷涂工作站的工作流程和浴缸的喷涂工艺，配置工业机器人 I/O 功能（表 5-1-4）。

表 5-1-4 工业机器人 I/O 功能表

输入		输出	
DI101		DO101	
DI102		DO102	
DI103		DO103	
DI104		DO104	
DI105		DO105	

3．简述工业机器人喷涂轨迹示教的工艺要求。

学习活动 2　制定仿真设计作业流程

学习目标

1. 能规划喷涂工作站各运动单元的动作和运行路径。

2. 能根据任务要求和班组长提供的设计资源，制定喷涂工作站仿真设计作业流程。

建议学时：2 学时

学习过程

一、规划喷涂工作站各运动单元的动作和运行路径

1. 根据喷涂工作站的工作流程，规划工业机器人、喷涂系统的动作和运行路径。

2. 画出第一件产品的运行路径。

二、制定仿真设计作业流程

1. 本工作站包含很多非标模型，简述该工作站非标 3D 模型的导入步骤及注意事项。

2．喷涂工业机器人可以根据应用场景采用不同的安装方式，查阅相关资料，写出常见的喷涂工业机器人的安装方式。

3．工件喷涂的质量和工业机器人的运行路径、运动速度、喷涂枪流量和喷距等参数有直接的关系，查阅相关资料，列举出影响喷涂效果的工艺参数。

4．根据任务要求，查阅相关资料，制定喷涂工作站仿真设计作业流程，填写表 5-2-1。

表 5-2-1　　喷涂工作站仿真设计作业流程

序号	工作内容	仿真要领	完成时间
1	导入工业机器人 3D 模型和添加外围设备		
2	工业机器人喷涂路径示教		
3	调试工业机器人喷涂程序		
4	检测喷涂工作站干涉情况及验证工作节拍		
5	录制仿真动画视频并提交		

学习活动 3　仿真工作站搭建准备

学习目标

1. 能根据喷涂工作站仿真设计作业流程，正确填写领料单，从机械工程师处领取喷涂工作台、喷涂枪、喷涂控制泵、隔离间等设备和浴缸的 3D 模型图。

2. 能叙述喷涂工业机器人及其周边设备模型的加载和设置方法。

建议学时：6 学时

学习过程

一、填写领料单并领料

1. 根据仿真设计作业流程，填写领料单（表 5–3–1）。

表 5–3–1　　领料单

领用部门			领用人	
名称	规格及型号	数量		备注
		领用	实发	
保管人		审核人		
日　期		日　期		

2. 根据领料单领取相关物料。

二、加载、设置喷涂工业机器人及周边设备模型的方法

1．新建工作单元

（1）单击启动画面中的“新建工作单元”，弹出“工作单元创建向导”对话框，在“步骤 1- 选择进程”界面选择“HandlingPRO”，单击“下一步”按钮。

（2）进入“步骤 2- 工作单元名称”界面，输入新建工作单元的名称“Paint001”，单击“下一步”按钮，如图 5-3-1 所示。

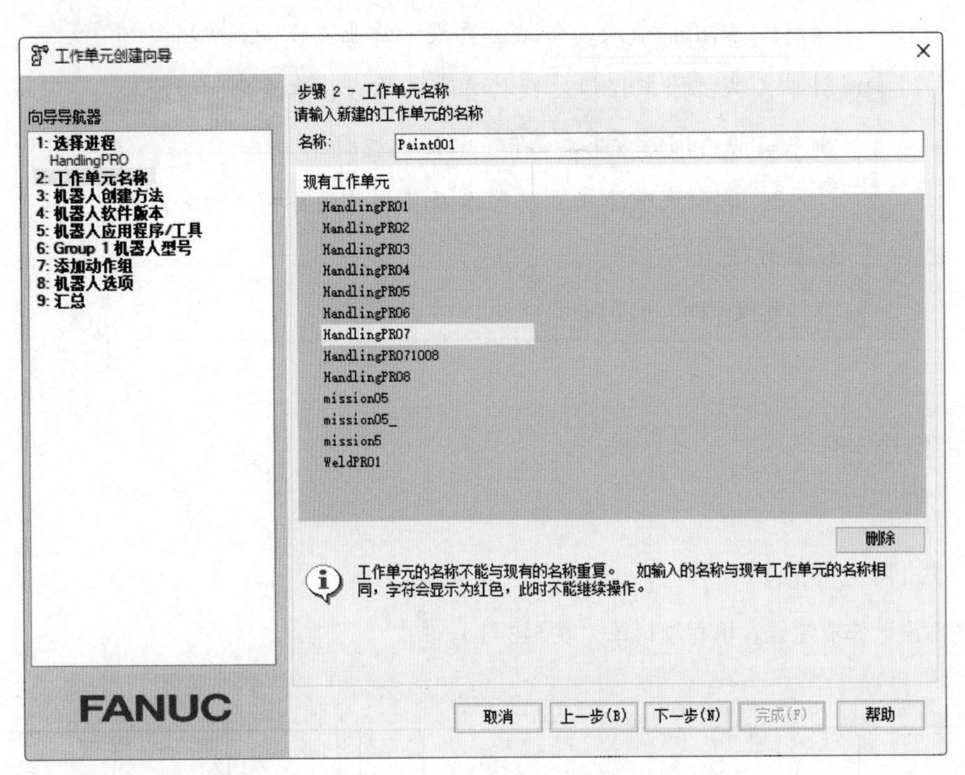

图 5-3-1　输入新建工作单元的名称

（3）进入“步骤 3- 机器人创建方法”界面，选择“新建”，单击“下一步”按钮。

（4）进入“步骤 4- 机器人软件版本”界面，选择机器人软件版本 V9.30，单击“下一步”按钮。

（5）进入“步骤 5- 机器人应用程序 / 工具”界面，选择机器人应用程序或工具，选择“HandlingTool（H552）”，单击“下一步”按钮。

（6）进入“步骤 6–Group 1 机器人型号”界面，选择机器人型号“M–20iA”，单击“下一步”按钮，如图 5-3-2 所示。

（7）进入“步骤 7- 添加动作组”界面，此处无须设置，单击“下一步”按钮。

（8）进入“步骤 8- 机器人选项”界面，根据任务单要求此处不勾选任何机器人选项，单击“下一步”按钮。

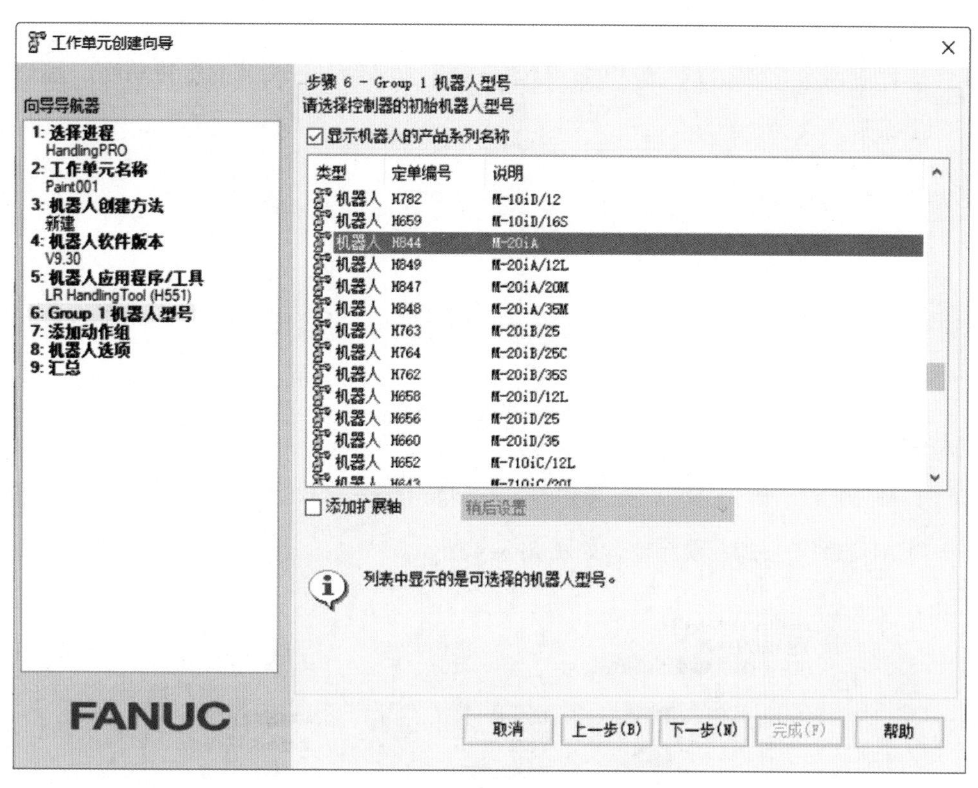

图 5-3-2　选择机器人型号

（9）进入“步骤 9– 汇总”界面，单击“完成”按钮，完成设置，如图 5-3-3 所示。

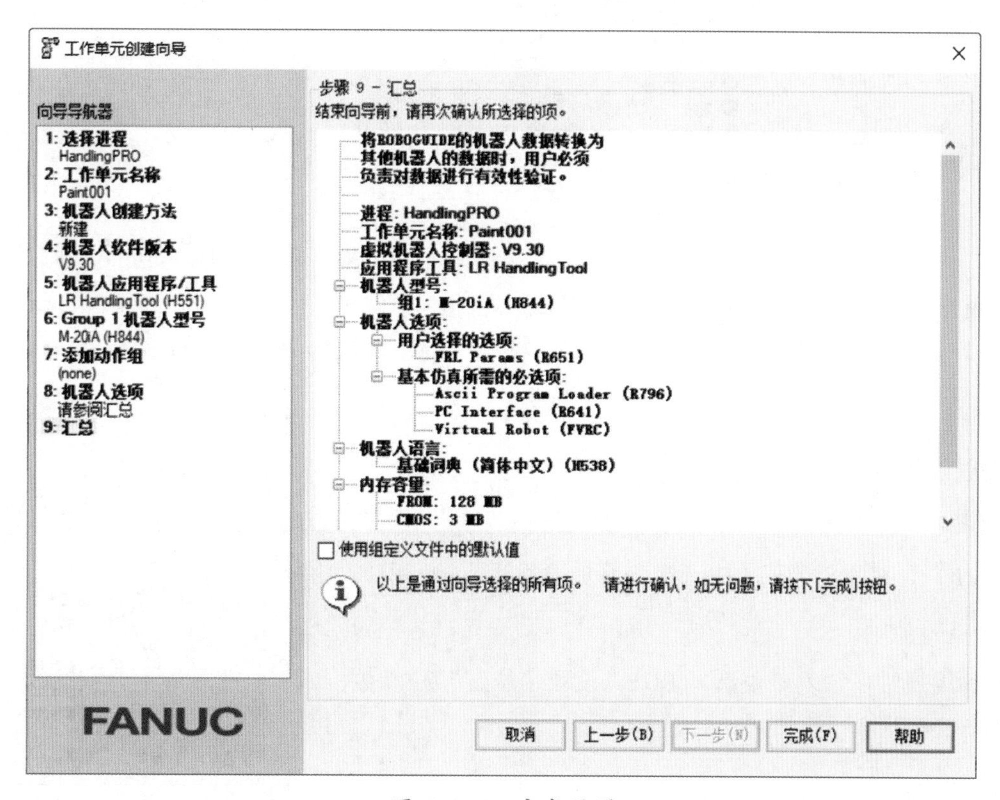

图 5-3-3　完成设置

2．设置工业机器人各关节的旋转角度

在仿真工作单元中创建虚拟工业机器人时，需要设置工业机器人各关节的旋转角度，写出 M-20*i*A 工业机器人 J1 ~ J6 轴的旋转角度范围。

3．加载喷涂枪

单击“GP：1-M-20iA”→“工具”，在展开的工具列表中右击“UT：1（Eoat1）”，在弹出的菜单中选择“添加链接”→“CAD 文件”，加载喷涂枪，如图 5-3-4 所示。

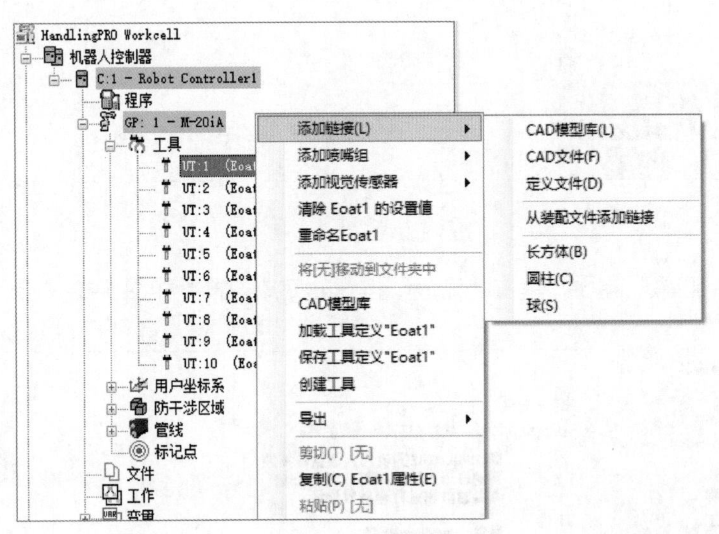

图 5-3-4　加载喷涂枪的方法

双击“喷涂枪”模型，在弹出的对话框中选择“链接 CAD”选项卡，在“比例”栏输入相应的数值，单击“应用”按钮，调整喷涂枪的比例，如图 5-3-5 所示。

4．加载喷嘴组

单击“GP：1-M-20iA”→“工具”，在展开的工具列表中右击“UT：1（Eoat1）”，在弹出的菜单中选择“添加喷嘴组”→“添加喷嘴组”，如图 5-3-6 所示。

设置喷嘴组属性，触发条件选择 DO1，设置“位置”栏参数，如图 5-3-7 所示。

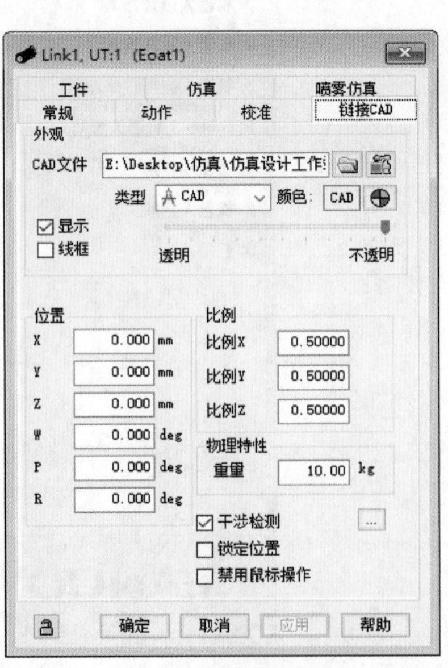

图 5-3-5　调整喷涂枪的比例

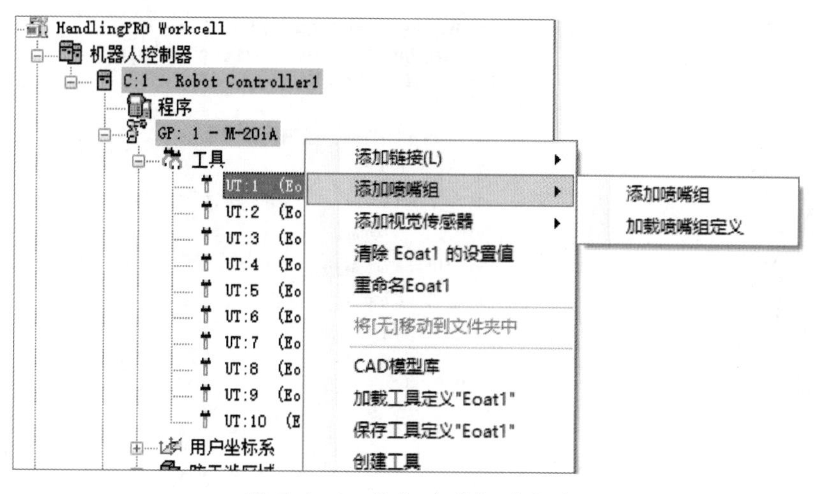

图 5-3-6　添加喷嘴组的方法

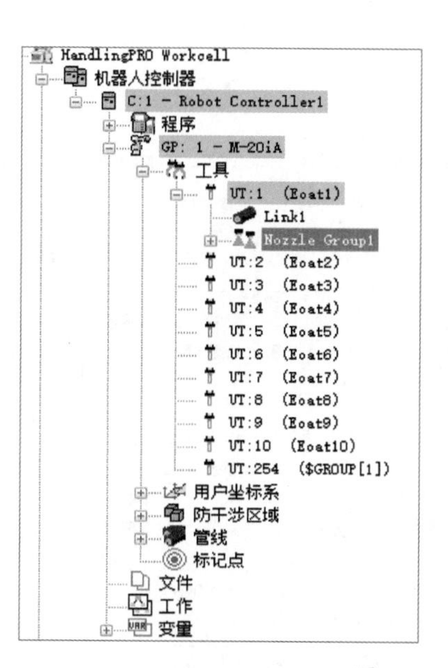

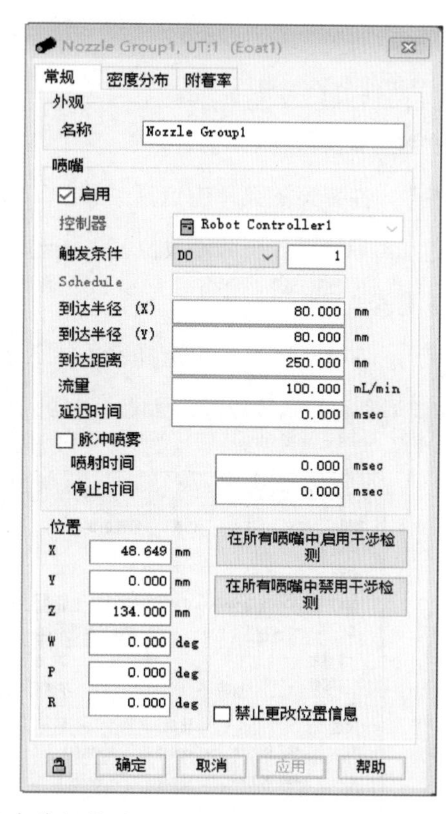

图 5-3-7　设置喷嘴组属性

5．设置工具坐标系

单击“GP：1-M-20iA”→“工具”，在展开的工具列表中双击“UT：1 (Eoat1)”，在弹出的属性对话框中选择“工具坐标”选项卡，通过手动或直接输入工具坐标数值，将工具坐标系调整至喷涂枪中心的正下方，如图 5-3-8 所示。

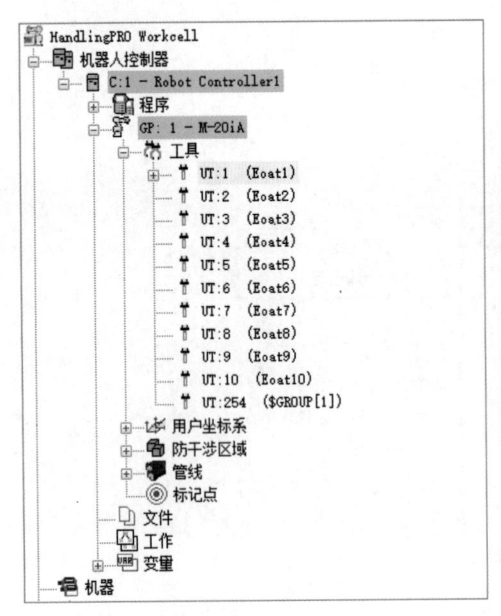

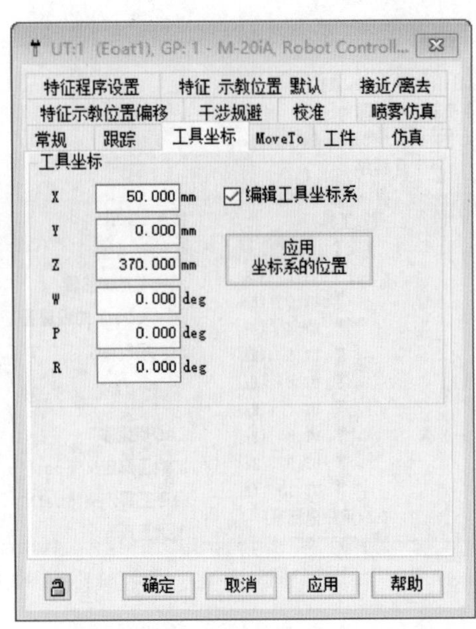

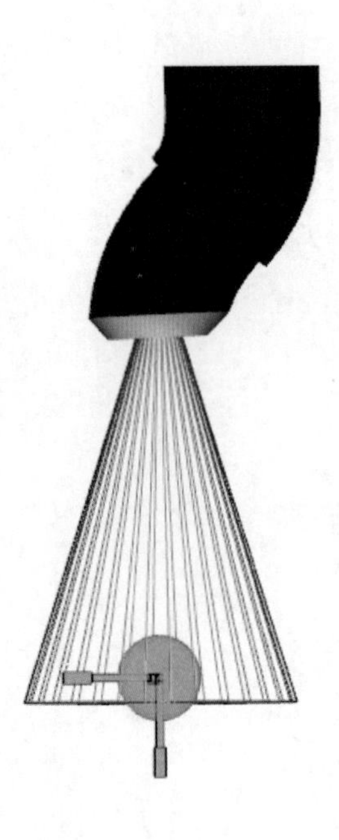

图 5-3-8 设置工具坐标系

6．加载喷涂工作台和隔离间

（1）加载喷涂工作台

右击“工装”，在弹出的菜单中选择“添加工装”→“CAD 模型库”，在文件夹中选择“table07”，单击“打开”按钮加载喷涂工作台并修改位置，如图 5-3-9a 所示。

（2）加载隔离间

右击“工装”，在弹出的菜单中选择“添加工装”→“CAD 文件”，在文件夹中选择“隔离间”，单击“打开”按钮加载隔离间并修改位置，如图 5-3-9b 所示。

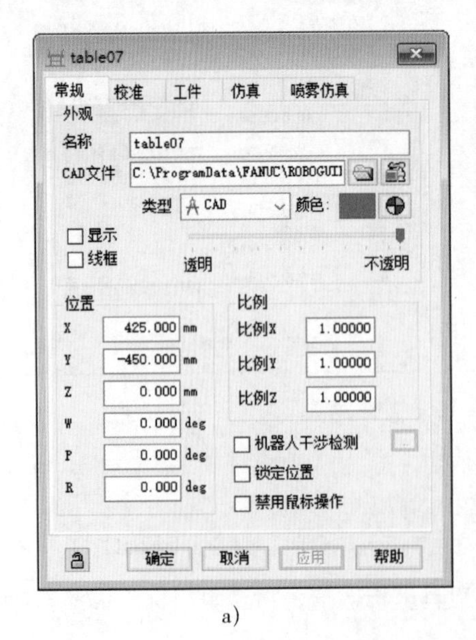

a）

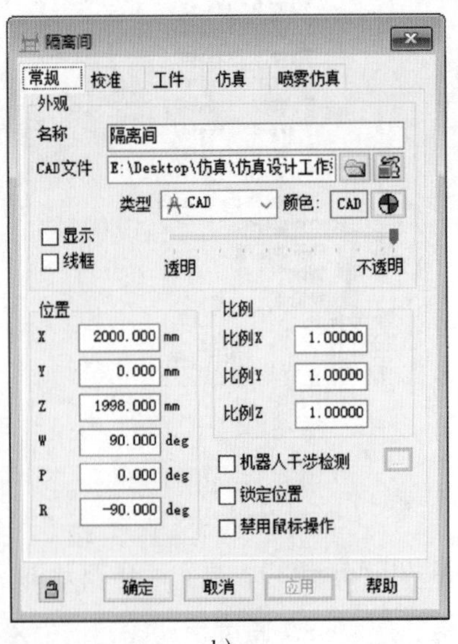

b）

图 5-3-9 喷涂工作台和隔离间位置数据

a）喷涂工作台位置数据 b）隔离间位置数据

喷涂工作台和隔离间导入效果如图 5-3-10 所示。

7．加载浴缸

右击“工件”，在弹出的菜单中选择“添加工件”→“CAD 文件”，在文件夹中选择“浴缸”，单击“打开”按钮，选择“高质量加载”加载浴缸。

单击“浴缸”，在弹出的对话框中调整“比例”栏的数值，如图 5-3-11 所示。

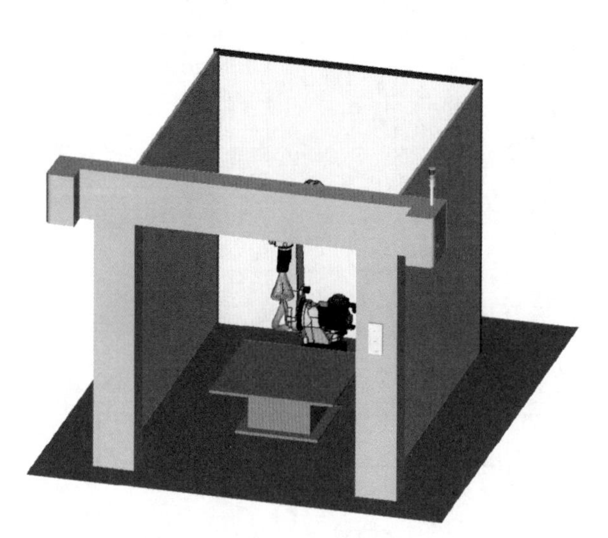

图 5-3-10　喷涂工作台和隔离间导入效果

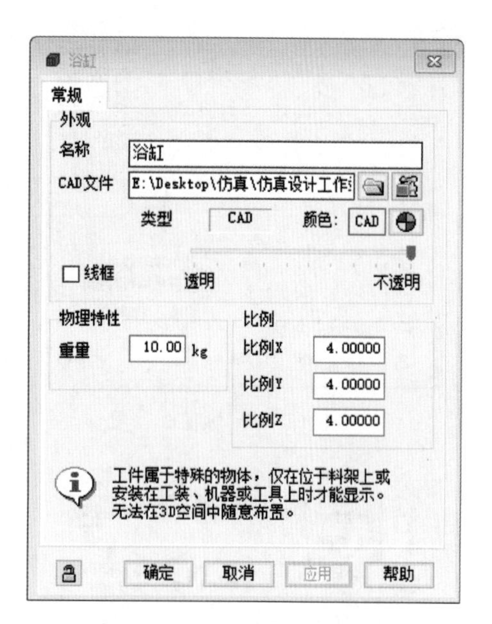

图 5-3-11　调整浴缸的比例

8．将浴缸放置到喷涂工作台上

双击“table07”，在其属性对话框中选择“工件”选项卡，勾选“浴缸”和“编辑工件偏移”，调整浴缸位置数据，如图 5-3-12 所示，单击“应用”按钮，将浴缸放置到喷涂工作台上。

9．加载围栏

右击“障碍物”，在弹出的菜单中选择“添加障碍物”→“生成围栏”（图 5-3-13），弹出“生成围栏”对话框（图 5-3-14），设定“点阵宽度”为 500 mm，用鼠标左键描画围栏生成轨迹（双击结束描画），单击“生成围栏”按钮自动生成围栏模型，单击“OK”按钮完成围栏的加载，效果如图 5-3-15 所示。

10．复制出围栏

右击障碍物目录下的任意围栏，在弹出的菜单中选择“复制”，右击障碍物，在弹出的菜单中选择“粘贴”，在工作站中复制出一个围栏，调整其位置，作为活动安全门，如图 5-3-16 所示。

11．隐藏隔离间

双击画面中的隔离间模型，在弹出的“隔离间”对话框中取消勾选“显示”（图 5-3-17），隐藏隔离间。

图 5-3-12　调整浴缸位置数据

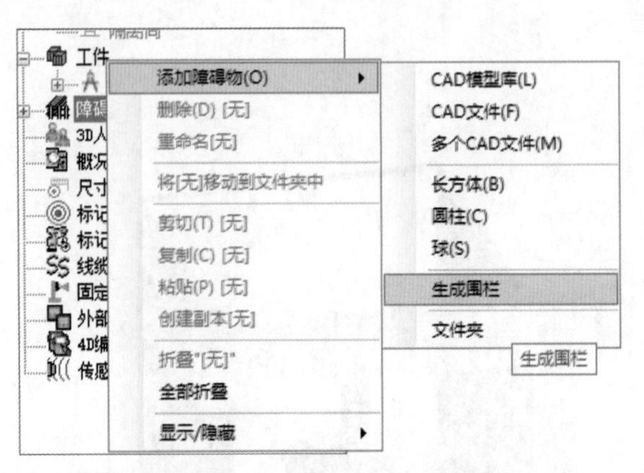

图 5-3-13　添加围栏模型

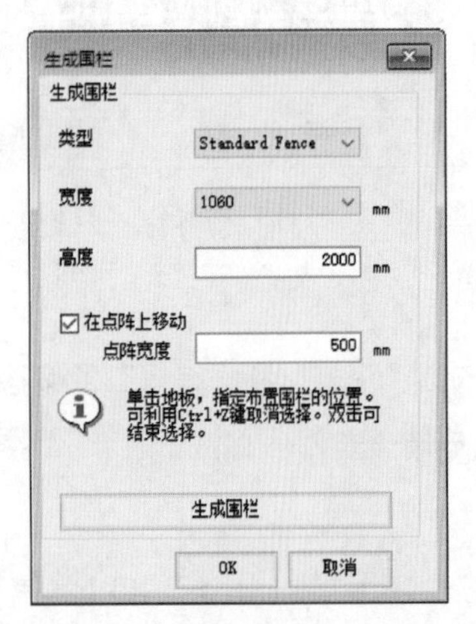

图 5-3-14　“生成围栏”对话框

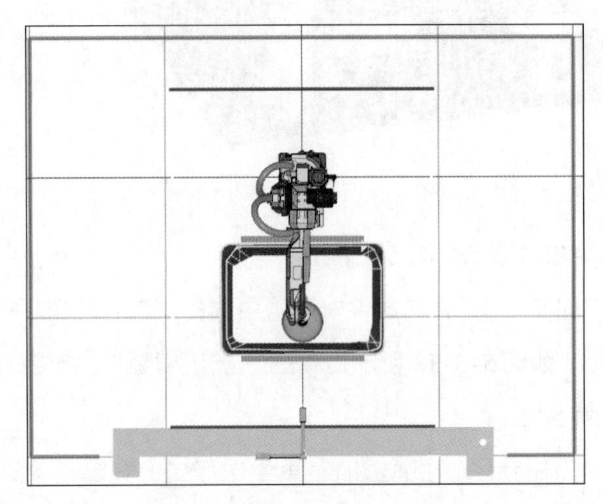

图 5-3-15　生成围栏效果

12．开启干涉检测

依次双击喷涂工作台和工业机器人模型，在弹出的对话框中分别勾选“机器人干涉检测”“干涉检测”，如图 5-3-18、图 5-3-19 所示。

13．启用喷雾仿真

单击“工装”目录，双击“table07”，在弹出的对话框中选择“喷雾仿真”选项卡，单击“浴缸”，勾选“允许喷涂”和“允许喷涂工件”，单击“应用”按钮，如图 5-3-20 所示。

14．设置工件特征图形

单击“工件”→“浴缸”，在下拉列表中右击“特征”，在弹出的菜单中选择“特征图形”，弹出“特征”窗口，在窗口中选择“手画线”，手动描画需要生成的喷涂轨迹，如图 5-3-21、图 5-3-22 所示。

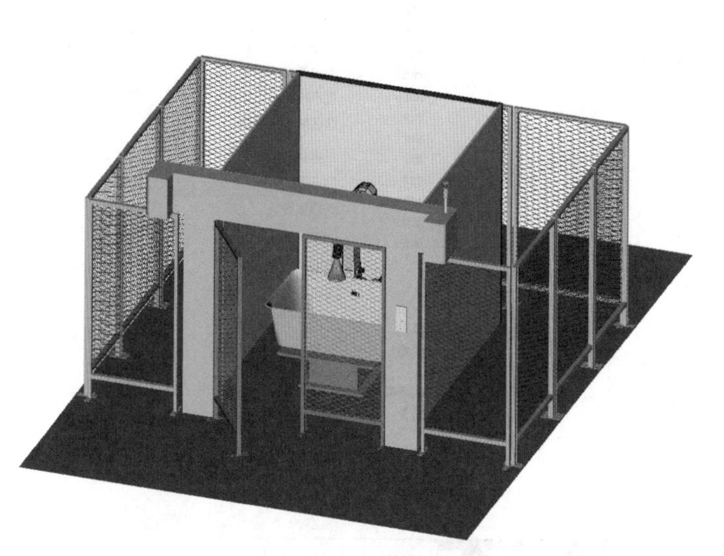

图 5-3-16　复制出一个围栏作为活动安全门

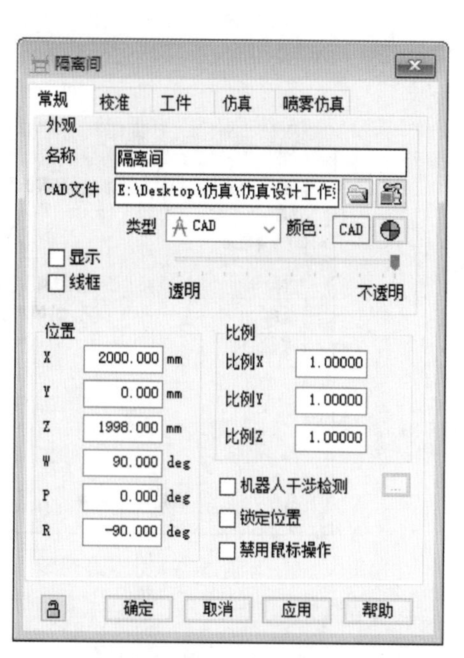

图 5-3-17　在“隔离间”对话框中取消勾选“显示”

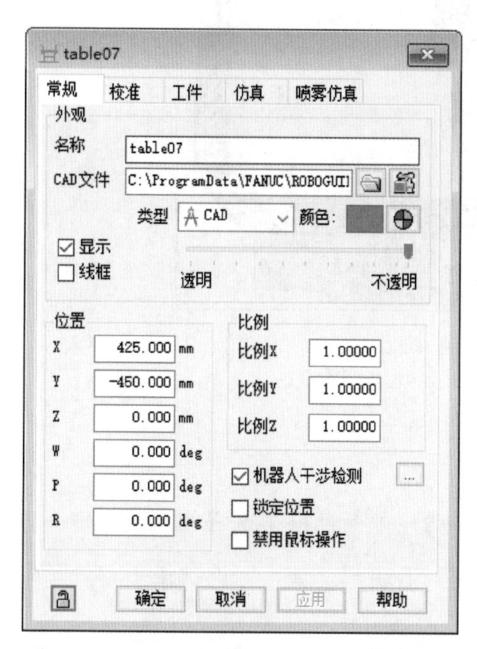

图 5-3-18　开启喷涂工作台干涉检测

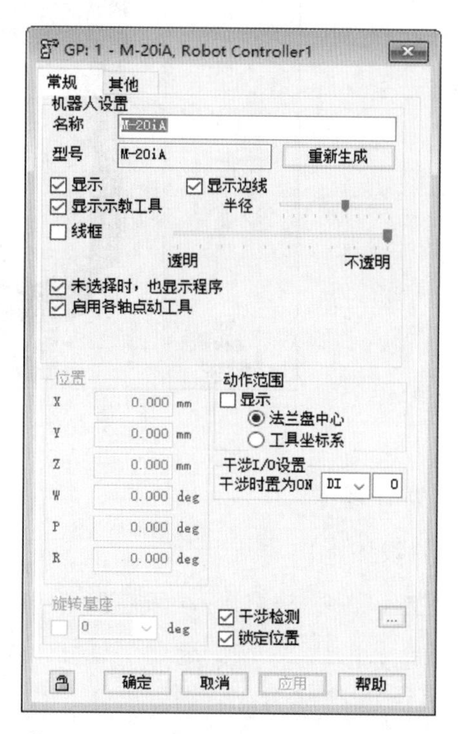

图 5-3-19　开启工业机器人干涉检测

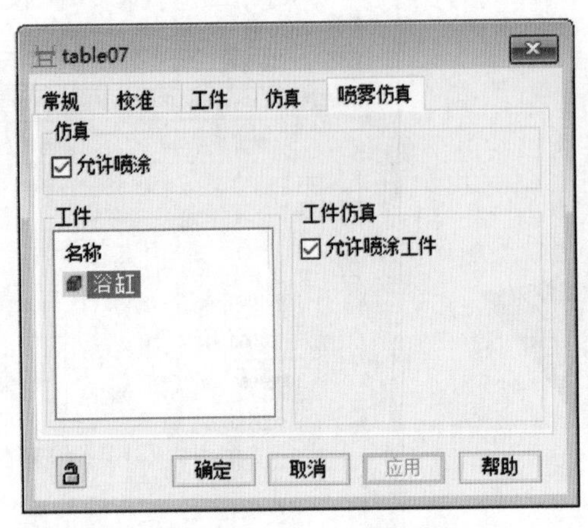

图 5-3-20 启用喷雾仿真

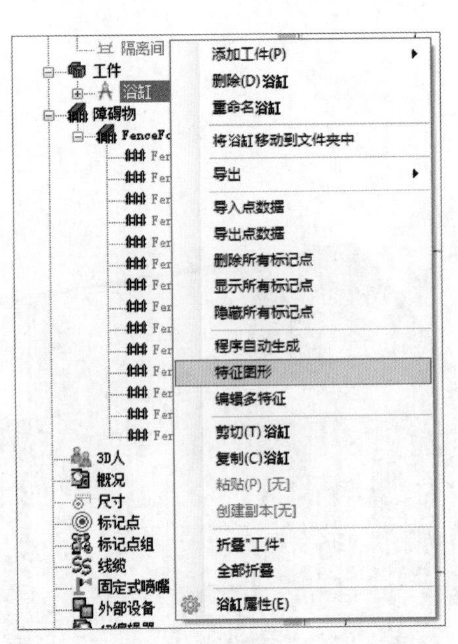

图 5-3-21 开启特征图形

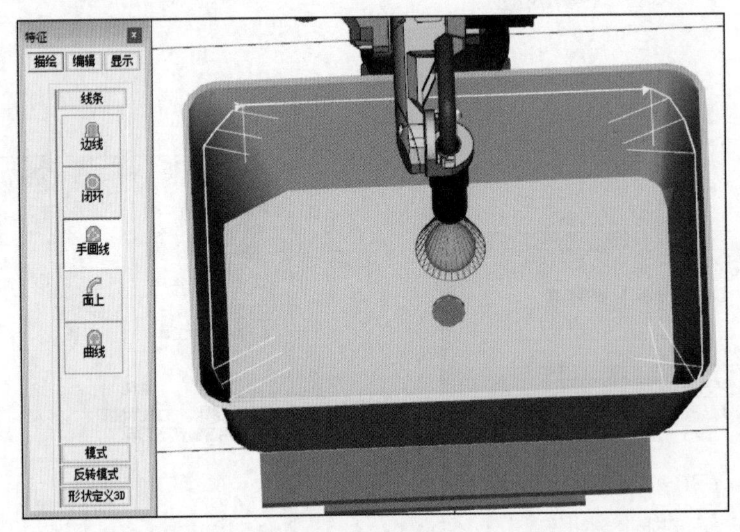

图 5-3-22 描画浴缸喷涂轨迹

15．生成 TP 程序

（1）属性设置

单击“工件”→“浴缸”→“特征”→“Feature1”，在弹出的对话框中选择“示教位置 默认”选项卡，选择“更改工具自旋方向的轴”，拖动“圆弧动作检测”滑块到“禁止”处，单击“应用”按钮，如图 5-3-23 所示。

（2）生成程序

单击“常规”选项卡，修改 TP 程序名称，单击“创建特征 TP 程序”按钮，生成 TP 程序，如图 5-3-24 所示。

工作
变量
机器
工装
table07
隔离间
工件
浴缸
特征
Feature1
特征组
障碍物
FenceFolder1
Fence1
Fence2
Fence3
Fence4
Fence5
Fence6
Fence7
Fence8
Fence9
Fence10
Fence11
Fence12
Fence121
Fence1211
3D人
概况
尺寸
标记点
标记点组
Feature1, 浴缸
接近/离去
示教位置偏移
垂直偏移
干涉规避
常规
程序设置
示教位置 默认
工具坐标轴 <=> 特征分配坐标轴
垂直于面
-Z
沿着段
+X
与段交叉
-Y
Right-Hand Rule
显示预览
工具姿态:
锁定工具自旋方向的轴
更改工具自旋方向的轴
锁定工具姿态
Feature1 位置的形态
形态: N U T, 0, 0, 0
示教点生成控制
标准
直线动作检测
不精确
精确
考虑机器人速度
圆弧动作检测
禁止
频繁
使用C圆弧
每隔一段距离在特征上生成示教点
10.000
mm
确定
取消
应用
帮助

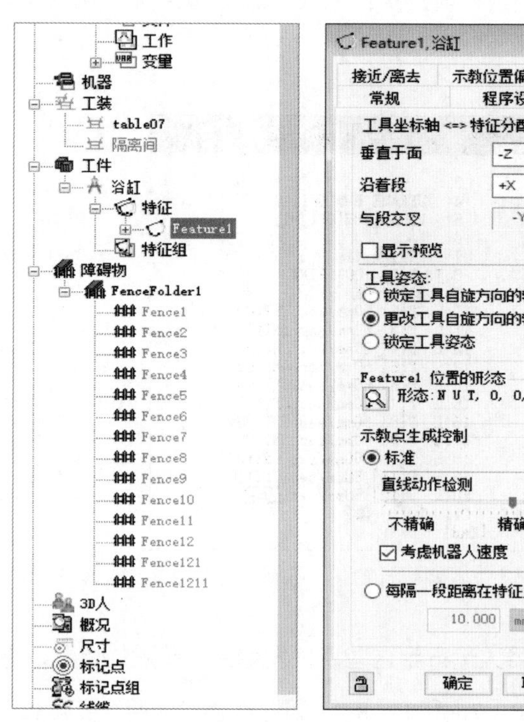

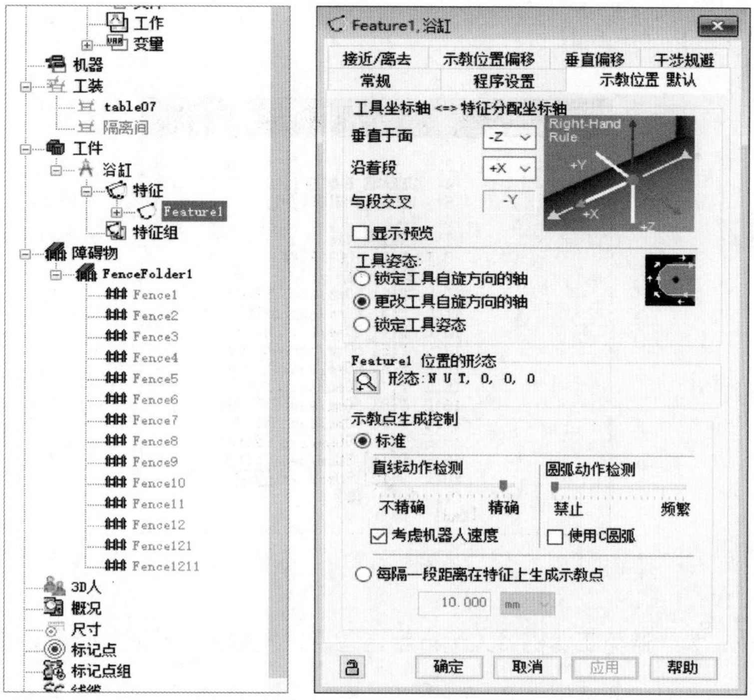

图 5-3-23　属性设置

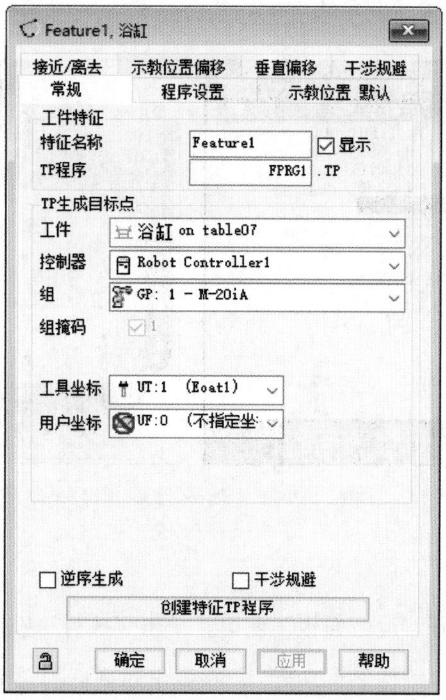

Feature1, 浴缸
接近/离去
示教位置偏移
垂直偏移
干涉规避
常规
程序设置
示教位置 默认
工件特征
特征名称
Feature1
显示
TP程序
FPRG1
.TP
TP生成目标点
工件
浴缸 on table07
控制器
Robot Controller1
组
GP: 1 - M-20iA
组掩码
工具坐标
UT:1 (Eoat1)
用户坐标
UF:0 (不指定坐
逆序生成
干涉规避
创建特征TP程序
确定
取消
应用
帮助

图 5-3-24　生成 TP 程序

16．完善 TP 程序

用示教器打开生成的 TP 程序，在轨迹执行前、执行完成后添加喷涂信号 DO［1］的 ON/OFF 指令，如图 5-3-25 所示程序中的第 9 行和第 21 行。

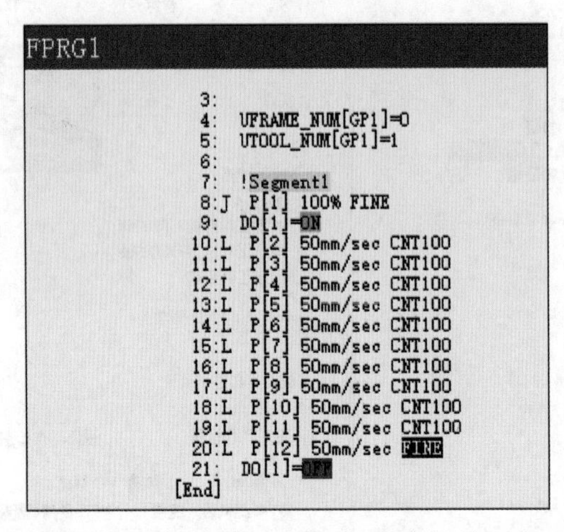

图 5-3-25　添加 DO［1］信号控制指令

对于浴缸前侧点位，为了避免工业机器人运行到这些点位发生关节超限的情况，需要对这些点位进行翻腕属性设置。本案例中的浴缸前侧点位为 P［7］和 P［8］，因此需要对这两个点位的形态进行"FUT"的设置。完成点位的属性设置后，因点位的形态发生了变化，需要在第一个"FUT"形态的点位 P［7］以及后面运行回正常形态的点位 P［9］运动指令的末尾添加"Wjnt"腕关节指令，如图 5-3-26 所示。

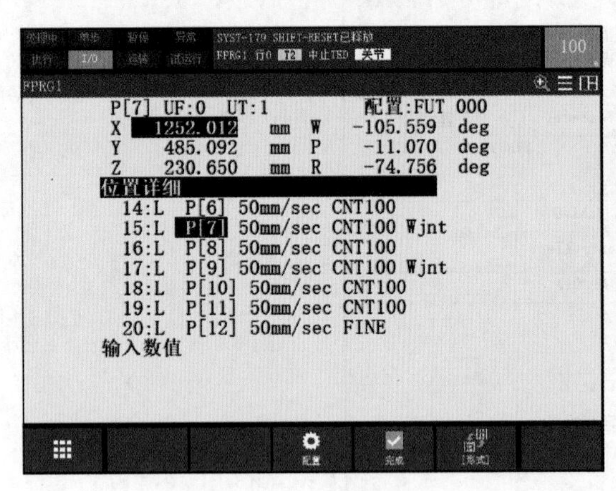

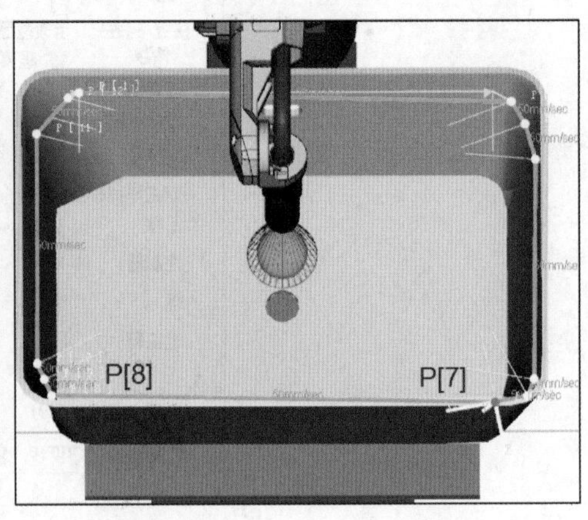

图 5-3-26　浴缸前侧点位翻腕属性设置

17．实现仿真喷涂效果

在示教器中选择喷涂程序，打开"运行面板"窗口，单击"执行"按钮运行程序（图 5-3-27）。程序运行完成后，在菜单栏单击"工具"→"喷雾仿真功能"，在弹出对话框的"常规"选项卡中"概况"栏选择前面完成的程序概况，勾选"输出视频文件"，单击"开始"按钮，如图 5-3-28 所示。喷涂效果如图 5-3-29 所示。

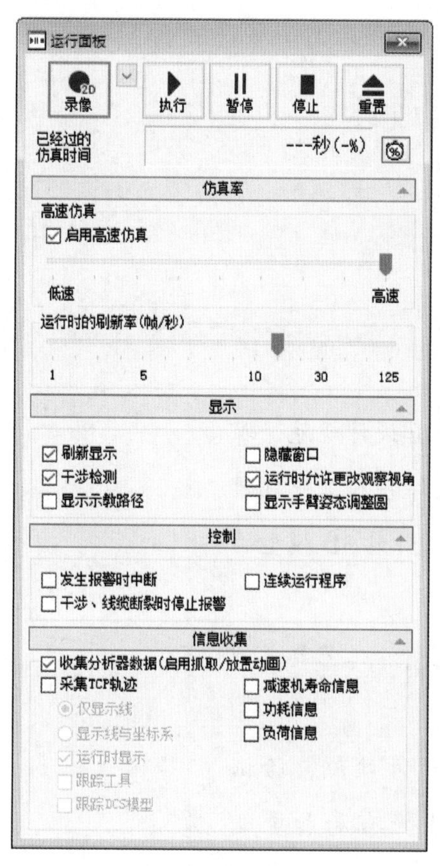

图 5-3-27　运行程序

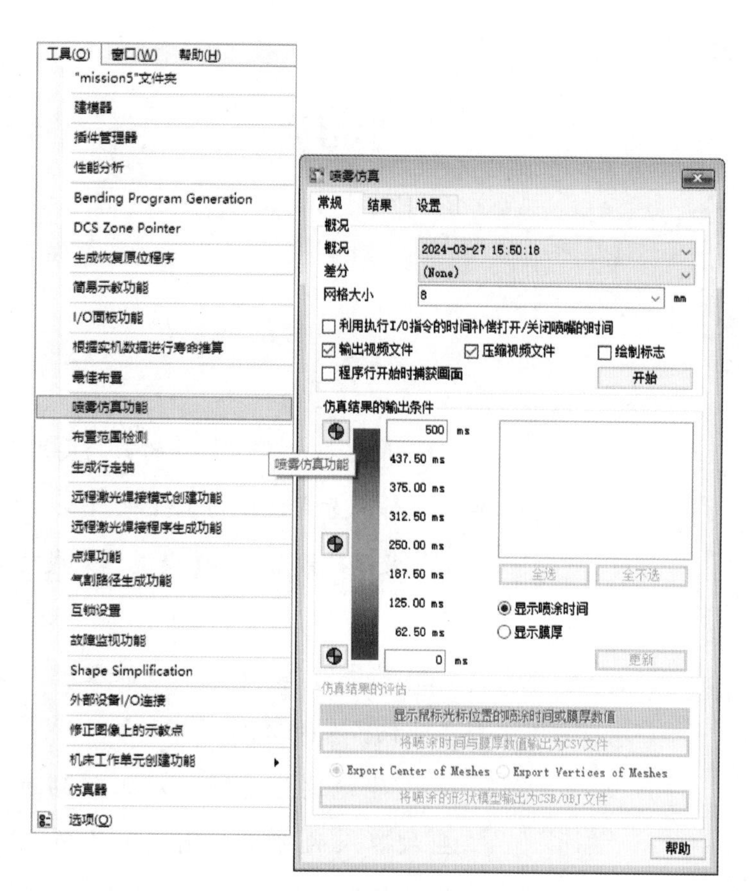

图 5-3-28　喷雾仿真属性设置

图 5-3-29　喷涂效果

学习活动 4　工作站仿真设计

学习目标

1. 能根据喷涂工作站的布局要求和仿真设计规范，以独立工作的方式，使用工业机器人仿真软件导入工业机器人本体及周边设备的 3D 模型，完成喷涂工作站 3D 模型的搭建。

2. 能编写工业机器人喷涂程序，根据喷涂工艺要求调整工业机器人的动作。

3. 能通过仿真功能对工作站进行干涉检测，验证工业机器人的可达范围、工作节拍、生产布局和电气连接是否符合要求，生成仿真动画视频，并做好工作记录。

4. 能生成包含工作站的干涉位置、工作节拍和不可到达位置等信息的仿真报告，将仿真报告和仿真动画视频提交项目负责人审核，整理设计文件并存档。

5. 能在工作过程中严格执行行业、企业仿真设计相关技术标准，保守公司与客户的商业秘密，遵守企业生产管理规范及“6S”管理规定。

建议学时：12 学时

一、仿真设计

1．在仿真设计室内按照表 5-4-1 中的操作提示完成喷涂工作站仿真设计。

表 5-4-1　　喷涂工作站仿真设计过程

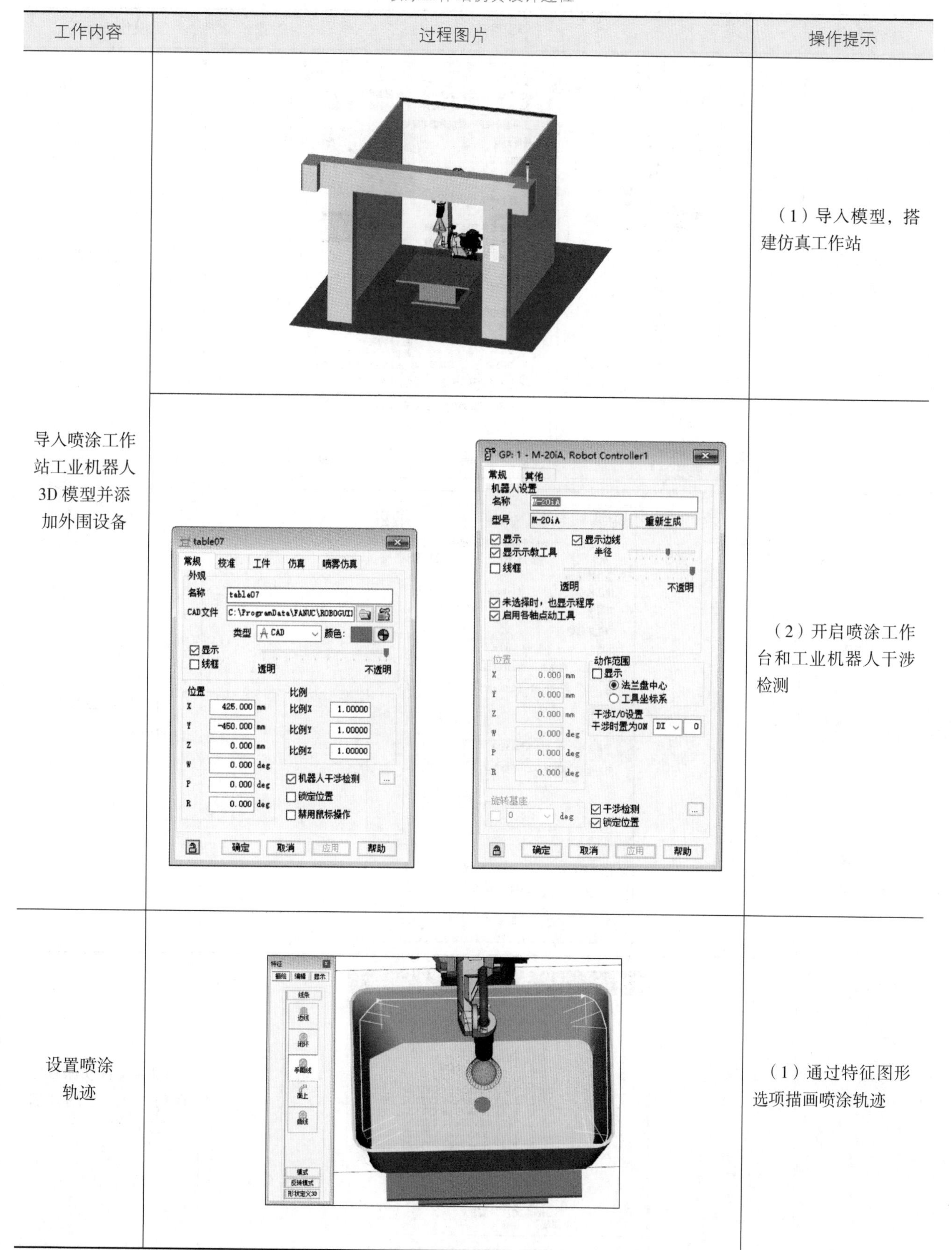

工作内容	过程图片	操作提示
导入喷涂工作站工业机器人3D模型并添加外围设备		（1）导入模型，搭建仿真工作站
		（2）开启喷涂工作台和工业机器人干涉检测
设置喷涂轨迹		（1）通过特征图形选项描画喷涂轨迹

续表

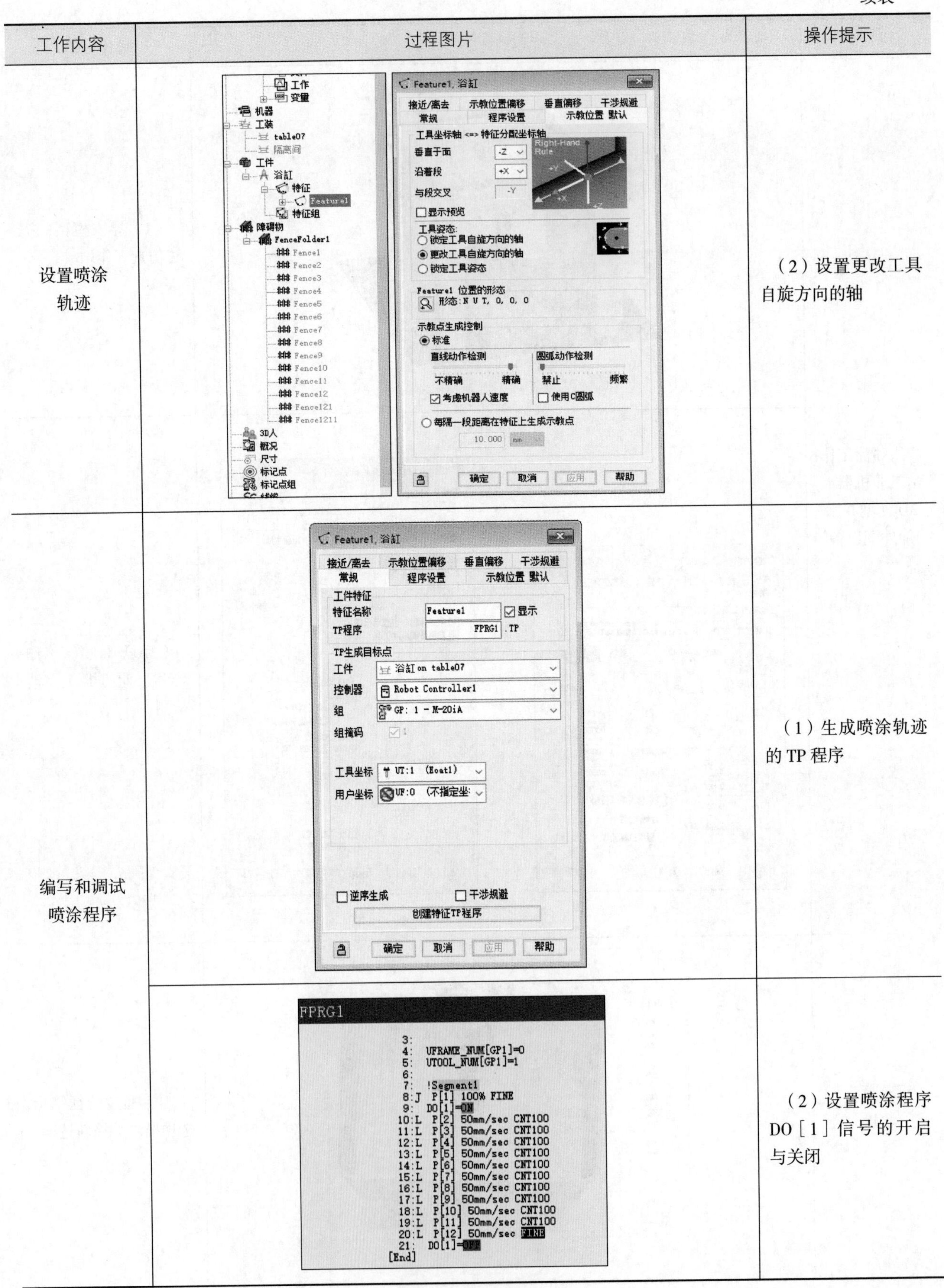

工作内容	过程图片	操作提示
设置喷涂轨迹		（2）设置更改工具自旋方向的轴
编写和调试喷涂程序		（1）生成喷涂轨迹的 TP 程序
		（2）设置喷涂程序 DO［1］信号的开启与关闭

续表

工作内容	过程图片	操作提示
提交仿真动画视频		（1）仿真动画试运行
	—	（2）提交仿真动画视频，做好工作记录

2．分别写出喷涂工作站工业机器人主程序、工业机器人喷涂浴缸四条边线的程序。

二、交付验收

1．按表 5-4-2 对喷涂工作站仿真设计结果进行验收。

表 5-4-2　喷涂工作站仿真设计验收表

序号	验收项目	文件格式 / 版本要求	完成情况
1	仿真动画视频	MP4	
2	设备布局图	DWG/2024	
3	工具安装文件	PPT、xls	
4	工业机器人离线程序	TP、LS	
5	仿真数据	rgx	

2．参照世界技能大赛工业机器人系统集成项目对工业机器人工作站仿真的评价标准和理念，设计表 5-4-3 的评分表，对喷涂工作站仿真设计进行评分。

表 5-4-3　喷涂工作站仿真设计评分表

序号	评价项目	M- 测量 J- 评价	配分 / 分	评分标准	得分
1	仿真工作站布局	M	10	仿真工作站按照设备布局样式布局，模块（喷涂枪、喷涂工作台、隔离间、围栏）数量完整，缺一个模块扣 2 分	
2	工业机器人初始位置	M	5	工业机器人初始位置处于零点位置（1 ~ 6 轴均为 0°），未处于零点位置不得分	
3	工业机器人位置与工作原点的关系	M	5	工业机器人运行到工作原点（1 ~ 6 轴分别为 0°、0°、0°、0°、-90°，0°），未处于工作原点不得分	
4	喷涂启用信号设置	M	10	程序中调用信号启用与关闭，程序运行时能正确显示效果，未显示效果不得分	
5	工业机器人动作	M	15	喷涂过程不产生奇异点，否则不得分	
6	喷涂程序生成	M	10	使用特征工具描画喷涂轨迹，生成喷涂程序，喷涂轨迹不完整或没有喷涂轨迹不得分	
7	喷涂效果	M	30	浴缸表面有喷涂效果，缺少一面扣 10 分	
8	任务结束	M	5	工业机器人回到工作原点位置，过程中发生干涉不得分	
9	仿真视频录制	J	10	0—没有录制；1—基础视频，只有一个视角；2—高级视频，多视角或者 3D；3—高级视频，多视角和 3D	
合计			100	总得分	

学习活动 5　工作总结与评价

学习目标

1. 能展示工作成果，说明本次任务的完成情况，并进行分析总结。

2. 能结合自身任务完成情况，正确、规范地撰写工作总结。

3. 能就本次任务中出现的问题提出改进措施。

4. 能主动获取有效信息，展示工作成果，对学习与工作进行总结和反思，并与他人开展良好合作，进行有效沟通。

建议学时：2 学时

学习过程

一、个人评价

按表 5-5-1 所列评分标准进行个人评价。

表 5-5-1　个人评价表

项目	序号	技术要求	配分 / 分	评分标准	得分
工作组织与管理（15%）	1	任务单的填写	3	每处错误扣 1 分，扣完为止	
	2	有效沟通	2	不符合要求不得分	
	3	按时完成工作页的填写	4	未完成不得分	
	4	安全操作	4	违反安全操作不得分	
	5	绿色、环保	2	不符合要求，每次扣 1 分，扣完为止	
工具使用（5%）	6	正确使用卷尺	2	不正确、不合理不得分	
	7	正确使用游标卡尺	2	不正确、不合理不得分	
	8	正确使用钢直尺	1	不正确、不合理不得分	

续表

项目	序号	技术要求	配分 / 分	评分标准	得分
软件和资料的使用（10%）	9	SolidWorks 或 Autodesk Inventor 软件的操作	2	每处错误扣 1 分，扣完为止	
	10	ROBOGUIDE 软件的操作	4	每处错误扣 1 分，扣完为止	
	11	3D 模型图的分析与处理	4	每处错误扣 1 分，扣完为止	
仿真设计质量（70%）	12	工业机器人 3D 模型的导入	5	不正确不得分	
	13	非标设备 3D 模型的导入	5	每缺一个扣 2 分，扣完为止	
	14	辅助设备 3D 模型的导入	5	每缺一个扣 2 分，扣完为止	
	15	产品 3D 模型的导入	5	不正确不得分	
	16	夹具的加载	5	不正确不得分	
	17	工具坐标系、工件坐标系的建立	5	每缺一个扣 2 分，扣完为止	
	18	喷涂工作站布局	6	不合理不得分	
	19	工业机器人及产品的动作流程和运行路径	5	不合理每处扣 1 分，扣完为止	
	20	喷涂工作站工业机器人程序	5	每缺一个扣 2 分，扣完为止	
	21	工业机器人干涉检测	6	每处干涉扣 2 分，扣完为止	
	22	仿真动画视频录制	6	像素不符合要求不得分	
	23	仿真总结	12	未完成不得分	
合计			100	总得分	

二、小组评价

以小组为单位，选择演示文稿、展板、海报、视频等形式中的一种或几种，向全班展示、汇报仿真设计成果。在展示的过程中，以小组为单位进行评价；评价完成后，根据其他小组成员对本组展示成果的评价意见进行归纳总结。

三、教师评价

认真听取教师对本小组展示成果优缺点以及在完成任务过程中出现的亮点和不足的评价意见，并做好记录。

1．教师对本小组展示成果优点的点评。

2．教师对本小组展示成果缺点及改进方法的点评。

3．教师对本小组在整个任务完成过程中出现的亮点和不足的点评。

四、工作过程回顾及总结

1．在本次学习过程中，你完成了哪些工作任务？你是如何做的？还有哪些需要改进的地方？

2．总结在完成喷涂工作站仿真设计任务过程中遇到的问题和困难，列举 2～3 点你认为比较值得和其他同学分享的工作经验。

3．回顾本学习任务的工作过程，对新学专业知识和技能进行归纳和整理，撰写工作总结。

工作总结

评价与分析

学习任务五综合评价表

班级：________ 姓名：________ 学号：________

项目	自我评价（占总评 10%）	小组评价（占总评 30%）	教师评价（占总评 60%）
学习活动 1			
学习活动 2			
学习活动 3			
学习活动 4			
学习活动 5			
协作精神			
纪律观念			
表达能力			
工作态度			
安全意识			
任务总体表现			
小计			
总评			

任课教师：　　　年　　月　　日

世赛知识

国际交流活动

我国在很多竞赛项目上的参赛经验还比较少，因此，从国家到地区，各项目集训队都非常注重国际交流。人力资源和社会保障部曾多次邀请世界技能组织成员国和地区的专家到中国来为我国的参赛选手及其技术指导专家团队进行参赛知识的普及和问题解答，通过这些活动，丰富了我国参赛专家、教练和选手的世赛知识，增长了选手的实战经验，既锻炼了能力，又找到了差距和不足。

- **澳大利亚全球技能挑战赛**

2019 年 4 月 11 日至 14 日，在澳大利亚墨尔本市举办了 2019 澳大利亚全球技能挑战赛。本届挑战赛共设 24 个比赛项目，共有 16 个国家和地区参加。中国代表团派出 24 名选手参加 23 个比赛项目，取得 7 金、5 银、3 铜的优异成绩，位列金牌榜和奖牌榜首位。其中，平面设计技术、时装技术、美容、美发、家具制作、精细木工、机电一体化 7 个项目获得金牌；木工、制冷与空调、烘焙、珠宝加工、汽车喷漆 5 个项目获得银牌；3D 数字游戏艺术、油漆与装饰、网络系统管理 3 个项目获得铜牌。美容项目选手李真芹获得中国代表团国家最佳奖。

- **“一带一路”国际技能大赛**

2019 年 5 月 25 日至 31 日，“一带一路”国际技能大赛在重庆国际博览中心举行。大赛以“技能合作，共同发展”为主题，参赛范围为 80 个世界技能组织成员国家和地区以及 35 个非世界技能组织成员的“一带一路”国家，目的在于弘扬“和平合作、开放包容、互学互鉴、互利共赢”的丝路精神，加强“一带一路”国家技能交流与合作，搭建技能融通、增进友谊平台。大赛参照世界技能大赛标准，采取开放式办赛形式，设置18个比赛项目：电子技术、水处理技术、汽车技术、货运代理、砌筑、电气装置、精细木工、油漆与装饰、管道与制暖、信息网络布线、时装技术、花艺、烘焙、美容、烹饪（西餐）、美发、健康和社会照护、餐厅服务。同时，配套举办巴渝工匠绝技绝活交流活动和地方特色的技能展示和交流体验项目。